文科高等数学

杨松林　编

苏州大学出版社

图书在版编目(CIP)数据

文科高等数学 / 杨松林编. —苏州：苏州大学出版社，2020.1(2024.12重印)
ISBN 978-7-5672-2929-7

Ⅰ.①文… Ⅱ.①杨… Ⅲ.①高等数学-高等学校-教材 Ⅳ.①O13

中国版本图书馆 CIP 数据核字(2019)第 290218 号

文科高等数学
杨松林 编
责任编辑 李 娟

苏州大学出版社出版发行
(地址：苏州市十梓街 1 号 邮编：215006)
广东虎彩云印刷有限公司印装
(地址：东莞市虎门镇黄村社区厚虎路20号C幢一楼 邮编：523898)

开本 700mm×1 000mm 1/16 印张 14.75 字数 226 千
2020 年 1 月第 1 版 2024 年12月第 6 次印刷
ISBN 978-7-5672-2929-7 定价：45.00 元

苏州大学版图书若有印装错误，本社负责调换
苏州大学出版社营销部 电话：0512-67481020
苏州大学出版社网址 http://www.sudapress.com
苏州大学出版社邮箱 sdcbs@suda.edu.cn

前 言

数学在现代社会(特别在当前的大数据时代)的地位、作用和影响空前显著,学习任何一门科学,包括社会科学,都有必要了解一些基本的数学知识.数学不仅广泛应用于自然科学,而且日益渗透于很多社会科学,以及人们的日常生活.

我们对文科高等数学的定位是:介绍简单的数学知识和数学思想,培养学生理解和运用数学知识解决实际问题的能力.文科学生通过学习数学不仅可以了解数学文化,也可以提高自身的自然科学素质,增强理性思维能力.

我们针对人文类专业和部分医、农类等专业编写了本书,在内容选取上,以“体会数学思想,了解数学方法,感受简洁与和谐的数学之美”为宗旨.本书一方面,以学生易于接受的自然形式来展开各章节的内容;另一方面,也尽量注意到数学语言的逻辑性,保证教材的系统性和严谨性.本书分三部分:

第一部分为“解析几何”和“线性代数”.解析几何是由笛卡尔创立,体现数和形和谐统一的杰作;线性代数看似只要会四则运算,就可以完成全部工作了,但其中大量环环相扣、紧密相联的数量关系和巧妙的计算方法,对于学生的思维能力无疑是有益的锻炼.

第二部分为“微积分”.看似深奥的微积分,从直观到抽象,用简洁、严谨的数学语言描述纷繁大千世界的运行,而其内部逻辑又极其严密,是缜密的数学思维的典范.

第三部分为“概率统计”.对于一类个性与共性并存,而共性决定其发展的现象,其短期表现出不确定性.概率统计正是研究这类非确定性问题的一门学科，它对于我们的学生，更可能会有直接的应用.

本书的修订得到苏州大学教材培育项目的经费支持，并得到苏州大学数学科学学院的大力支持.苏州大学数学科学学院大数部的部分老师根据多年的教学和学生的反映对本书的编写提出了宝贵的意见，在此一并表示衷心的感谢.

本书是在《大学数学基础》和《文科数学》的基础上修订而成的，在此对原书编者：汪光先老师、汪四水老师和闻振卫老师表示衷心的感谢.感谢苏州大学出版社的支持，使本书得以及时面世.

编者

目 录

第一章 空间解析几何与线性代数

解析几何的基本思想是用代数的方法解决几何问题，其基本方法是坐标法，即在平面上(或空间中)建立坐标系，将平面上(或空间中)的点用有序数组来表示，也就是把点与数结合起来. 在此基础上把几何图形作为在一定几何条件约束下的动点的轨迹，而约束条件用点的坐标所满足的方程表示，从而把几何图形与方程结合起来，将几何问题转化为代数问题.

自然科学中有很多问题涉及线性方程组的求解问题，由此引出了一门重要的学科——代数学. 线性代数是代数学的基本内容之一，研究的对象是数组及其间的运算关系，是学习现代科学技术的重要基础.

本章介绍空间解析几何和线性代数的基础知识.

1.1 空间直角坐标系

我们以平面直角坐标系 xOy 为基础来建立空间直角坐标系.

为了建立空间直角坐标系，我们在平面直角坐标系 xOy 的基础上再添加一条数轴：Oz 轴，使它与平面直角坐标系 xOy 所在的平面垂直相交于点 O，并用如下右手规则确定 Oz 轴的方向：当右手四指从 Ox 轴正方向以直角指向 Oy 轴正方向时，拇指所指的方向为 Oz 轴的正方向，如图 1-1-1. 这样我们就建立了一个空间

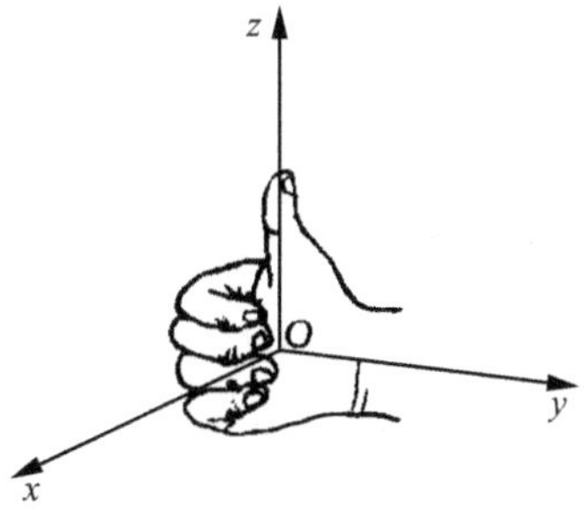

图 1-1-1

直角坐标系.

定义 1.1.1 在空间选定一个点 O,过点 O 引三条原点都是 O 的数轴:Ox 轴、Oy 轴和 Oz 轴,Ox 轴、Oy 轴和 Oz 轴相互垂直且满足右手法则,则 O 点连接的三条数轴 Ox 轴、Oy 轴和 Oz 轴就构成了一个**空间直角坐标系**,记为坐标系 $Oxyz$. 在图 1-1-1 所示的坐标系 $Oxyz$ 中, O 称为**坐标原点**, 数轴 Ox 轴、Oy 轴和 Oz 轴分别称为**横轴**、**纵轴**和**竖轴**. Ox 轴和 Oy 轴确定的平面称为 xOy **坐标面**(简称为 xOy 面), Oy 轴和 Oz 轴确定的平面称为 yOz **坐标面**(简称为 yOz 面), Oz 轴和 Ox 轴确定的平面称为 zOx **坐标面**(简称为 zOx 面).

在空间建立直角坐标系后,空间中任一点都可以用一个三元有序数组 (x,y,z) 表示. 如图 1-1-2,过点 M 分别作平行于 yOz 面、zOx 面和 xOy 面的平面,它们分别与 Ox 轴、Oy 轴和 Oz 轴交于 P,Q 和 R 三点. P 点、Q 点和 R 点在 Ox 轴、Oy 轴和 Oz 轴上的坐标分别为 x,y 和 z. 由过一点且平行于固定平面的平面的唯一性可知,点 M 的位置完全由三元有序数组 (x,y,z) 确定,称三元有序数组 (x,y,z) 为点 M 的**坐标**,并且分别称 x,y 和 z 为点 M 的**横坐标**、**纵坐标**和**竖坐标**.

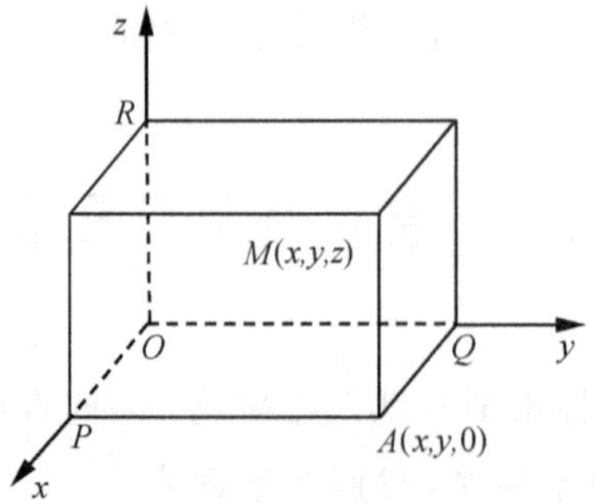

图 1-1-2

在空间中,不同的点的坐标的符号有不同的特征. 例如,若点 $M(x,y,z)$ 在 xOy 面的上方,则它的 z 坐标为正;若它同时又在 yOz 面的前面,则它的 x 坐标也为正;若点 M 在 yOz 面上,则 $x=0$;若点 M 在 Ox 轴上,则 $y=z=0$;坐标系原点 O 的坐标为 $(0,0,0)$. 类似地,可以指出其他一些特殊位置上点的坐标. 三个坐标面把空间分成了八个部分,每一个部分称为一个**卦限**,因此将空间分成

八个卦限.不同卦限点的坐标的符号有如下特征(表 1-1-1):

表 1-1-1

符号	第Ⅰ卦限	第Ⅱ卦限	第Ⅲ卦限	第Ⅳ卦限	第Ⅴ卦限	第Ⅵ卦限	第Ⅶ卦限	第Ⅷ卦限
x 坐标	+	−	−	+	+	−	−	+
y 坐标	+	+	−	−	+	+	−	−
z 坐标	+	+	+	+	−	−	−	−

1.2　空间向量及其运算

一、向量的概念

向量的概念最初来自物理学.许多物理量不仅有大小,而且还有方向,如位移、速度和力等,抛弃它们的物理意义,只留下大小和方向两个要素,就抽象为数学中向量的概念.

定义 1.2.1　既有大小,又有方向的量称为**向量**.

数学上用一条有方向的线段(称为有向线段)来表示向量.有向线段的长度表示向量的大小,有向线段的方向表示向量的方向.以 M_1 为起点、M_2 为终点的向量记为$\overrightarrow{M_1M_2}$.今后常用黑体小写字母 $\boldsymbol{a}$,$\boldsymbol{b}$ 和 $\boldsymbol{c}$ 表示向量,书写时常常在字母上面加上箭头(如$\vec{a}$,$\vec{b}$,$\vec{c}$)来表示.

向量 $\boldsymbol{a}$ 的大小称为向量 $\boldsymbol{a}$ 的**模**,记为$|\boldsymbol{a}|$.

模等于 1 的向量称为**单位向量**.

模等于 0 的向量称为**零向量**,记为 $\mathbf{0}$,并规定:**零向量的方向是任意的.**

实际问题中,有些向量与起点有关(如作用于质点上的力),有些向量与起点无关(如气象学中的风).由于一切向量的共性是它们都有大小和方向,所以数学上我们只研究与起点无关的向量,称这种向量为**自由向量**,简称为**向量**.

二、向量的加法与数乘

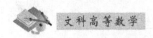

定义 1.2.2 如果两给定向量 $\boldsymbol{a}$ 和 $\boldsymbol{b}$ 的方向相同，且模相等，则称向量 $\boldsymbol{a}$ 和向量 $\boldsymbol{b}$ 相等，记为 $\boldsymbol{a}=\boldsymbol{b}$.

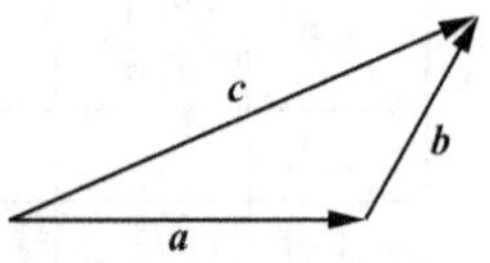

图 1-2-1

定义 1.2.3 将向量 $\boldsymbol{a}$ 和向量 $\boldsymbol{b}$ 首尾相接，以向量 $\boldsymbol{a}$ 的起点为起点，以向量 $\boldsymbol{b}$ 的终点为终点的向量 $\boldsymbol{c}$ 称为向量 $\boldsymbol{a}$ 和向量 $\boldsymbol{b}$ 的和，记为 $\boldsymbol{c}=\boldsymbol{a}+\boldsymbol{b}$. 如图 1-2-1.

定义 1.2.4 设 λ 为任一实数，$\boldsymbol{a}$ 为一个向量，λ 与 $\boldsymbol{a}$ 的数乘是一个向量，记为 $\boldsymbol{c}=\lambda\boldsymbol{a}$，它的模为 $|\lambda||\boldsymbol{a}|$. 当 $\lambda>0$ 时，它与向量 $\boldsymbol{a}$ 方向相同；当 $\lambda<0$ 时，它与向量 $\boldsymbol{a}$ 方向相反；当 $\lambda=0$ 时，$\lambda\boldsymbol{a}$ 是零向量.

与向量 $\boldsymbol{a}$ 大小相等、方向相反的向量，称为向量 $\boldsymbol{a}$ 的负向量，记为 $-\boldsymbol{a}$. 显然有 $-\boldsymbol{a}=(-1)\cdot\boldsymbol{a}$.

定义 1.2.5 如果向量 $\boldsymbol{a}$ 所在的直线和向量 $\boldsymbol{b}$ 所在的直线平行，则称向量 $\boldsymbol{a}$ 和向量 $\boldsymbol{b}$ **共线**，也称向量 $\boldsymbol{a}$ 和向量 $\boldsymbol{b}$ **平行**.

定理 1.2.1 设向量 $\boldsymbol{a}$ 为非零向量，则向量 $\boldsymbol{a}$ 和向量 $\boldsymbol{b}$ 共线的充要条件是存在唯一的实数 λ，使得 $\boldsymbol{b}=\lambda\boldsymbol{a}$.

向量的加法与数乘符合下列运算规律：

设 $\boldsymbol{a}$，$\boldsymbol{b}$ 和 $\boldsymbol{c}$ 是三个向量，λ，μ 是两个常数.

(1) 加法交换律　$\boldsymbol{a}+\boldsymbol{b}=\boldsymbol{b}+\boldsymbol{a}$；

(2) 加法结合律　$(\boldsymbol{a}+\boldsymbol{b})+\boldsymbol{c}=\boldsymbol{a}+(\boldsymbol{b}+\boldsymbol{c})=\boldsymbol{a}+\boldsymbol{b}+\boldsymbol{c}$；

(3) 数乘结合律　$\lambda(\mu\boldsymbol{a})=\mu(\lambda\boldsymbol{a})=(\lambda\mu)\boldsymbol{a}$；

(4) 数乘分配律　$(\lambda+\mu)\boldsymbol{a}=\lambda\boldsymbol{a}+\mu\boldsymbol{a}$，

$\lambda(\boldsymbol{a}+\boldsymbol{b})=\lambda\boldsymbol{a}+\lambda\boldsymbol{b}$.

三、向量的坐标

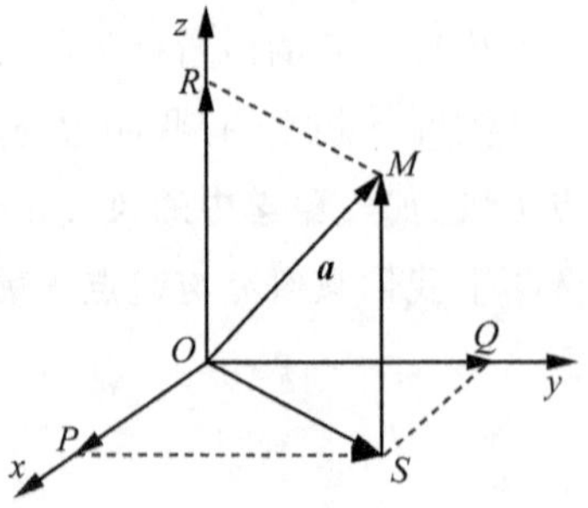

图 1-2-2

设向量 $\boldsymbol{a}=\overrightarrow{OM}$，其中点 M 的坐标为 (x,y,z)，过点 M 分别作平行于 yOz 面、zOx 面和 xOy 面的平面，它们分别与 Ox 轴、Oy 轴和 Oz 轴交于 P，Q 和 R 三点. P，Q 和 R 在 Ox 轴、Oy 轴和 Oz

轴上的坐标分别记为 x,y 和 z. 在 xOy 面上，过点 P 和 Q 分别作垂直于 Ox 轴和 Oy 轴的直线交于点 S. 如图 1-2-2 所示，有

$$\overrightarrow{OM}=\overrightarrow{OS}+\overrightarrow{SM}=\overrightarrow{OS}+\overrightarrow{OR}=(\overrightarrow{OP}+\overrightarrow{PS})+\overrightarrow{OR}=(\overrightarrow{OP}+\overrightarrow{OQ})+\overrightarrow{OR},$$

所以

$$\overrightarrow{OM}=\overrightarrow{OP}+\overrightarrow{OQ}+\overrightarrow{OR}. \tag{1-2-1}$$

记 x 轴、y 轴和 z 轴正方向的单位向量分别为 $\boldsymbol{i}$，$\boldsymbol{j}$ 和 $\boldsymbol{k}$，则由向量的数乘得

$$\overrightarrow{OP}=x\boldsymbol{i},\overrightarrow{OQ}=y\boldsymbol{j},\overrightarrow{OR}=z\boldsymbol{k},$$

于是

$$\boldsymbol{a}=\overrightarrow{OM}=x\boldsymbol{i}+y\boldsymbol{j}+z\boldsymbol{k}.$$

定义 1.2.6 向量 $\boldsymbol{a}$ 的表达式

$$\boldsymbol{a}=x\boldsymbol{i}+y\boldsymbol{j}+z\boldsymbol{k}$$

称为向量 $\boldsymbol{a}$ 的**坐标分解式**. (x,y,z) 称为向量 $\boldsymbol{a}$ 的**坐标**.

显然，从几何意义上看，向量 $\boldsymbol{a}=\overrightarrow{OM}$ 坐标的数值是将向量起点置于原点时的终点 M 的坐标.

由(1-2-1)式，按勾股定理可得

$$|\boldsymbol{a}|=|\overrightarrow{OM}|=\sqrt{|OP|^2+|OQ|^2+|OR|^2},$$

即向量 $\boldsymbol{a}$ 的模为

$$|\boldsymbol{a}|=\sqrt{x^2+y^2+z^2}.$$

定理 1.2.2 向量 $\boldsymbol{a}=(x,y,z)$ 的模为 $|\boldsymbol{a}|=\sqrt{x^2+y^2+z^2}$.

由此我们得到点 M 到原点的距离公式.

定理 1.2.3 点 $M(x,y,z)$ 到原点的距离为 $d=\sqrt{x^2+y^2+z^2}$.

利用向量的坐标，可得到向量的加法、减法和数乘的运算公式如下：

设向量 $\boldsymbol{a}=(a_x,a_y,a_z)$，$\boldsymbol{b}=(b_x,b_y,b_z)$，$\lambda$ 为实数，则

$$\begin{aligned}\boldsymbol{a}+\boldsymbol{b}&=(a_x\boldsymbol{i}+a_y\boldsymbol{j}+a_z\boldsymbol{k})+(b_x\boldsymbol{i}+b_y\boldsymbol{j}+b_z\boldsymbol{k})\\&=(a_x+b_x)\boldsymbol{i}+(a_y+b_y)\boldsymbol{j}+(a_z+b_z)\boldsymbol{k}\\&=(a_x+b_x,a_y+b_y,a_z+b_z);\end{aligned}$$

$$\lambda\boldsymbol{a}=\lambda(a_x\boldsymbol{i}+a_y\boldsymbol{j}+a_z\boldsymbol{k})=\lambda a_x\boldsymbol{i}+\lambda a_y\boldsymbol{j}+\lambda a_z\boldsymbol{k}=(\lambda a_x,\lambda a_y,\lambda a_z);$$

$$\boldsymbol{a}-\boldsymbol{b}=\boldsymbol{a}+(-\boldsymbol{b})=(a_x-b_x,a_y-b_y,a_z-b_z).$$

例 1 设向量 $\boldsymbol{a}=(1,0,1)$ 和向量 $\boldsymbol{b}=(1,3,2)$，求向量 $\boldsymbol{a}+\boldsymbol{b}$，$2\boldsymbol{a}+\boldsymbol{b}$ 及 $2(\boldsymbol{a}+\boldsymbol{b})$.

解 $\boldsymbol{a}+\boldsymbol{b}=(1,0,1)+(1,3,2)=(1+1,0+3,1+2)=(2,3,3)$,

$2\boldsymbol{a}+\boldsymbol{b}=2(1,0,1)+(1,3,2)=(3,3,4)$,

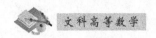

$$2(\boldsymbol{a}+\boldsymbol{b})=2(2,3,3)=(4,6,6),$$

或 $2(\boldsymbol{a}+\boldsymbol{b})=2\boldsymbol{a}+2\boldsymbol{b}=2(1,0,1)+2(1,3,2)=(2,0,2)+(2,6,4)=(4,6,6)$.

设向量 $\boldsymbol{a}$ 为由 $M_1(x_1,y_1,z_1)$ 指向 $M_2(x_2,y_2,z_2)$ 的向量(图 1-2-3).

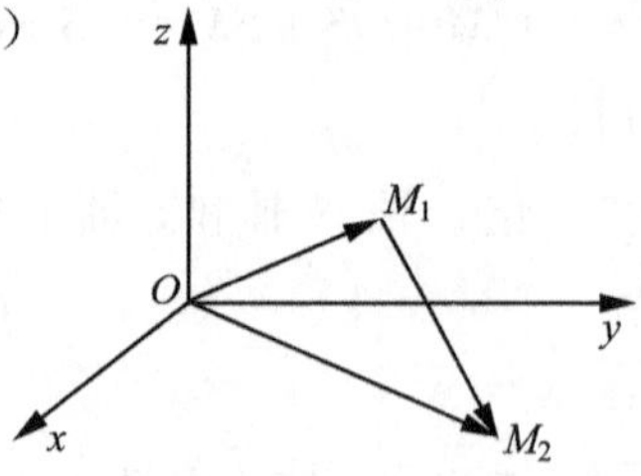

图 1-2-3

$$\boldsymbol{a}=\overrightarrow{M_1M_2}=\overrightarrow{OM_2}-\overrightarrow{OM_1}.$$

而 $\overrightarrow{OM_1}=(x_1,y_1,z_1)$，$\overrightarrow{OM_2}=(x_2,y_2,z_2)$，故

$$\boldsymbol{a}=(x_2-x_1,y_2-y_1,z_2-z_1).$$

因此，由向量模的公式得到空间两点的距离公式.

定理 1.2.4 任意两点 $M_1(x_1,y_1,z_1)$ 和 $M_2(x_2,y_2,z_2)$ 间的距离为

$$d=\sqrt{(x_2-x_1)^2+(y_2-y_1)^2+(z_2-z_1)^2}.$$

例 2 设点 $M_1(1,1,1)$ 和 $M_2(1,7,6)$，求 $\overrightarrow{M_1M_2}$，$\overrightarrow{M_2M_1}$ 和 $|\overrightarrow{M_1M_2}|$.

解 $\overrightarrow{M_1M_2}=(1-1,7-1,6-1)=(0,6,5)$,

$\overrightarrow{M_2M_1}=(1-1,1-7,1-6)=(0,-6,-5)$,

或 $\overrightarrow{M_2M_1}=-\overrightarrow{M_1M_2}=(0,-6,-5)$,

$|\overrightarrow{M_1M_2}|=\sqrt{0^2+6^2+5^2}=\sqrt{61}.$

例 3 设向量 $\boldsymbol{a}=(1,-2,3)$ 和向量 $\boldsymbol{b}=(2,-4,6)$，证明向量 $\boldsymbol{a}$ 和 $\boldsymbol{b}$ 共线.

证 因为显然 $\boldsymbol{b}=2\boldsymbol{a}$，由定理 1.2.1 得向量 $\boldsymbol{a}$ 和 $\boldsymbol{b}$ 共线.

例 4 设点 $A(x_1,y_1,z_1)$ 和 $B(x_2,y_2,z_2)$，求线段 AB 的中点 C 的坐标.

解 如图 1-2-4 所示，由于

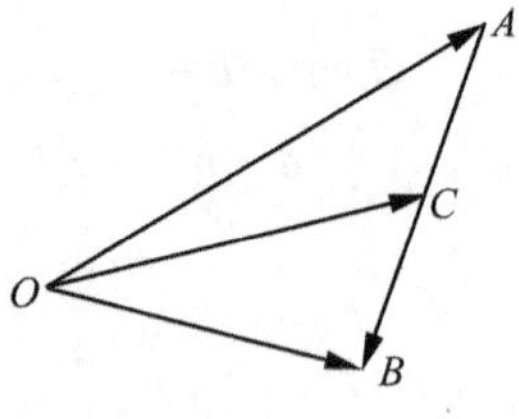

图 1-2-4

$$\overrightarrow{AB}=\overrightarrow{OB}-\overrightarrow{OA},$$

$$\overrightarrow{OC}=\overrightarrow{OA}+\overrightarrow{AC}=\overrightarrow{OA}+\frac{1}{2}\overrightarrow{AB}=\frac{1}{2}(\overrightarrow{OA}+\overrightarrow{OB}),$$

而 $\overrightarrow{OA}=(x_1,y_1,z_1)$，$\overrightarrow{OB}=(x_2,y_2,z_2)$,

所以 $$\overrightarrow{OC}=\left(\frac{x_1+x_2}{2},\frac{y_1+y_2}{2},\frac{z_1+z_2}{2}\right),$$

即 C 点的坐标为 $\left(\frac{x_1+x_2}{2},\frac{y_1+y_2}{2},\frac{z_1+z_2}{2}\right)$.

四、向量的内积

定义 1.2.7　设 $\boldsymbol{a}$ 和 $\boldsymbol{b}$ 为两个向量，记向量 $\boldsymbol{a}$ 和 $\boldsymbol{b}$ 的夹角为 $\theta(0\leqslant\theta\leqslant\pi)$（图 1-2-5），称数量

$$|\boldsymbol{a}||\boldsymbol{b}|\cos\theta$$

为**向量 $\boldsymbol{a}$ 和向量 $\boldsymbol{b}$ 的内积(数量积)**，记为 $\boldsymbol{a}\cdot\boldsymbol{b}$，即

$$\boldsymbol{a}\cdot\boldsymbol{b}=|\boldsymbol{a}||\boldsymbol{b}|\cos\theta.$$

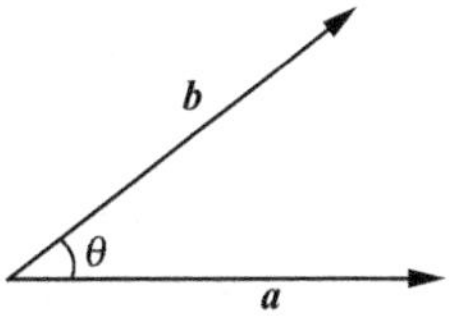

图 1-2-5

向量的内积满足下列运算规律：

设 $\boldsymbol{a}$，$\boldsymbol{b}$ 和 $\boldsymbol{c}$ 是三个向量，λ 是常数.

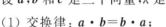

(1) 交换律：$\boldsymbol{a}\cdot\boldsymbol{b}=\boldsymbol{b}\cdot\boldsymbol{a}$；

(2) 分配律：$\boldsymbol{a}\cdot(\boldsymbol{b}+\boldsymbol{c})=\boldsymbol{a}\cdot\boldsymbol{b}+\boldsymbol{a}\cdot\boldsymbol{c}$；

(3) 结合律：$\lambda\boldsymbol{a}\cdot\boldsymbol{b}=(\lambda\boldsymbol{a})\cdot\boldsymbol{b}=\lambda(\boldsymbol{a}\cdot\boldsymbol{b})$.

定理 1.2.5　两非零向量 $\boldsymbol{a}$ 和 $\boldsymbol{b}$ 相互垂直的充要条件为 $\boldsymbol{a}\cdot\boldsymbol{b}=0$.

利用向量的坐标，可得到两向量内积的运算公式.

定理 1.2.6　设向量 $\boldsymbol{a}=(a_x,a_y,a_z)$ 和 $\boldsymbol{b}=(b_x,b_y,b_z)$，则

$$\boldsymbol{a}\cdot\boldsymbol{b}=a_xb_x+a_yb_y+a_zb_z.$$

例 5　设向量 $\boldsymbol{a}=(1,2,-3)$ 和向量 $\boldsymbol{b}=(2,4,-2)$，求 $\boldsymbol{a}\cdot\boldsymbol{b}$ 及 $(\boldsymbol{a}+\boldsymbol{b})\cdot(\boldsymbol{a}-\boldsymbol{b})$.

解　$\boldsymbol{a}\cdot\boldsymbol{b}=1\times2+2\times4+(-3)\times(-2)=16$，

$(\boldsymbol{a}+\boldsymbol{b})\cdot(\boldsymbol{a}-\boldsymbol{b})=(3,6,-5)\cdot(-1,-2,-1)=-10$.

推论 1.2.1　向量 $\boldsymbol{a}=(a_x,a_y,a_z)$ 和向量 $\boldsymbol{b}=(b_x,b_y,b_z)$ 垂直的充要条件为

$$a_xb_x+a_yb_y+a_zb_z=0.$$

例 6　设向量 $\boldsymbol{a}=(-1,3,1)$ 和向量 $\boldsymbol{b}=(-2,-1,1)$，证明向量 $\boldsymbol{a}$ 与 $\boldsymbol{b}$ 垂直.

证　因为 $\boldsymbol{a}\cdot\boldsymbol{b}=(-1)\times(-2)+3\times(-1)+1\times1=0$，由定理 1.2.5 或推论 1.2.1 得向量 $\boldsymbol{a}$ 与 $\boldsymbol{b}$ 垂直.

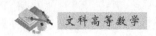

1.3 空间平面与直线的方程

一、曲面及其方程

定义 1.3.1 在空间直角坐标系中,如果一个曲面 S 和一个方程 $E:F(x,y,z)=0$ 之间满足:(1) 曲面 S 上点的坐标(x,y,z)满足方程 E;(2) 不在曲面 S 上的点的坐标(x,y,z)不满足方程 E. 则称方程 E 为曲面 S 的方程,曲面 S 为方程 E 的图形.

现在我们简要介绍几种常见曲面.

1. 球面

到空间一定点(x_0,y_0,z_0)的距离为定值 R 的点的轨迹称为以(x_0,y_0,z_0)为球心、R 为半径的球面(图 1-3-1),其方程为

$$(x-x_0)^2+(y-y_0)^2+(z-z_0)^2=R^2. \tag{1-3-1}$$

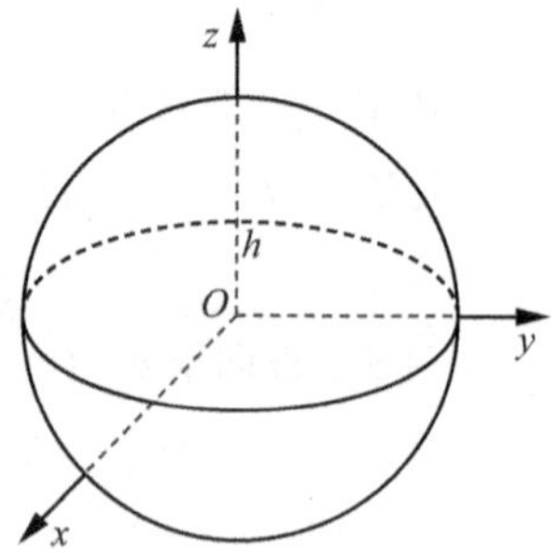

图 1-3-1

例 1 求球心在 $A(1,1,1)$且过点 $B(2,-1,1)$的球面方程.

解 因为点 B 在球面上而 A 为球心,所以线段 AB 的长度为半径 R,即

$$R=|\overrightarrow{AB}|=\sqrt{(2-1)^2+(-1-1)^2+(1-1)^2}=\sqrt{5}.$$

设 $M(x,y,z)$是球面上任意一点,则$|\overrightarrow{MA}|=R$,即

$$\sqrt{(x-1)^2+(y-1)^2+(z-1)^2}=\sqrt{5}.$$

两边平方得该球面方程为

$$(x-1)^2+(y-1)^2+(z-1)^2=5$$

或
$$x^2+y^2+z^2-2x-2y-2z-2=0.$$

2. 柱面

设 C 为空间一条定曲线,L 为空间一条动直线,动直线 L 沿曲线 C 作平行

移动产生的曲面称为**柱面**. 曲线 C 称为柱面的**准线**，直线 L 称为柱面的**母线**.（图 1-3-2）

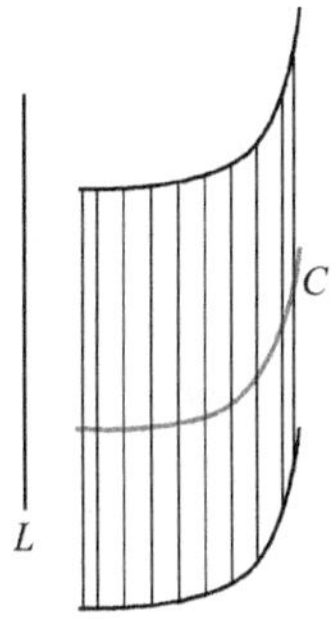

图 1-3-2

例如，方程 $x^2+y^2=R^2$ 表示圆柱面，这是母线平行于 Oz 轴，以 xOy 面上中心在原点且半径为 R 的圆为准线的柱面.

3. 旋转面

一条平面曲线绕其平面内一条定直线旋转一周所形成的曲面称为**旋转曲面**，平面曲线称为旋转曲面的**母线**，定直线称为旋转曲面的**旋转轴**.

例如，当一条直线绕与其平行的直线旋转一周时，得到的旋转曲面是圆柱面；当一条直线绕与其相交的直线旋转一周时，得到的旋转曲面是圆锥面.

图 1-3-3 所示为平面曲线 C 绕直线 L 旋转所形成的旋转曲面.

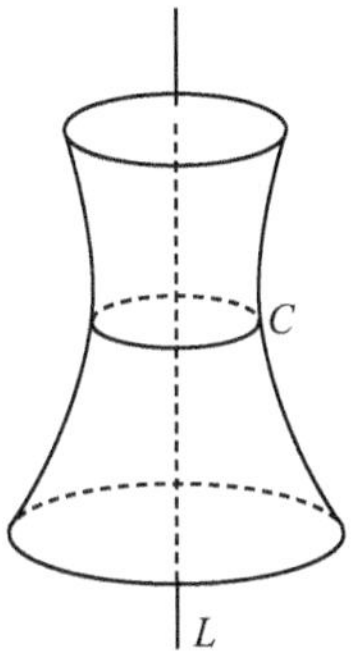

图 1-3-3

二、平面的方程

为了研究平面，我们首先引入平面法向量的概念.

定义 1.3.2　称垂直于平面 Π 的非零向量 $\boldsymbol{n}$ 为**平面 Π 的法向量**.

由于过空间一点且垂直于已知直线的平面是唯一的，所以给定平面 Π 上一点 $M_0(x_0,y_0,z_0)$ 和它的一个法向量 $\boldsymbol{n}=(A,B,C)$，就确定了该平面（图 1-3-4）. 下面，我们来建立平面 Π 的方程.

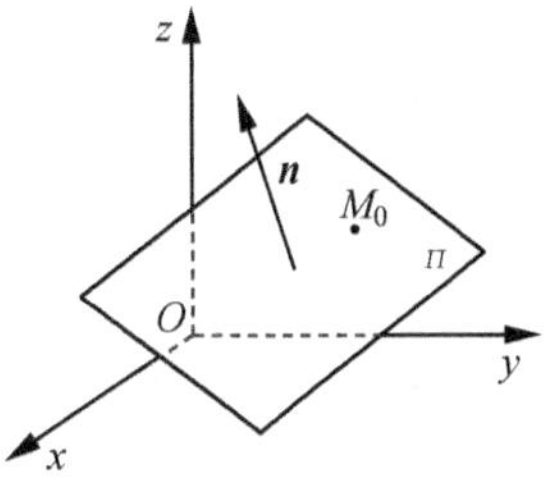

图 1-3-4

设 $M(x,y,z)$ 是平面 Π 上的任意一点，显然，$\overrightarrow{M_0M}\perp\boldsymbol{n}$，即 $\overrightarrow{M_0M}\cdot\boldsymbol{n}=0$. 而

$$\overrightarrow{M_0M}=(x-x_0,y-y_0,z-z_0),$$

故

$$A(x-x_0)+B(y-y_0)+C(z-z_0)=0. \tag{1-3-2}$$

称方程(1-3-2)为**平面的点法式方程**.

注意到方程(1-3-2)是 x，y 和 z 的一次方程，可证明，任一平面都可以用一个三元一次方程

$$Ax+By+Cz+D=0 \tag{1-3-3}$$

来表示. 方程(1-3-3)称为**平面的一般式方程**.

例 2 说明方程 $Ax+By+Cz=0(A^2+B^2+C^2\neq 0)$ 表示的平面经过原点，且法向量为 $\boldsymbol{n}=(A,B,C)$.

解 由于原点 $O(0,0,0)$ 的坐标满足方程，所以该平面过原点 O. 再由平面的点法式方程(1-3-2)，过原点 O 且以 $\boldsymbol{n}=(A,B,C)$ 为法向量的平面方程就是

$$Ax+By+Cz=0.$$

所以方程 $Ax+By+Cz=0(A^2+B^2+C^2\neq 0)$ 表示的平面经过原点，且法向量为 $\boldsymbol{n}=(A,B,C)$.

例 3 已知平面过三点 $M_1(a,0,0)$，$M_2(0,b,0)$ 和 $M_3(0,0,c)$（其中 $abc\neq 0$），求该平面的方程.

解 设平面方程为 $Ax+By+Cz+D=0$（A,B,C 不同时为零），则三点 M_1，M_2 和 M_3 的坐标应满足方程(1-3-3)，即

$$\begin{cases} aA+D=0, \\ bB+D=0, \\ cC+D=0. \end{cases}$$

显然 $D\neq 0$（否则 A,B,C 都为 0），可取 $D=-1$，则 $A=\dfrac{1}{a}$，$B=\dfrac{1}{b}$，$C=\dfrac{1}{c}$.

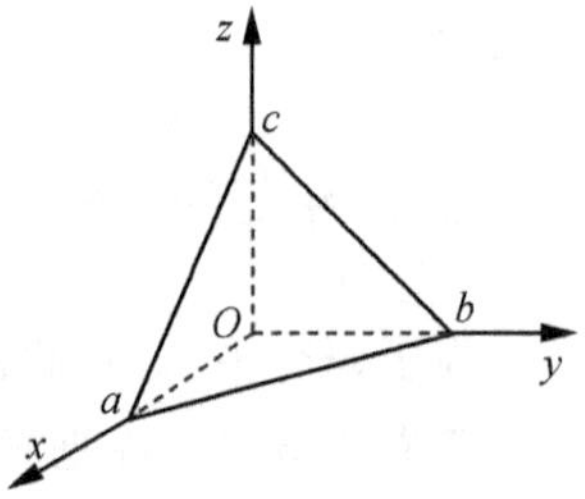

图 1-3-5

所以所求平面方程为 $\dfrac{x}{a}+\dfrac{y}{b}+\dfrac{z}{c}-1=0$（图 1-3-5）.

例 4 过点 $P(1,1,1)$ 向平面 Π 作垂线 PQ，其垂足为 $Q(-2,2,2)$，求平面 Π 的方程.

解 因为线段 $\overrightarrow{PQ}$ 垂直于平面 Π，所以平面 Π 的法向量平行于向量 $\overrightarrow{PQ}$，因而法向量可取为 $\boldsymbol{n}=\overrightarrow{PQ}=(-3,1,1)$. 又因为点 Q 在平面 Π 上，所以平面 Π 的方程为

$$-3\times(x+2)+1\times(y-2)+1\times(z-2)=0,$$

即

$$3x-y-z+10=0.$$

三、空间直线的方程

在空间，曲线可以定义为两个曲面的交线，所以空间曲线方程的一般形式为两个曲面方程的联立方程组

$$\begin{cases} F(x,y,z)=0, \\ G(x,y,z)=0. \end{cases}$$

这一节研究空间曲线的特殊情形：空间直线. 我们将空间直线定义为**两个平面的交线**(图 1-3-6)，如果两个相交平面的方程分别为 $A_1x+B_1y+C_1z+D_1=0$ 和 $A_2x+B_2y+C_2z+D_2=0$，那么直线上的点应该同时满足这两张平面的方程，即满足方程组

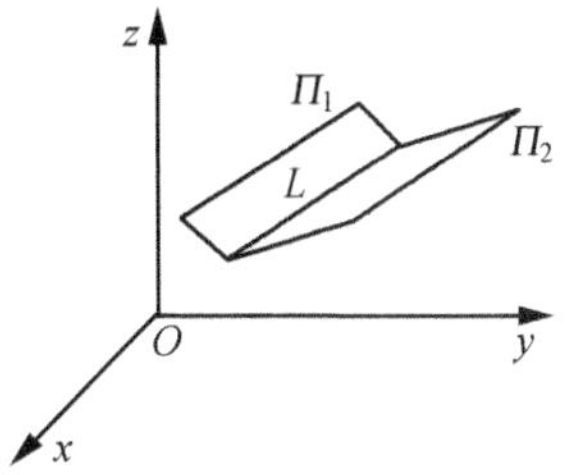

图 1-3-6

$$E:\begin{cases} A_1x+B_1y+C_1z+D_1=0, \\ A_2x+B_2y+C_2z+D_2=0. \end{cases} \tag{1-3-4}$$

称方程组(1-3-4)为**空间直线的一般式方程**.

例 5　说明方程 $\begin{cases} 3x+y+z+3=0, \\ 2x-y+2z=0 \end{cases}$ 表示的直线 L 过 $P(0,-2,-1)$ 和 $Q(-3,2,4)$ 两点.

解　将点 P 的坐标代入方程组，因为 $\begin{cases} 3\times0+(-2)+(-1)+3=0, \\ 2\times0-(-2)+2\times(-1)=0, \end{cases}$ 即点 P 的坐标满足方程组，所以直线 L 经过点 P. 同理可以验证点 Q 也在直线 L 上.

所以直线 L 过 $P(0,-2,-1)$ 和 $Q(-3,2,4)$ 两点.

从空间直线的一般方程(如例 5 中的方程组)很难直接想象这条直线在空间的位置. 为了使得方程更直观地表达空间直线的位置，我们介绍另一种形式的直线方程.

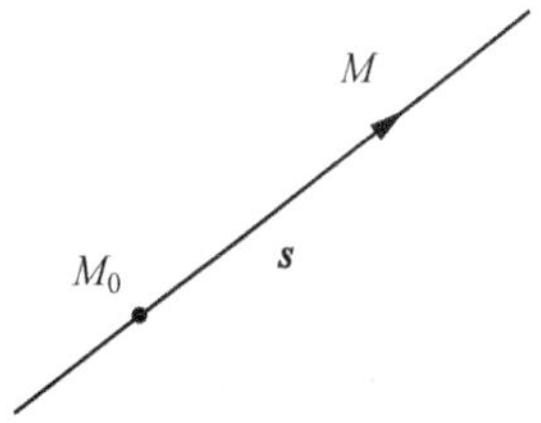

图 1-3-7

定义 1.3.3　称平行于直线的非零向量 $\boldsymbol{s}$ 为直线的**方向向量**.

设 $M_0(x_0,y_0,z_0)$ 为直线上一给定点，非零向量 $\boldsymbol{s}=(a,b,c)$ 为该直线的方向

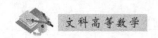

向量(图 1-3-7). 设 $M(x,y,z)$ 为直线上任意一点,则向量 $\overrightarrow{M_0M}=(x-x_0,y-y_0,z-z_0)$ 与方向向量 $\boldsymbol{s}$ 平行,因此有

$$\overrightarrow{M_0M}=\lambda\boldsymbol{s}(\lambda\in\mathbf{R}),$$

消去 λ 得

$$\frac{x-x_0}{a}=\frac{y-y_0}{b}=\frac{z-z_0}{c}. \tag{1-3-5}$$

称方程(1-3-5)为**空间直线的点向式方程**.

例 6 求过点 $P(1,2,1)$ 和点 $Q(2,1,1)$ 的直线方程.

解 因为点 $P(1,2,1)$ 和点 $Q(2,1,1)$ 为直线上两互异点,所以直线的方向向量 $\boldsymbol{s}$ 平行于 $\overrightarrow{PQ}$,因而方向向量 $\boldsymbol{s}$ 可取为 $\overrightarrow{PQ}=(1,-1,0)$. 又直线过 P 点,所以直线方程为

$$\frac{x-1}{1}=\frac{y-2}{-1}=\frac{z-1}{0}.$$

上式中分母为零时约定其意义为相应的分子为零,所以上述方程亦为

$$\begin{cases}\dfrac{x-1}{1}=\dfrac{y-2}{-1},\\ z-1=0.\end{cases}$$

1.4 行列式

本节及以下几节我们将简要介绍线性代数的基本知识,线性代数是大学数学的重要内容之一,是学习科学技术的重要基础,在科学技术中有着广泛的应用. 在线性代数中,行列式的概念源于线性方程组的求解,因此我们从二元一次方程组来引进行列式的概念.

一、二、三阶行列式

首先,考察一个二元线性方程组:

$$\begin{cases}a_{11}x_1+a_{12}x_2=b_1,\\ a_{21}x_1+a_{22}x_2=b_2.\end{cases} \tag{1-4-1}$$

由消元得

$$\begin{cases}(a_{11}a_{22}-a_{12}a_{21})x_1=b_1a_{22}-b_2a_{12},\\(a_{11}a_{22}-a_{12}a_{21})x_2=b_2a_{11}-b_1a_{21}.\end{cases}$$

于是，如果 $a_{11}a_{22}-a_{12}a_{21}\neq 0$，就有

$$x_1=\frac{b_1a_{22}-b_2a_{12}}{a_{11}a_{22}-a_{12}a_{21}},x_2=\frac{b_2a_{11}-b_1a_{21}}{a_{11}a_{22}-a_{12}a_{21}}.$$

我们引进一个新的记号

$$\begin{vmatrix}a_{11} & a_{12}\\a_{21} & a_{22}\end{vmatrix},\tag{1-4-2}$$

它是方程组(1-4-1)中 x_1 和 x_2 的系数按原有次序排列的数表，且定义它等于数值 $a_{11}a_{22}-a_{12}a_{21}$. 称(1-4-2)为二阶行列式. 这个值是行列式两条对角线上各数乘积的差，即

$$\begin{vmatrix}a_{11} & a_{12}\\a_{21} & a_{22}\end{vmatrix}=a_{11}a_{22}-a_{12}a_{21}.\tag{1-4-3}$$

其中 $a_{ij}(i,j=1,2)$ 称为行列式的第 i 行第 j 列的元素，i 称为行标，j 称为列标.

利用对角线计算行列式 $\begin{vmatrix}a_{11} & a_{12}\\a_{21} & a_{22}\end{vmatrix}$ 的方法叫作计算行列式的对角线法则.

例 1　计算二阶行列式 $D=\begin{vmatrix}1 & 1\\-2 & 3\end{vmatrix}$.

解　由(1-4-3)，有

$$D=\begin{vmatrix}1 & 1\\-2 & 3\end{vmatrix}=1\times 3-(-2)\times 1=5.$$

在(1-4-1)中，我们记 $D=\begin{vmatrix}a_{11} & a_{12}\\a_{21} & a_{22}\end{vmatrix}$，以及

$$D_1=\begin{vmatrix}b_1 & a_{12}\\b_2 & a_{22}\end{vmatrix}=b_1a_{22}-b_2a_{12},D_2=\begin{vmatrix}a_{11} & b_1\\a_{21} & b_2\end{vmatrix}=a_{11}b_2-a_{21}b_1,$$

于是当 $D\neq 0$ 时，线性方程组(1-4-1)有唯一解，且其解为

$$x_1=\frac{D_1}{D},x_2=\frac{D_2}{D}.\tag{1-4-4}$$

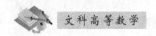

例 2 解二元线性方程组 $\begin{cases}4x_1+2x_2=5,\\3x_1+5x_2=2.\end{cases}$

解 由于

$$D=\begin{vmatrix}4 & 2\\3 & 5\end{vmatrix}=14,\ D_1=\begin{vmatrix}5 & 2\\2 & 5\end{vmatrix}=21,\ D_2=\begin{vmatrix}4 & 5\\3 & 2\end{vmatrix}=-7,$$

所以由(1-4-4)得方程组的解为

$$x_1=\frac{D_1}{D}=\frac{21}{14}=\frac{3}{2},x_2=\frac{D_2}{D}=\frac{-7}{14}=-\frac{1}{2}.$$

其次,考察三元线性方程组

$$\begin{cases}a_{11}x_1+a_{12}x_2+a_{13}x_3=b_1,\\a_{21}x_1+a_{22}x_2+a_{23}x_3=b_2,\\a_{31}x_1+a_{32}x_2+a_{33}x_3=b_3.\end{cases}\tag{1-4-5}$$

我们引进三阶行列式

$$D=\begin{vmatrix}a_{11} & a_{12} & a_{13}\\a_{21} & a_{22} & a_{23}\\a_{31} & a_{32} & a_{33}\end{vmatrix},$$

它对应数值为 $a_{11}a_{22}a_{33}+a_{12}a_{23}a_{31}+a_{13}a_{21}a_{32}-a_{31}a_{22}a_{13}-a_{32}a_{23}a_{11}-a_{33}a_{21}a_{12}$. 具体计算过程如下:

首先将行列式形式上向右扩展两列,它们重复前两列,再按对角线方向划出两组各三个箭头,将每个箭头上的 3 个数相乘,向下箭头的乘积取正号,向上箭头的乘积取负号后求和,就得到三阶行列式的值(该方法叫作计算三阶行列式的对角线法则). 如下所示:

$D=$ 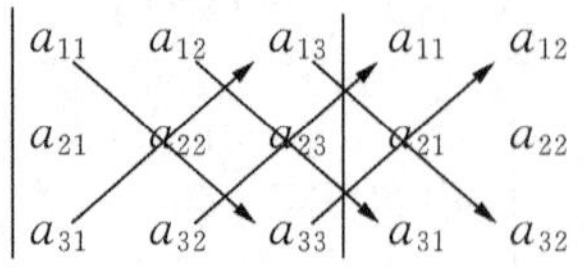

$$=a_{11}a_{22}a_{33}+a_{12}a_{23}a_{31}+a_{13}a_{21}a_{32}-a_{31}a_{22}a_{13}-a_{32}a_{23}a_{11}-a_{33}a_{21}a_{12}.\tag{1-4-6}$$

例 3 计算三阶行列式 $D=\begin{vmatrix}2 & 3 & -1\\3 & 5 & 2\\1 & -2 & -3\end{vmatrix}$.

解　按(1-4-6)式，有

$$
\begin{aligned}
D &= 2\times5\times(-3)+3\times2\times1+(-1)\times3\times(-2)-1\times5\times(-1)-\\
&\quad(-2)\times2\times2-(-3)\times3\times3\\
&=(-30)+6+6-(-5)-(-8)-(-27)\\
&=22.
\end{aligned}
$$

二、n 阶行列式

为了定义 n 阶行列式，我们重新计算三阶行列式.

$$
\text{将 } D=\begin{vmatrix} a_{11} & a_{12} & a_{13}\\ a_{21} & a_{22} & a_{23}\\ a_{31} & a_{32} & a_{33}\end{vmatrix}
$$

$$
=a_{11}a_{22}a_{33}+a_{12}a_{23}a_{31}+a_{13}a_{21}a_{32}-a_{31}a_{22}a_{13}-a_{32}a_{23}a_{11}-a_{33}a_{21}a_{12}
$$

按第一行的元素合并，得

$$
\begin{aligned}
D &= a_{11}(a_{22}a_{33}-a_{32}a_{23})+a_{12}(a_{23}a_{31}-a_{33}a_{21})+a_{13}(a_{21}a_{32}-a_{31}a_{22})\\
&= a_{11}\begin{vmatrix} a_{22} & a_{23}\\ a_{32} & a_{33}\end{vmatrix}+a_{12}\left(-\begin{vmatrix} a_{21} & a_{23}\\ a_{31} & a_{33}\end{vmatrix}\right)+a_{13}\begin{vmatrix} a_{21} & a_{22}\\ a_{31} & a_{32}\end{vmatrix}.
\end{aligned}
\tag{1-4-7}
$$

(1-4-7)式表明三阶行列式可以表示成 3 个二阶行列式的代数和. 也就是说，如果我们知道了二阶行列式的计算方法，那么按(1-4-7)式就可以计算三阶行列式了. (1-4-7)式启发我们可以归纳地定义 n 阶行列式($n>3$).

定义 1.4.1　由 n 行 n 列元素组成的 n 阶行列式 D 定义为

$$
D=\begin{vmatrix} a_{11} & a_{12} & \cdots & a_{1n}\\ a_{21} & a_{22} & \cdots & a_{2n}\\ \vdots & \vdots & & \vdots\\ a_{n1} & a_{n2} & \cdots & a_{nn}\end{vmatrix}=a_{11}A_{11}+a_{12}A_{12}+\cdots+a_{1n}A_{1n},
$$

其中，a_{ij} 称为行列式 D 的第 i 行第 j 列**元素**，第一个下标 i 称为行标，表示该元素所在的行；第二个下标 j 称为列标，表示该元素所在的列. A_{ij} 称为 a_{ij} 的**代数余子式**，它是用$(-1)^{i+j}$乘以从 D 中划去 a_{ij} 所在的第 i 行和第 j 列所得到的 $n-1$ 阶行列式.

根据以上定义，由于代数余子式是比原行列式低一阶的行列式，所以当我们能够计算三阶行列式时，就能够计算四阶行列式，进而能够计算五阶、六阶行列式，等等. 理论上，我们可以计算任意阶行列式.

定义 1.4.1 是一种归纳定义，n 阶行列式的一般定义可以参考同济大学的线性代数教材.

例 4 求行列式 $D=\begin{vmatrix}1&1&2\\1&0&1\\2&1&0\end{vmatrix}$ 的元素 a_{22} 和 a_{32} 的代数余子式 A_{22} 和 A_{32}.

解 从 D 中划去 a_{22} 所在的第 2 行和第 2 列，得到一个二阶行列式 $\begin{vmatrix}1&2\\2&0\end{vmatrix}$，再乘以 $(-1)^{2+2}$ 得到 $A_{22}=(-1)^{2+2}\begin{vmatrix}1&2\\2&0\end{vmatrix}=-4$；从 D 中划去 a_{32} 所在的第 3 行和第 2 列，得到一个二阶行列式 $\begin{vmatrix}1&2\\1&1\end{vmatrix}$，再乘以 $(-1)^{3+2}$，得到 $A_{32}=(-1)^{3+2}\begin{vmatrix}1&2\\1&1\end{vmatrix}=1$.

例 5 计算四阶行列式 $D=\begin{vmatrix}2&1&0&0\\1&-1&1&3\\-1&4&0&1\\3&1&0&-1\end{vmatrix}$.

解 行列式 D 中第一行 4 个元素的代数余子式分别为

$$A_{11}=(-1)^{1+1}\begin{vmatrix}-1&1&3\\4&0&1\\1&0&-1\end{vmatrix}=5,$$

$$A_{12}=(-1)^{1+2}\begin{vmatrix}1&1&3\\-1&0&1\\3&0&-1\end{vmatrix}=-2,$$

$$A_{13}=(-1)^{1+3}\begin{vmatrix}1&-1&3\\-1&4&1\\3&1&-1\end{vmatrix}=-46,$$

$$A_{14}=(-1)^{1+4}\begin{vmatrix}1 & -1 & 1\\ -1 & 4 & 0\\ 3 & 1 & 0\end{vmatrix}=13,$$

所以

$$\begin{aligned}D&=a_{11}A_{11}+a_{12}A_{12}+a_{13}A_{13}+a_{14}A_{14}\\&=2\times5+1\times(-2)+0\times(-46)+0\times13=8.\end{aligned}$$

例 6　计算五阶行列式 $D=\begin{vmatrix}1&0&0&0&0\\2&2&0&0&0\\3&3&3&0&0\\4&4&4&4&0\\5&5&5&5&5\end{vmatrix}$.

解　行列式 D 的第一行只有第一列的元素不为 0,其余均为 0.

因此,$D=a_{11}A_{11}=1\times\begin{vmatrix}2&0&0&0\\3&3&0&0\\4&4&4&0\\5&5&5&5\end{vmatrix}=1\times2\times\begin{vmatrix}3&0&0\\4&4&0\\5&5&5\end{vmatrix}$

$$=1\times2\times3\times\begin{vmatrix}4&0\\5&5\end{vmatrix}=1\times2\times3\times4\times5=120.$$

对于行列式 D,将左上角至右下角连线称为行列式的**主对角线**,如下所示:

$$D=\begin{vmatrix}a_{11}&a_{12}&\cdots&a_{1n}\\a_{21}&a_{22}&\cdots&a_{2n}\\\vdots&\vdots&&\vdots\\a_{n1}&a_{n2}&\cdots&a_{nn}\end{vmatrix}.$$

主对角线上元素的特征是两个下标相同.

如果行列式 D 的主对角线下方元素全为零,则称行列式 D 为**上三角形行列式**.

例如,行列式 $D=\begin{vmatrix}1&2&1&0\\0&2&4&5\\0&0&3&-1\\0&0&0&4\end{vmatrix}$ 是一个四阶上三角形行列式.

如果行列式 D 的主对角线上方元素全为零，则称行列式 D 为**下三角形行列式**.

例如，行列式 $D=\begin{vmatrix}1&0&0&0\\2&2&0&0\\3&3&3&0\\4&4&4&4\end{vmatrix}$ 是一个四阶下三角形行列式.

如果行列式 D 除主对角线以外所有元素均为零，则称行列式 D 为**对角形行列式**.

例如，行列式 $D=\begin{vmatrix}1&0&0\\0&2&0\\0&0&3\end{vmatrix}$ 是一个三阶对角形行列式.

三、行列式的性质及计算

从例 5 的计算我们还可以看到，即使计算四阶行列式也有很大的计算量，更不用说一般的 $n(n>4)$ 阶行列式了. 下面我们介绍行列式的一些性质，利用这些性质可以简化行列式的计算.

定义 1.4.2 交换行列式 $D=\begin{vmatrix}a_{11}&a_{12}&\cdots&a_{1n}\\a_{21}&a_{22}&\cdots&a_{2n}\\\vdots&\vdots&&\vdots\\a_{n1}&a_{n2}&\cdots&a_{nn}\end{vmatrix}$ 的行和列的元素得到的行列式

$$\begin{vmatrix}a_{11}&a_{21}&\cdots&a_{n1}\\a_{12}&a_{22}&\cdots&a_{n2}\\\vdots&\vdots&&\vdots\\a_{1n}&a_{2n}&\cdots&a_{nn}\end{vmatrix}$$

称为行列式 D 的**转置行列式**，记作 D^{T}.

例 7 求四阶行列式 $D=\begin{vmatrix}0&1&2&0\\1&2&1&3\\0&4&1&1\\0&1&3&1\end{vmatrix}$ 的转置行列式 D^{T}.

解 $D^{\mathrm{T}}=\begin{vmatrix}0&1&0&0\\1&2&4&1\\2&1&1&3\\0&3&1&1\end{vmatrix}$.

行列式有下列性质：

性质 1.4.1 行列式和它的转置行列式相等，即 $D^{\mathrm{T}}=D$.

例 8 对 $D=\begin{vmatrix}3&2\\1&4\end{vmatrix}$，验证性质 1.4.1.

解 因为 $D=\begin{vmatrix}3&2\\1&4\end{vmatrix}=3\times4-1\times2=10$，$D^{\mathrm{T}}=\begin{vmatrix}3&1\\2&4\end{vmatrix}=10$，所以 $D=D^{\mathrm{T}}$.

性质 1.4.2 交换行列式的两行(列)，行列式变号.

$$\begin{vmatrix}a_{11}&a_{12}&\cdots&a_{1n}\\\vdots&\vdots&&\vdots\\a_{i1}&a_{i2}&\cdots&a_{in}\\\vdots&\vdots&&\vdots\\a_{j1}&a_{j2}&\cdots&a_{jn}\\\vdots&\vdots&&\vdots\\a_{n1}&a_{n2}&\cdots&a_{nn}\end{vmatrix}=-\begin{vmatrix}a_{11}&a_{12}&\cdots&a_{1n}\\\vdots&\vdots&&\vdots\\a_{j1}&a_{j2}&\cdots&a_{jn}\\\vdots&\vdots&&\vdots\\a_{i1}&a_{i2}&\cdots&a_{in}\\\vdots&\vdots&&\vdots\\a_{n1}&a_{n2}&\cdots&a_{nn}\end{vmatrix}\quad(i<j).$$

推论 1.4.1 如果行列式中有两行(列)元素相同，则行列式为 0.

在 n 阶行列式的定义中，是将 n 阶行列式表示为第一行的元素与其对应的代数余子式的乘积，也可叫作将行列式按第一行展开. 由于行列式转置是将它的行变为列、列变为行. 由性质 1.4.2，任何一行(列)可以通过行(列)交换，换到第一行(列). 这样，我们就可以按照行列式任何一行或一列展开去计算 n 阶行列式的值，这就是下面的拉普拉斯定理：

定理 1.4.1(拉普拉斯定理) n 阶行列式的值等于它的一行或一列的元素

与它们的代数余子式的乘积之和，即

$$D=\begin{vmatrix} a_{11} & a_{12} & \cdots & a_{1n} \\ a_{21} & a_{22} & \cdots & a_{2n} \\ \vdots & \vdots & & \vdots \\ a_{n1} & a_{n2} & \cdots & a_{nn} \end{vmatrix}=a_{i1}A_{i1}+a_{i2}A_{i2}+\cdots+a_{in}A_{in}\ (1\leqslant i\leqslant n)$$

或 $$D=\begin{vmatrix} a_{11} & a_{12} & \cdots & a_{1n} \\ a_{21} & a_{22} & \cdots & a_{2n} \\ \vdots & \vdots & & \vdots \\ a_{n1} & a_{n2} & \cdots & a_{nn} \end{vmatrix}=a_{1j}A_{1j}+a_{2j}A_{2j}+\cdots+a_{nj}A_{nj}\ (1\leqslant j\leqslant n).$$

推论 1.4.2 对于行列式 D，有

$$a_{k1}A_{i1}+a_{k2}A_{i2}+\cdots+a_{kn}A_{in}=\begin{cases} D, & i=k, \\ 0, & i\neq k \end{cases}$$

和

$$a_{1j}A_{1k}+a_{2j}A_{2k}+\cdots+a_{nj}A_{nk}=\begin{cases} D, & k=j, \\ 0, & k\neq j. \end{cases}$$

例 9 利用拉普拉斯定理计算例 5 中的行列式 $D=\begin{vmatrix} 2 & 1 & 0 & 0 \\ 1 & -1 & 1 & 3 \\ -1 & 4 & 0 & 1 \\ 3 & 1 & 0 & -1 \end{vmatrix}$.

解 行列式 D 的第三列中只有一个非零元，所以，将 D 按第三列展开，于是

$$D=1\times(-1)^{2+3}\begin{vmatrix} 2 & 1 & 0 \\ -1 & 4 & 1 \\ 3 & 1 & -1 \end{vmatrix}$$

$$=-\left[2\times(-1)^{1+1}\begin{vmatrix} 4 & 1 \\ 1 & -1 \end{vmatrix}+1\times(-1)^{1+2}\begin{vmatrix} -1 & 1 \\ 3 & -1 \end{vmatrix}\right]=8.$$

和例 5 相比较，这里的计算量小得多.

性质 1.4.3 上三角形行列式、下三角形行列式和对角形行列式的值等于主对角线上元素之积.

例 10　重新计算例 6 中的 5 阶行列式 $D=\begin{vmatrix} 1 & 0 & 0 & 0 & 0 \\ 2 & 2 & 0 & 0 & 0 \\ 3 & 3 & 3 & 0 & 0 \\ 4 & 4 & 4 & 4 & 0 \\ 5 & 5 & 5 & 5 & 5 \end{vmatrix}$.

解　因为行列式 D 是一个下三角形行列式，所以行列式 $D=1\times2\times3\times4\times5=120$.

性质 1.4.4　如果行列式的一行(列)有公因子 k，则可以将 k 提取到行列式外，即

$$\begin{vmatrix} a_{11} & a_{12} & \cdots & a_{1n} \\ \vdots & \vdots & & \vdots \\ ka_{i1} & ka_{i2} & \cdots & ka_{in} \\ \vdots & \vdots & & \vdots \\ a_{n1} & a_{n2} & \cdots & a_{nn} \end{vmatrix}=k\begin{vmatrix} a_{11} & a_{12} & \cdots & a_{1n} \\ \vdots & \vdots & & \vdots \\ a_{i1} & a_{i2} & \cdots & a_{in} \\ \vdots & \vdots & & \vdots \\ a_{n1} & a_{n2} & \cdots & a_{nn} \end{vmatrix}.$$

推论 1.4.3　如果行列式有一行(列)的元素全为零，则行列式为 0.

推论 1.4.4　如果行列式有两行(列)对应元素成比例，则行列式为 0.

性质 1.4.5　如果行列式的一行(列)的元素是两数之和，则该行列式可以写成两个行列式之和，即

$$\begin{vmatrix} a_{11} & a_{12} & \cdots & a_{1n} \\ \vdots & \vdots & & \vdots \\ a_{i1}+b_{i1} & a_{i2}+b_{i2} & \cdots & a_{in}+b_{in} \\ \vdots & \vdots & & \vdots \\ a_{n1} & a_{n2} & \cdots & a_{nn} \end{vmatrix}=\begin{vmatrix} a_{11} & a_{12} & \cdots & a_{1n} \\ \vdots & \vdots & & \vdots \\ a_{i1} & a_{i2} & \cdots & a_{in} \\ \vdots & \vdots & & \vdots \\ a_{n1} & a_{n2} & \cdots & a_{nn} \end{vmatrix}+\begin{vmatrix} a_{11} & a_{12} & \cdots & a_{1n} \\ \vdots & \vdots & & \vdots \\ b_{i1} & b_{i2} & \cdots & b_{in} \\ \vdots & \vdots & & \vdots \\ a_{n1} & a_{n2} & \cdots & a_{nn} \end{vmatrix}.$$

例 11　计算行列式 $D=\begin{vmatrix} 1+a & 2+a & 3+a \\ 1+b & 2+b & 3+b \\ 1+c & 2+c & 3+c \end{vmatrix}$，其中 a，b 和 c 为常数.

解　$D=\begin{vmatrix} 1+a & 2+a & 3+a \\ 1+b & 2+b & 3+b \\ 1+c & 2+c & 3+c \end{vmatrix}=\begin{vmatrix} 1 & 2+a & 3+a \\ 1 & 2+b & 3+b \\ 1 & 2+c & 3+c \end{vmatrix}+\begin{vmatrix} a & 2+a & 3+a \\ b & 2+b & 3+b \\ c & 2+c & 3+c \end{vmatrix}$

$$=\left(\begin{vmatrix}1&2&3+a\\1&2&3+b\\1&2&3+c\end{vmatrix}+\begin{vmatrix}1&a&3+a\\1&b&3+b\\1&c&3+c\end{vmatrix}\right)+\left(\begin{vmatrix}a&2&3+a\\b&2&3+b\\c&2&3+c\end{vmatrix}+\begin{vmatrix}a&a&3+a\\b&b&3+b\\c&c&3+c\end{vmatrix}\right)$$

$$=\begin{vmatrix}1&a&3+a\\1&b&3+b\\1&c&3+c\end{vmatrix}+\begin{vmatrix}a&2&3+a\\b&2&3+b\\c&2&3+c\end{vmatrix}$$

$$=\left(\begin{vmatrix}1&a&3\\1&b&3\\1&c&3\end{vmatrix}+\begin{vmatrix}1&a&a\\1&b&b\\1&c&c\end{vmatrix}\right)+\left(\begin{vmatrix}a&2&3\\b&2&3\\c&2&3\end{vmatrix}+\begin{vmatrix}a&2&a\\b&2&b\\c&2&c\end{vmatrix}\right)=0.$$

性质 1.4.6 行列式的一行(列)的元素乘以同一常数加到另一行(列)的元素上,行列式的值不变,即(不妨设为第 i 行的元素乘以常数 c 加到第 j 行相应元素上)

$$\begin{vmatrix}a_{11}&a_{12}&\cdots&a_{1n}\\\vdots&\vdots&&\vdots\\a_{i1}&a_{i2}&\cdots&a_{in}\\\vdots&\vdots&&\vdots\\a_{j1}&a_{j2}&\cdots&a_{jn}\\\vdots&\vdots&&\vdots\\a_{n1}&a_{n2}&\cdots&a_{nn}\end{vmatrix}=\begin{vmatrix}a_{11}&a_{12}&\cdots&a_{1n}\\\vdots&\vdots&&\vdots\\a_{i1}&a_{i2}&\cdots&a_{in}\\\vdots&\vdots&&\vdots\\a_{j1}+ca_{i1}&a_{j2}+ca_{i2}&\cdots&a_{jn}+ca_{in}\\\vdots&\vdots&&\vdots\\a_{n1}&a_{n2}&\cdots&a_{nn}\end{vmatrix}.$$

利用性质 1.4.2 和性质 1.4.6,可以逐步将行列式化为上(下)三角形行列式,以方便计算.

例 12 计算行列式 $D=\begin{vmatrix}0&-1&-1&2\\1&-1&0&2\\-1&2&-1&0\\2&1&1&0\end{vmatrix}$.

解　$$D=\begin{vmatrix}0&-1&-1&2\\1&-1&0&2\\-1&2&-1&0\\2&1&1&0\end{vmatrix}=-\begin{vmatrix}1&-1&0&2\\0&-1&-1&2\\-1&2&-1&0\\2&1&1&0\end{vmatrix}\begin{matrix}\times1\ \times(-2)\\ \\ \\ \\ \end{matrix}$$

$$=-\begin{vmatrix}1&-1&0&2\\0&-1&-1&2\\0&1&-1&2\\0&3&1&-4\end{vmatrix}\begin{matrix}\\ \times1\times3\\ \\ \\ \end{matrix}=-\begin{vmatrix}1&-1&0&2\\0&-1&-1&2\\0&0&-2&4\\0&0&-2&2\end{vmatrix}\begin{matrix}\\ \\ \times(-1)\\ \\ \end{matrix}$$

$$=-\begin{vmatrix}1&-1&0&2\\0&-1&-1&2\\0&0&-2&4\\0&0&0&-2\end{vmatrix}=4.$$

例 12 展示了利用性质 1.4.2 和性质 1.4.6 逐步将行列式化为上(下)三角形行列式的过程.

例 13　计算范德蒙行列式 $D=\begin{vmatrix}1&1&1&1\\a&b&c&d\\a^2&b^2&c^2&d^2\\a^3&b^3&c^3&d^3\end{vmatrix}$，其中 a,b,c,d 两两不等.

解　$$D=\begin{vmatrix}1&1&1&1\\a&b&c&d\\a^2&b^2&c^2&d^2\\a^3&b^3&c^3&d^3\end{vmatrix}=\begin{vmatrix}1&0&0&0\\a&b-a&c-a&d-a\\a^2&b^2-a^2&c^2-a^2&d^2-a^2\\a^3&b^3-a^3&c^3-a^3&d^3-a^3\end{vmatrix}$$

$$=\begin{vmatrix}b-a&c-a&d-a\\b^2-a^2&c^2-a^2&d^2-a^2\\b^3-a^3&c^3-a^3&d^3-a^3\end{vmatrix}$$

$$=(b-a)(c-a)(d-a)\begin{vmatrix}1&1&1\\b+a&c+a&d+a\\b^2+ab+a^2&c^2+ac+a^2&d^2+ad+a^2\end{vmatrix}$$

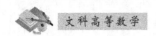

$$=(b-a)(c-a)(d-a)\begin{vmatrix}1 & 0 & 0\\ b+a & c-b & d-b\\ b^2+ab+a^2 & (c-b)(a+b+c) & (d-b)(a+b+d)\end{vmatrix}$$

$$=(b-a)(c-a)(d-a)\begin{vmatrix}c-b & d-b\\ (c-b)(a+b+c) & (d-b)(a+b+d)\end{vmatrix}$$

$$=(b-a)(c-a)(d-a)(c-b)(d-b)(d-c).$$

1.5 矩 阵

线性方程组(1-4-1)中的方程个数与未知量的个数相等,我们引入了行列式的概念.但有些线性方程组中的方程个数与未知量的个数不相等,就无法借助行列式处理这类线性方程组,还需引入线性代数中另外一个重要概念——矩阵.

一、矩阵的概念

在日常生活中,我们经常会遇到各种各样由数字组成的表格,如财务报表、销售报表、学生成绩的汇总表等.下面是两张这样的表格.

苏州市某中学两名学生期中和期末各考了三门功课,他们的成绩可以用下面两张表格表示出来:

期中考试成绩表

学生	语文	数学	英语
甲	125	115	95
乙	120	130	105

期末考试成绩表

学生	语文	数学	英语
甲	120	125	100
乙	125	125	115

上述两张表格的共同特点是:一组 m 个事物与另一组 n 个事物之间的联系,可以用 $m\times n$ 个数排成 m 行和 n 列的表格表示出来.

定义 1.5.1　由 $m\times n$ 个元素 $a_{ij}(i=1,2,\cdots,m;j=1,2,\cdots,n)$ 排成的一个数据表

$$\begin{pmatrix} a_{11} & a_{12} & \cdots & a_{1n} \\ a_{21} & a_{22} & \cdots & a_{2n} \\ \vdots & \vdots & & \vdots \\ a_{m1} & a_{m2} & \cdots & a_{mn} \end{pmatrix}$$

称为一个 m 行 n 列**矩阵**，简称为 $m\times n$ **矩阵**，其中 m 称为矩阵的行数，n 称为矩阵的列数. 通常用大写黑体字母 $\boldsymbol{A},\boldsymbol{B},\boldsymbol{C},\cdots$ 来表示矩阵，有时为了表明矩阵的行数 m 和列数 n，也常用 $\boldsymbol{A}_{m\times n}$ 或 $(a_{ij})_{m\times n}$ 表示矩阵，a_{ij} 称为矩阵的第 i 行第 j 列的元素.

矩阵与行列式虽然在形式上都是一个数表，但它们是两个完全不同的数学概念. 行列式是一个数，矩阵是一个抽象的数表；行列式的行数和列数相等，而矩阵的行数与列数不一定相等.

上面提到的两名学生期中和期末成绩矩阵分别为

$$\begin{pmatrix} 125 & 115 & 95 \\ 120 & 130 & 105 \end{pmatrix} 和 \begin{pmatrix} 120 & 125 & 100 \\ 125 & 125 & 115 \end{pmatrix},$$

它们是两个 2×3 的矩阵.

定义 1.5.2　如果矩阵 $\boldsymbol{A}=(a_{ij})_{m\times n}$ 与 $\boldsymbol{B}=(b_{ij})_{m\times n}$ 具有相同的行数和列数，并且在相同的位置上的元素均相等，即 $a_{ij}=b_{ij}(i=1,2,\cdots,m;j=1,2,\cdots,n)$，则称矩阵 $\boldsymbol{A}$ 与矩阵 $\boldsymbol{B}$ 相等，记为 $\boldsymbol{A}=\boldsymbol{B}$.

下面介绍几种特殊的矩阵.

如果一个矩阵所有的元素均为 0，则称该矩阵为**零矩阵**，记为 $\boldsymbol{O}$.

如果矩阵的行数和列数相等，均等于 n，则称该矩阵为 n **阶方阵**.

例如，$\boldsymbol{A}=\begin{pmatrix} 1 & 3 & 1 \\ 2 & 0 & 5 \\ 2 & 1 & 6 \end{pmatrix}$ 是一个 3 阶方阵.

对于 n 阶方阵，将左上角至右下角的连线称为 n 阶方阵的主对角线，如 $\boldsymbol{A}=$

$$\begin{pmatrix} a_{11} & a_{12} & \cdots & a_{1n} \\ a_{21} & a_{22} & \cdots & a_{2n} \\ \vdots & \vdots & & \vdots \\ a_{n1} & a_{n2} & \cdots & a_{nn} \end{pmatrix}$$

. 主对角线上元素的特征是行下标和列下标相同.

主对角线下方的元素都为零的 n 阶方阵

$$\begin{pmatrix} a_{11} & a_{12} & \cdots & a_{1n} \\ 0 & a_{22} & \cdots & a_{2n} \\ \vdots & \vdots & & \vdots \\ 0 & 0 & \cdots & a_{nn} \end{pmatrix}$$

称为 n **阶上三角形矩阵**.

主对角线上方的元素都为零的 n 阶方阵

$$\begin{pmatrix} a_{11} & 0 & \cdots & 0 \\ a_{21} & a_{22} & \cdots & 0 \\ \vdots & \vdots & & \vdots \\ a_{n1} & a_{n2} & \cdots & a_{nn} \end{pmatrix}$$

称为 n **阶下三角形矩阵**.

除主对角线以外所有元素都为零的 n 阶方阵

$$\begin{pmatrix} a_{11} & 0 & \cdots & 0 \\ 0 & a_{22} & \cdots & 0 \\ \vdots & \vdots & & \vdots \\ 0 & 0 & \cdots & a_{nn} \end{pmatrix}$$

称为 n **阶对角矩阵**.

主对角线上的元素都为 1 的 n 阶对角矩阵

$$\begin{pmatrix} 1 & 0 & \cdots & 0 \\ 0 & 1 & \cdots & 0 \\ \vdots & \vdots & & \vdots \\ 0 & 0 & \cdots & 1 \end{pmatrix}$$

称为**单位矩阵**,记为 $\boldsymbol{E}_n$.

将 $m\times n$ 矩阵 $\boldsymbol{A}=\begin{pmatrix} a_{11} & a_{12} & \cdots & a_{1n} \\ a_{21} & a_{22} & \cdots & a_{2n} \\ \vdots & \vdots & & \vdots \\ a_{m1} & a_{m2} & \cdots & a_{mn} \end{pmatrix}$ 的行和列互换得到的 $n\times m$ 矩阵

$\begin{pmatrix} a_{11} & a_{21} & \cdots & a_{m1} \\ a_{12} & a_{22} & \cdots & a_{m2} \\ \vdots & \vdots & & \vdots \\ a_{1n} & a_{2n} & \cdots & a_{mn} \end{pmatrix}$ 称为**矩阵 $\boldsymbol{A}$ 的转置**，记为 $\boldsymbol{A}^{\mathrm{T}}$.

例 1　设矩阵 $\boldsymbol{A}=\begin{pmatrix} 1 & -2 & 3 & 0 \\ 2 & 0 & 1 & -1 \end{pmatrix}$，求矩阵 $\boldsymbol{A}$ 的转置 $\boldsymbol{A}^{\mathrm{T}}$.

解　矩阵 $\boldsymbol{A}$ 的转置 $\boldsymbol{A}^{\mathrm{T}}=\begin{pmatrix} 1 & 2 \\ -2 & 0 \\ 3 & 1 \\ 0 & -1 \end{pmatrix}$.

由 n 阶方阵 $\boldsymbol{A}$ 的元素所构成的行列式称为**方阵 $\boldsymbol{A}$ 的行列式**，记为 $|\boldsymbol{A}|$. 例如，

$$|\boldsymbol{A}|=\begin{vmatrix} 1 & 2 & 3 & 1 \\ 4 & 3 & 5 & 2 \\ 2 & 4 & 8 & 1 \\ 1 & 0 & 0 & 9 \end{vmatrix} \text{为方阵 } \boldsymbol{A}=\begin{pmatrix} 1 & 2 & 3 & 1 \\ 4 & 3 & 5 & 2 \\ 2 & 4 & 8 & 1 \\ 1 & 0 & 0 & 9 \end{pmatrix} \text{的行列式.}$$

二、矩阵的运算

1. 矩阵的加法

定义 1.5.3　设矩阵 $\boldsymbol{A}=\begin{pmatrix} a_{11} & a_{12} & \cdots & a_{1n} \\ a_{21} & a_{22} & \cdots & a_{2n} \\ \vdots & \vdots & & \vdots \\ a_{m1} & a_{m2} & \cdots & a_{mn} \end{pmatrix}$ 和矩阵 $\boldsymbol{B}=\begin{pmatrix} b_{11} & b_{12} & \cdots & b_{1n} \\ b_{21} & b_{22} & \cdots & b_{2n} \\ \vdots & \vdots & & \vdots \\ b_{m1} & b_{m2} & \cdots & b_{mn} \end{pmatrix}$ 是两个 m 行 n 列的矩阵，它们的和 $\boldsymbol{A}+\boldsymbol{B}$ 定义为

$$A+B=\begin{pmatrix} a_{11}+b_{11} & a_{12}+b_{12} & \cdots & a_{1n}+b_{1n} \\ a_{21}+b_{21} & a_{22}+b_{22} & \cdots & a_{2n}+b_{2n} \\ \vdots & \vdots & & \vdots \\ a_{m1}+b_{m1} & a_{m2}+b_{m2} & \cdots & a_{mn}+b_{mn} \end{pmatrix}. \qquad (1\text{-}5\text{-}1)$$

两矩阵相加就是两矩阵对应元素相加.

从上面矩阵加法的定义可以看出对于任意矩阵 $\boldsymbol{A}$，有 $\boldsymbol{A}+\boldsymbol{O}=\boldsymbol{A}$(零矩阵 $\boldsymbol{O}$ 与矩阵 $\boldsymbol{A}$ 有相同的行数和列数). 零矩阵在矩阵加法运算中的作用就和 0 在数的加法中的作用一样.

例 2 设矩阵 $\boldsymbol{A}=\begin{pmatrix} 1 & 2 & 3 & 1 \\ 4 & 3 & 5 & 2 \\ 2 & 4 & 8 & 1 \\ 1 & 0 & 0 & 9 \end{pmatrix}$ 和矩阵 $\boldsymbol{B}=\begin{pmatrix} 1 & 0 & 0 & 1 \\ 0 & 2 & 1 & 2 \\ 0 & 1 & 1 & 1 \\ 1 & 0 & 0 & -4 \end{pmatrix}$，求和 $\boldsymbol{A}+\boldsymbol{B}$.

解 $\boldsymbol{A}+\boldsymbol{B}=\begin{pmatrix} 1 & 2 & 3 & 1 \\ 4 & 3 & 5 & 2 \\ 2 & 4 & 8 & 1 \\ 1 & 0 & 0 & 9 \end{pmatrix}+\begin{pmatrix} 1 & 0 & 0 & 1 \\ 0 & 2 & 1 & 2 \\ 0 & 1 & 1 & 1 \\ 1 & 0 & 0 & -4 \end{pmatrix}$

$$=\begin{pmatrix} 1+1 & 2+0 & 3+0 & 1+1 \\ 4+0 & 3+2 & 5+1 & 2+2 \\ 2+0 & 4+1 & 8+1 & 1+1 \\ 1+1 & 0+0 & 0+0 & 9+(-4) \end{pmatrix}=\begin{pmatrix} 2 & 2 & 3 & 2 \\ 4 & 5 & 6 & 4 \\ 2 & 5 & 9 & 2 \\ 2 & 0 & 0 & 5 \end{pmatrix}.$$

2. 数与矩阵的乘法

定义 1.5.4 设 λ 是一个实数，$\boldsymbol{A}$ 是一个 $m\times n$ 矩阵 $\begin{pmatrix} a_{11} & a_{12} & \cdots & a_{1n} \\ a_{21} & a_{22} & \cdots & a_{2n} \\ \vdots & \vdots & & \vdots \\ a_{m1} & a_{m2} & \cdots & a_{mn} \end{pmatrix}$，

λ 与矩阵 $\boldsymbol{A}$ 的乘法定义为

$$\lambda\boldsymbol{A}=\begin{pmatrix}\lambda a_{11} & \lambda a_{12} & \cdots & \lambda a_{1n}\\ \lambda a_{21} & \lambda a_{22} & \cdots & \lambda a_{2n}\\ \vdots & \vdots & & \vdots\\ \lambda a_{m1} & \lambda a_{m2} & \cdots & \lambda a_{mn}\end{pmatrix}. \tag{1-5-2}$$

数与矩阵相乘就是用这个数分别乘以矩阵的每一个元素，这与数和行列式的乘法有区别.

当 $\boldsymbol{A}$ 为 n 阶方阵时，有 $|\lambda\boldsymbol{A}|=\lambda^n|\boldsymbol{A}|$.

例 3　设矩阵 $\boldsymbol{A}=\begin{pmatrix}1 & 2 & 3 & 1\\ 4 & 3 & 5 & 2\\ 2 & 4 & 8 & 1\\ 1 & 0 & 0 & 9\end{pmatrix}$ 和矩阵 $\boldsymbol{B}=\begin{pmatrix}1 & 0 & 0 & 1\\ 0 & 2 & 1 & 2\\ 0 & 1 & 1 & 1\\ 1 & 0 & 0 & -4\end{pmatrix}$，求 $3\boldsymbol{A}+\boldsymbol{B}$.

解　$3\boldsymbol{A}+\boldsymbol{B}=3\times\begin{pmatrix}1 & 2 & 3 & 1\\ 4 & 3 & 5 & 2\\ 2 & 4 & 8 & 1\\ 1 & 0 & 0 & 9\end{pmatrix}+\begin{pmatrix}1 & 0 & 0 & 1\\ 0 & 2 & 1 & 2\\ 0 & 1 & 1 & 1\\ 1 & 0 & 0 & -4\end{pmatrix}$

$$=\begin{pmatrix}3\times1+1 & 3\times2+0 & 3\times3+0 & 3\times1+1\\ 3\times4+0 & 3\times3+2 & 3\times5+1 & 3\times2+2\\ 3\times2+0 & 3\times4+1 & 3\times8+1 & 3\times1+1\\ 3\times1+1 & 3\times0+0 & 3\times0+0 & 3\times9+(-4)\end{pmatrix}$$

$$=\begin{pmatrix}4 & 6 & 9 & 4\\ 12 & 11 & 16 & 8\\ 6 & 13 & 25 & 4\\ 4 & 0 & 0 & 23\end{pmatrix}.$$

3. 矩阵的减法

定义 1.5.5　设矩阵 $\boldsymbol{A}=\begin{pmatrix}a_{11} & a_{12} & \cdots & a_{1n}\\ a_{21} & a_{22} & \cdots & a_{2n}\\ \vdots & \vdots & & \vdots\\ a_{m1} & a_{m2} & \cdots & a_{mn}\end{pmatrix}$，称矩阵

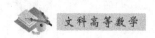

$$\begin{pmatrix} -a_{11} & -a_{12} & \cdots & -a_{1n} \\ -a_{21} & -a_{22} & \cdots & -a_{2n} \\ \vdots & \vdots & & \vdots \\ -a_{m1} & -a_{m2} & \cdots & -a_{mn} \end{pmatrix}$$

为 $\boldsymbol{A}$ 的**负矩阵**,记为 $-\boldsymbol{A}$.

显然,$-\boldsymbol{A}=(-1)\times\boldsymbol{A}$.

定义 1.5.6 设矩阵 $\boldsymbol{A}=(a_{ij})_{m\times n}$ 和矩阵 $\boldsymbol{B}=(b_{ij})_{m\times n}$ 是两个 $m\times n$ 矩阵,它们的差 $\boldsymbol{A}-\boldsymbol{B}$ 定义为

$$\boldsymbol{A}-\boldsymbol{B}=\boldsymbol{A}+(-\boldsymbol{B}).$$

由于矩阵的加法和数乘是矩阵对应元素之间的运算,所以本质上是数的运算,有下面的运算定律($\boldsymbol{A},\boldsymbol{B},\boldsymbol{C}$ 表示矩阵,λ,μ 表示实数):

(1) $\boldsymbol{A}+\boldsymbol{B}=\boldsymbol{B}+\boldsymbol{A}$;

(2) $(\boldsymbol{A}+\boldsymbol{B})+\boldsymbol{C}=\boldsymbol{A}+(\boldsymbol{B}+\boldsymbol{C})$;

(3) $\boldsymbol{A}+\boldsymbol{O}=\boldsymbol{A}$;

(4) $\boldsymbol{A}-\boldsymbol{A}=\boldsymbol{O}$;

(5) $\lambda(\boldsymbol{A}+\boldsymbol{B})=\lambda\boldsymbol{A}+\lambda\boldsymbol{B}$;

(6) $(\lambda+\mu)\boldsymbol{A}=\lambda\boldsymbol{A}+\mu\boldsymbol{A}$;

(7) $(\lambda\mu)\boldsymbol{A}=\lambda(\mu\boldsymbol{A})$;

(8) $1\boldsymbol{A}=\boldsymbol{A}$.

例 4 苏州市某中学两名学生期中和期末考试成绩如下表:

期中考试成绩表

学生	语文	数学	英语
甲	125	115	95
乙	120	130	105

期末考试成绩表

学生	语文	数学	英语
甲	120	125	100
乙	125	125	115

按照期中考试成绩占总成绩的 30%,期末考试成绩占总成绩的 70%,计算

这两名中学生各门课程的总成绩.

解　两名学生期中和期末考试成绩分别用矩阵表示为

$$\boldsymbol{A}=\begin{pmatrix}125 & 115 & 95\\ 120 & 130 & 105\end{pmatrix} \text{和 } \boldsymbol{B}=\begin{pmatrix}120 & 125 & 100\\ 125 & 125 & 115\end{pmatrix},$$

因此,按照期中考试成绩占总成绩的 30%,期末考试成绩占总成绩的 70%,总成绩即可表示为

$$\begin{aligned}0.3\boldsymbol{A}+0.7\boldsymbol{B}&=0.3\times\begin{pmatrix}125 & 115 & 95\\ 120 & 130 & 105\end{pmatrix}+0.7\times\begin{pmatrix}120 & 125 & 100\\ 125 & 125 & 115\end{pmatrix}\\ &=\begin{pmatrix}37.5 & 34.5 & 28.5\\ 36 & 39 & 31.5\end{pmatrix}+\begin{pmatrix}84 & 87.5 & 70\\ 87.5 & 87.5 & 80.5\end{pmatrix}\\ &=\begin{pmatrix}121.5 & 122 & 98.5\\ 123.5 & 126.5 & 112\end{pmatrix}.\end{aligned}$$

所以,这两名中学生各门课程的总成绩为

学生	语文	数学	英语
甲	121.5	122	98.5
乙	123.5	126.5	112

4. 矩阵的乘法

定义 1.5.7　设矩阵 $\boldsymbol{A}=\begin{pmatrix}a_{11} & a_{12} & \cdots & a_{1l}\\ a_{21} & a_{22} & \cdots & a_{2l}\\ \vdots & \vdots & & \vdots\\ a_{m1} & a_{m2} & \cdots & a_{ml}\end{pmatrix}$ 是一个 $m\times l$ 矩阵,矩阵 $\boldsymbol{B}=\begin{pmatrix}b_{11} & b_{12} & \cdots & b_{1n}\\ b_{21} & b_{22} & \cdots & b_{2n}\\ \vdots & \vdots & & \vdots\\ b_{l1} & b_{l2} & \cdots & b_{ln}\end{pmatrix}$ 是一个 $l\times n$ 矩阵,它们的乘积 $\boldsymbol{AB}$ 是一个 m 行 n 列的矩阵 $\boldsymbol{C}=(c_{ij})_{m\times n}$,其中,

$$c_{ij}=a_{i1}b_{1j}+a_{i2}b_{2j}+\cdots+a_{il}b_{lj}\,(i=1,2,\cdots,m;j=1,2,\cdots,n).\quad(1\text{-}5\text{-}3)$$

公式(1-5-3)表明乘积矩阵 $\boldsymbol{AB}$ 的第 i 行第 j 列的元素等于矩阵 $\boldsymbol{A}$ 第 i 行的元素与矩阵 $\boldsymbol{B}$ 第 j 列元素对应乘积之和.

注意 两个矩阵只有在第一个矩阵的列数和第二个矩阵的行数相等时才能相乘.

例 5 设矩阵 $\boldsymbol{A}=\begin{pmatrix}1&2&3\\0&1&0\end{pmatrix}$ 和矩阵 $\boldsymbol{B}=\begin{pmatrix}1&2&-1\\2&0&3\\2&1&5\end{pmatrix}$，求积 $\boldsymbol{AB}$.

解 $\boldsymbol{AB}=\begin{pmatrix}1&2&3\\0&1&0\end{pmatrix}\begin{pmatrix}1&2&-1\\2&0&3\\2&1&5\end{pmatrix}$

$$=\begin{pmatrix}1\times1+2\times2+3\times2 & 1\times2+2\times0+3\times1 & 1\times(-1)+2\times3+3\times5\\0\times1+1\times2+0\times2 & 0\times2+1\times0+0\times1 & 0\times(-1)+1\times3+0\times5\end{pmatrix}$$

$$=\begin{pmatrix}11&5&20\\2&0&3\end{pmatrix}.$$

例 6 设矩阵 $\boldsymbol{A}=\begin{pmatrix}-2&4\\1&-2\end{pmatrix}$ 和矩阵 $\boldsymbol{B}=\begin{pmatrix}2&4\\-3&-6\end{pmatrix}$，求积 $\boldsymbol{AB}$ 和 $\boldsymbol{BA}$.

解 $\boldsymbol{AB}=\begin{pmatrix}-2&4\\1&-2\end{pmatrix}\begin{pmatrix}2&4\\-3&-6\end{pmatrix}=\begin{pmatrix}-16&-32\\8&16\end{pmatrix}$，

$\boldsymbol{BA}=\begin{pmatrix}2&4\\-3&-6\end{pmatrix}\begin{pmatrix}-2&4\\1&-2\end{pmatrix}=\begin{pmatrix}0&0\\0&0\end{pmatrix}$.

例 5 中 $\boldsymbol{AB}$ 有意义，而 $\boldsymbol{BA}$ 没意义；例 6 中 $\boldsymbol{AB}$ 和 $\boldsymbol{BA}$ 都有意义，但 $\boldsymbol{AB}\neq\boldsymbol{BA}$. 这说明矩阵乘法不满足交换律. 同时我们发现 $\boldsymbol{A}\neq\boldsymbol{O}$，$\boldsymbol{B}\neq\boldsymbol{O}$，但是 $\boldsymbol{BA}=\boldsymbol{O}$，这说明从 $\boldsymbol{AB}=\boldsymbol{O}$ 中不能推得 $\boldsymbol{A}=\boldsymbol{O}$ 或 $\boldsymbol{B}=\boldsymbol{O}$.

在两矩阵乘积有意义的情况下，矩阵乘法满足下列运算定律：

设 $\boldsymbol{A}$，$\boldsymbol{B}$ 和 $\boldsymbol{C}$ 为三个矩阵，λ 为实数.

(1) $(\boldsymbol{AB})\boldsymbol{C}=\boldsymbol{A}(\boldsymbol{BC})$（结合律）；

(2) $\boldsymbol{A}(\boldsymbol{B}+\boldsymbol{C})=\boldsymbol{AB}+\boldsymbol{AC}$（左分配律）；

(3) $(\boldsymbol{B}+\boldsymbol{C})\boldsymbol{A}=\boldsymbol{BA}+\boldsymbol{CA}$（右分配律）；

(4) $\lambda(\boldsymbol{AB})=(\lambda\boldsymbol{A})\boldsymbol{B}=\boldsymbol{A}(\lambda\boldsymbol{B})$；

(5) $(\boldsymbol{AB})^{\mathrm{T}}=\boldsymbol{B}^{\mathrm{T}}\boldsymbol{A}^{\mathrm{T}}$；

(6) $\boldsymbol{A}_{m\times n}\boldsymbol{E}_n=\boldsymbol{E}_m\boldsymbol{A}_{m\times n}=\boldsymbol{A}$.

设 $\boldsymbol{A}$ 和 $\boldsymbol{B}$ 都是 n 阶方阵，有 $|\boldsymbol{AB}|=|\boldsymbol{A}||\boldsymbol{B}|$.

定义 1.5.8　如果 $\boldsymbol{A}$ 是 n 阶方阵，称 $\boldsymbol{A}\times\boldsymbol{A}\times\cdots\times\boldsymbol{A}$（$k$ 个 $\boldsymbol{A}$ 连乘）为 $\boldsymbol{A}$ 的 k 次方幂，记为 $\boldsymbol{A}^k$.

例 7　设方阵 $\boldsymbol{A}=\begin{pmatrix}1 & 2\\ 0 & 3\end{pmatrix}$，求 $\boldsymbol{A}^3$.

解　$\boldsymbol{A}^2=\begin{pmatrix}1 & 2\\ 0 & 3\end{pmatrix}\times\begin{pmatrix}1 & 2\\ 0 & 3\end{pmatrix}=\begin{pmatrix}1 & 8\\ 0 & 9\end{pmatrix}$，

$$\boldsymbol{A}^3=\boldsymbol{A}^2\times\boldsymbol{A}=\begin{pmatrix}1 & 8\\ 0 & 9\end{pmatrix}\times\begin{pmatrix}1 & 2\\ 0 & 3\end{pmatrix}=\begin{pmatrix}1 & 26\\ 0 & 27\end{pmatrix}.$$

例 8　设矩阵 $\boldsymbol{A}=\begin{pmatrix}1 & 2 & 3\\ 0 & 1 & 0\end{pmatrix}$ 和矩阵 $\boldsymbol{B}=\begin{pmatrix}1 & 2 & -1\\ 2 & 0 & 3\\ 2 & 1 & 5\end{pmatrix}$，求 $\boldsymbol{B}^{\mathrm{T}}\boldsymbol{A}^{\mathrm{T}}$ 和 $(\boldsymbol{AB})^{\mathrm{T}}$.

解　$\boldsymbol{B}^{\mathrm{T}}\boldsymbol{A}^{\mathrm{T}}=\begin{pmatrix}1 & 2 & 2\\ 2 & 0 & 1\\ -1 & 3 & 5\end{pmatrix}\begin{pmatrix}1 & 0\\ 2 & 1\\ 3 & 0\end{pmatrix}=\begin{pmatrix}11 & 2\\ 5 & 0\\ 20 & 3\end{pmatrix}$.

因为 $\boldsymbol{AB}=\begin{pmatrix}11 & 5 & 20\\ 2 & 0 & 3\end{pmatrix}$，所以 $(\boldsymbol{AB})^{\mathrm{T}}=\begin{pmatrix}11 & 5 & 20\\ 2 & 0 & 3\end{pmatrix}^{\mathrm{T}}=\begin{pmatrix}11 & 2\\ 5 & 0\\ 20 & 3\end{pmatrix}$.

或 $(\boldsymbol{AB})^{\mathrm{T}}=\boldsymbol{B}^{\mathrm{T}}\boldsymbol{A}^{\mathrm{T}}=\begin{pmatrix}11 & 2\\ 5 & 0\\ 20 & 3\end{pmatrix}$.

上面介绍的都是矩阵间的运算，下面我们介绍两种对矩阵本身的操作.

5. 矩阵的初等行变换

定义 1.5.9　下面三种矩阵行之间的变换称为矩阵的**初等行变换**，即

(1) 交换矩阵中两行的元素（交换第 i 行和第 j 行，记为 $r_i\leftrightarrow r_j$）；

(2) 矩阵任一行的每一个元素都乘以不为零的常数 k（第 i 行的元素乘 k，记为 $k\times r_i$）；

(3) 把矩阵一行的每一个元素乘以常数 k 后，加到矩阵的另一行的相应元素上去（第 j 行元素的 k 倍加到第 i 行的相应元素，记为 $r_i+k\times r_j$）.

例如，$\begin{pmatrix}1&1&1&4\\2&1&1&3\\3&2&-1&1\end{pmatrix}\xrightarrow{r_2\leftrightarrow r_1}\begin{pmatrix}2&1&1&3\\1&1&1&4\\3&2&-1&1\end{pmatrix}\xrightarrow{3\times r_2}\begin{pmatrix}2&1&1&3\\3&3&3&12\\3&2&-1&1\end{pmatrix}\xrightarrow{r_3+2\times r_1}$

$\begin{pmatrix}2&1&1&3\\3&3&3&12\\7&4&1&7\end{pmatrix}$.

矩阵的初等行变换在求矩阵的逆矩阵和解线性方程组时起重要作用.

三、可逆矩阵

1. 可逆矩阵

定义 1.5.10 对于 n 阶方阵 $\boldsymbol{A}$，如果存在 n 阶方阵 $\boldsymbol{B}$，使得

$$\boldsymbol{AB}=\boldsymbol{BA}=\boldsymbol{E},$$

则称矩阵 $\boldsymbol{A}$ 为**可逆矩阵**，矩阵 $\boldsymbol{B}$ 为矩阵 $\boldsymbol{A}$ 的**逆矩阵**.

定理 1.5.1 如果方阵 $\boldsymbol{A}$ 是可逆矩阵，那么它的逆矩阵是唯一的.

今后将方阵 $\boldsymbol{A}$ 的逆矩阵记为 $\boldsymbol{A}^{-1}$.

例 9 验证矩阵 $\boldsymbol{A}=\begin{pmatrix}2&1\\3&0\end{pmatrix}$ 的逆矩阵是 $\boldsymbol{B}=\begin{pmatrix}0&\frac{1}{3}\\1&-\frac{2}{3}\end{pmatrix}$.

解 由矩阵乘法

$$\boldsymbol{AB}=\begin{pmatrix}2&1\\3&0\end{pmatrix}\begin{pmatrix}0&\frac{1}{3}\\1&-\frac{2}{3}\end{pmatrix}=\begin{pmatrix}2\times0+1\times1&2\times\frac{1}{3}+1\times\left(-\frac{2}{3}\right)\\3\times0+0\times1&3\times\frac{1}{3}+0\times\left(-\frac{2}{3}\right)\end{pmatrix}=\begin{pmatrix}1&0\\0&1\end{pmatrix}=\boldsymbol{E},$$

且 $\boldsymbol{BA}=\boldsymbol{E}$，所以根据定义 1.5.10，矩阵 $\boldsymbol{B}$ 是矩阵 $\boldsymbol{A}$ 的逆矩阵.

并不是每一个非零方阵都是可逆的. 例如，矩阵 $\boldsymbol{A}=\begin{pmatrix}1&1\\0&0\end{pmatrix}$ 就不可逆.

2. 矩阵可逆的条件

定义 1.5.11　由方阵 $A=\begin{pmatrix} a_{11} & a_{12} & \cdots & a_{1n} \\ a_{21} & a_{22} & \cdots & a_{2n} \\ \vdots & \vdots & & \vdots \\ a_{n1} & a_{n2} & \cdots & a_{nn} \end{pmatrix}$ 的行列式 $|A|$ 的元素 a_{ij} 的代数余子式 A_{ij} 构造的矩阵 $\begin{pmatrix} A_{11} & A_{21} & \cdots & A_{n1} \\ A_{12} & A_{22} & \cdots & A_{n2} \\ \vdots & \vdots & & \vdots \\ A_{1n} & A_{2n} & \cdots & A_{nn} \end{pmatrix}$ 称为方阵 A 的伴随矩阵，记为 A^*.

例 10　求矩阵 $A=\begin{pmatrix} 1 & 0 & 1 \\ 2 & 1 & 0 \\ -3 & 2 & -5 \end{pmatrix}$ 的伴随矩阵 A^*.

解　行列式 $|A|=\begin{vmatrix} 1 & 0 & 1 \\ 2 & 1 & 0 \\ -3 & 2 & -5 \end{vmatrix}$ 中各元素的代数余子式分别为

$$A_{11}=\begin{vmatrix} 1 & 0 \\ 2 & -5 \end{vmatrix}=-5, A_{12}=-\begin{vmatrix} 2 & 0 \\ -3 & -5 \end{vmatrix}=10, A_{13}=\begin{vmatrix} 2 & 1 \\ -3 & 2 \end{vmatrix}=7,$$

$$A_{21}=-\begin{vmatrix} 0 & 1 \\ 2 & -5 \end{vmatrix}=2, A_{22}=\begin{vmatrix} 1 & 1 \\ -3 & -5 \end{vmatrix}=-2, A_{23}=-\begin{vmatrix} 1 & 0 \\ -3 & 2 \end{vmatrix}=-2,$$

$$A_{31}=\begin{vmatrix} 0 & 1 \\ 1 & 0 \end{vmatrix}=-1, A_{32}=-\begin{vmatrix} 1 & 1 \\ 2 & 0 \end{vmatrix}=2, A_{33}=\begin{vmatrix} 1 & 0 \\ 2 & 1 \end{vmatrix}=1,$$

所以矩阵 A 的伴随矩阵 $A^*=\begin{pmatrix} -5 & 2 & -1 \\ 10 & -2 & 2 \\ 7 & -2 & 1 \end{pmatrix}$.

定理 1.5.2　方阵 A 可逆的充要条件是方阵 A 的行列式 $|A|$ 不等于零，且当 A 可逆时，有

$$A^{-1}=\frac{1}{|A|}A^*.$$

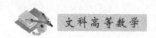

例 11 求矩阵 $\boldsymbol{A}=\begin{pmatrix}1 & 0 & 1\\ 2 & 1 & 0\\ -3 & 2 & -5\end{pmatrix}$ 的逆矩阵 $\boldsymbol{A}^{-1}$.

解 因为 $|\boldsymbol{A}|=\begin{vmatrix}1 & 0 & 1\\ 2 & 1 & 0\\ -3 & 2 & -5\end{vmatrix}=2\neq 0$，所以矩阵 $\boldsymbol{A}$ 可逆. 由例 10 得

$$\boldsymbol{A}^{-1}=\frac{1}{|\boldsymbol{A}|}\boldsymbol{A}^{*}=\frac{1}{2}\times\begin{pmatrix}-5 & 2 & -1\\ 10 & -2 & 2\\ 7 & -2 & 1\end{pmatrix}=\begin{pmatrix}-\frac{5}{2} & 1 & -\frac{1}{2}\\ 5 & -1 & 1\\ \frac{7}{2} & -1 & \frac{1}{2}\end{pmatrix}.$$

3. 可逆矩阵的性质

设 $\boldsymbol{A}$ 和 $\boldsymbol{B}$ 都为 n 阶可逆方阵，则

(1) $(\boldsymbol{A}^{-1})^{-1}=\boldsymbol{A}$；

(2) $(\boldsymbol{AB})^{-1}=\boldsymbol{B}^{-1}\boldsymbol{A}^{-1}$；

(3) $(\boldsymbol{A}^{-1})^{\mathrm{T}}=(\boldsymbol{A}^{\mathrm{T}})^{-1}$.

4. 利用矩阵的初等行变换求逆矩阵

借助矩阵的初等行变换来求矩阵的逆矩阵，具体的做法是在 $\boldsymbol{A}$ 的右边放一个同阶单位矩阵 $\boldsymbol{E}$，构成一个 $n\times 2n$ 矩阵 $(\boldsymbol{A}\,\vdots\,\boldsymbol{E})$，然后对矩阵 $(\boldsymbol{A}\,\vdots\,\boldsymbol{E})$ 进行初等行变换. 当矩阵 $\boldsymbol{A}$ 经过初等行变换变成单位矩阵 $\boldsymbol{E}$ 时，单位矩阵 $\boldsymbol{E}$ 相应地就变成了矩阵 $\boldsymbol{A}^{-1}$. 即

$$(\boldsymbol{A}\,\vdots\,\boldsymbol{E})\xrightarrow{\text{初等行变换}}(\boldsymbol{E}\,\vdots\,\boldsymbol{A}^{-1}). \tag{1-5-4}$$

例 12 求矩阵 $\boldsymbol{A}=\begin{pmatrix}3 & 2 & 1\\ 3 & 1 & 5\\ 3 & 2 & 3\end{pmatrix}$ 的逆矩阵 $\boldsymbol{A}^{-1}$.

解 对矩阵 $(\boldsymbol{A}\,\vdots\,\boldsymbol{E})=\left(\begin{array}{ccc:ccc}3 & 2 & 1 & 1 & 0 & 0\\ 3 & 1 & 5 & 0 & 1 & 0\\ 3 & 2 & 3 & 0 & 0 & 1\end{array}\right)$ 进行初等行变换.

$$(\boldsymbol{A} \vdots \boldsymbol{E})=\left(\begin{array}{ccc:ccc}3 & 2 & 1 & 1 & 0 & 0\\3 & 1 & 5 & 0 & 1 & 0\\3 & 2 & 3 & 0 & 0 & 1\end{array}\right)\xrightarrow[r_3+(-1)\times r_1]{r_2+(-1)\times r_1}\left(\begin{array}{ccc:ccc}3 & 2 & 1 & 1 & 0 & 0\\0 & -1 & 4 & -1 & 1 & 0\\0 & 0 & 2 & -1 & 0 & 1\end{array}\right)$$

$$\xrightarrow[r_2+(-2)\times r_3]{r_1+\left(-\frac{1}{2}\right)\times r_3}\left(\begin{array}{ccc:ccc}3 & 2 & 0 & \frac{3}{2} & 0 & -\frac{1}{2}\\0 & -1 & 0 & 1 & 1 & -2\\0 & 0 & 2 & -1 & 0 & 1\end{array}\right)$$

$$\xrightarrow{r_1+2\times r_2}\left(\begin{array}{ccc:ccc}3 & 0 & 0 & \frac{7}{2} & 2 & -\frac{9}{2}\\0 & -1 & 0 & 1 & 1 & -2\\0 & 0 & 1 & -\frac{1}{2} & 0 & \frac{1}{2}\end{array}\right)$$

$$\xrightarrow{\frac{1}{3}\times r_1,(-1)\times r_2}\left(\begin{array}{cccccc}1 & 0 & 0 & \frac{7}{6} & \frac{2}{3} & -\frac{3}{2}\\0 & 1 & 0 & -1 & -1 & 2\\0 & 0 & 1 & -\frac{1}{2} & 0 & \frac{1}{2}\end{array}\right).$$

所以逆矩阵为 $\boldsymbol{A}^{-1}=\begin{pmatrix}\frac{7}{6} & \frac{2}{3} & -\frac{3}{2}\\-1 & -1 & 2\\-\frac{1}{2} & 0 & \frac{1}{2}\end{pmatrix}$.

用矩阵的初等行变换求逆矩阵 $\boldsymbol{A}^{-1}$ 时，不必先考虑逆矩阵是否存在，如果在(1-5-4)式中的 $n\times 2n$ 矩阵 $(\boldsymbol{A} \vdots \boldsymbol{E})$ 左边的 n 列中出现一行元素全为零，则矩阵 $\boldsymbol{A}$ 就不存在逆矩阵.

1.6 线性方程组

一、消元法

中学里我们学习过解二元和三元线性方程组的代入消元法和加减消元法.

例 1 解三元线性方程组：

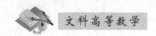

$$\begin{cases}2x_1+2x_2+5x_3=2,\\x_1+2x_2+3x_3=1,\\3x_1+5x_2+x_3=3.\end{cases}\tag{1-6-1}$$

解 将原方程组中的第二个方程乘 -2 加到第一个方程，第二个方程乘 -3 加到第三个方程得

$$\begin{cases}-2x_2-x_3=0,\\x_1+2x_2+3x_3=1,\\-x_2-8x_3=0.\end{cases}$$

将上面方程组中第三个方程乘 -2 加到第一个方程得

$$\begin{cases}15x_3=0,\\x_1+2x_2+3x_3=1,\\-x_2-8x_3=0.\end{cases}$$

将上面方程组中第一个方程乘 $\frac{1}{15}$，再乘 8 加到第三个方程得

$$\begin{cases}x_3=0,\\x_1+2x_2+3x_3=1,\\x_2=0.\end{cases}$$

因此，线性方程组(1-6-1)的解为 $x_1=1, x_2=0, x_3=0$.

在例 1 的解法中，我们在消元过程中有很大的随意性，不具一般性. 为了得到一个解一般线性方程组的方法，我们将上面的解法加以改进，重新解例 1 中的线性方程组.

第一步：使第一个方程中 x_1 的系数变为 1. 将前两个方程交换位置就可得到

$$\begin{cases}x_1+2x_2+3x_3=1,\\2x_1+2x_2+5x_3=2,\\3x_1+5x_2+x_3=3.\end{cases}$$

第二步：利用第一个方程将后面方程中的 x_1 消去. 将第一个方程分别乘以 -2 和 -3 加到第二和第三个方程得

$$\begin{cases}x_1+2x_2+3x_3=1,\\-2x_2-x_3=0,\\-x_2-8x_3=0.\end{cases}$$

第三步：使上面第二个方程中 x_2 的系数变为 1. 将第二个方程乘以 $-\frac{1}{2}$ 得

$$\begin{cases}x_1+2x_2+3x_3=1,\\x_2+\frac{1}{2}x_3=0,\\-x_2-8x_3=0.\end{cases}$$

第四步：使上面第二方程后面方程中的 x_2 消去. 将第二个方程加到第三个方程得

$$\begin{cases}x_1+2x_2+3x_3=1,\\x_2+\frac{1}{2}x_3=0,\\-\frac{15}{2}x_3=0.\end{cases}$$

第五步：使上面第三个方程中 x_3 的系数为 1. 将第三个方程乘以 $-\frac{2}{15}$ 得

$$\begin{cases}x_1+2x_2+3x_3=1,\\x_2+\frac{1}{2}x_3=0,\\x_3=0.\end{cases}$$

第六步：回代. 从第三个方程得到 $x_3=0$，代入第二个方程得到 $x_2=0$，再把 $x_3=0$，$x_2=0$ 代入第一个方程得到 $x_1=1$. 因此，线性方程组(1-6-1)的解为 $x_1=1$，$x_2=0$，$x_3=0$.

我们在消元过程中主要用到以下三种运算：

(1) 交换两个方程的位置；

(2) 用一个非零常数乘以某一个方程；

(3) 把一个方程的常数倍加到另一个方程上去.

上述三种运算类似于矩阵的三种初等行变换，因此，我们介绍一种利用矩阵解线性方程组的方法.

二、线性方程组的增广矩阵

定义 1.6.1 设线性方程组

$$\begin{cases} a_{11}x_1+a_{12}x_2+\cdots+a_{1n}x_n=b_1, \\ a_{21}x_1+a_{22}x_2+\cdots+a_{2n}x_n=b_2, \\ \qquad\qquad\vdots \\ a_{m1}x_1+a_{m2}x_2+\cdots+a_{mn}x_n=b_m. \end{cases} \tag{1-6-2}$$

称 $m\times n$ 矩阵 $\boldsymbol{A}=\begin{pmatrix} a_{11} & a_{12} & \cdots & a_{1n} \\ a_{21} & a_{22} & \cdots & a_{2n} \\ \vdots & \vdots & & \vdots \\ a_{m1} & a_{m2} & \cdots & a_{mn} \end{pmatrix}$ 为线性方程组(1-6-2)的**系数矩阵**，记 $\boldsymbol{b}=\begin{pmatrix} b_1 \\ b_2 \\ \vdots \\ b_m \end{pmatrix}$，称 $m\times(n+1)$ 矩阵 $(\boldsymbol{A}\,\vdots\,\boldsymbol{b})=\left(\begin{array}{cccc:c} a_{11} & a_{12} & \cdots & a_{1n} & b_1 \\ a_{21} & a_{22} & \cdots & a_{2n} & b_2 \\ \vdots & \vdots & & \vdots & \vdots \\ a_{m1} & a_{m2} & \cdots & a_{mn} & b_n \end{array}\right)$ 为线性方程组(1-6-2)的**增广矩阵**.

增广矩阵的每一行代表线性方程组的一个方程，解线性方程组只需要对增广矩阵进行初等行变换. 这些运算恰好对应运用消元法时对方程进行的三种运算.

下面我们再重解例 1. 线性方程组(1-6-1)的增广矩阵为

$$(\boldsymbol{A}\,\vdots\,\boldsymbol{b})=\left(\begin{array}{ccc:c} 2 & 2 & 5 & 2 \\ 1 & 2 & 3 & 1 \\ 3 & 5 & 1 & 3 \end{array}\right).$$

第一步：对增广矩阵 $(\boldsymbol{A}\,\vdots\,\boldsymbol{b})$ 进行交换第一行和第二行 $r_1\leftrightarrow r_2$ 的初等行变换得

$$\left(\begin{array}{ccc:c} 1 & 2 & 3 & 1 \\ 2 & 2 & 5 & 2 \\ 3 & 5 & 1 & 3 \end{array}\right). \tag{1-6-3}$$

第二步：使矩阵(1-6-3)第一列中除第一个元素外都化为 0. 对矩阵(1-6-3)

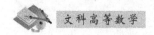

进行 $r_2+(-2)\times r_1$，$r_3+(-3)\times r_1$ 的初等行变换得

$$\left(\begin{array}{ccc:c}1 & 2 & 3 & 1\\ 0 & -2 & -1 & 0\\ 0 & -1 & -8 & 0\end{array}\right). \tag{1-6-4}$$

第三步：使矩阵(1-6-4)的第二行的第二个元素变为 1. 对矩阵(1-6-4)进行 $\left(-\frac{1}{2}\right)\times r_2$ 的初等行变换得

$$\left(\begin{array}{ccc:c}1 & 2 & 3 & 1\\ 0 & 1 & \frac{1}{2} & 0\\ 0 & -1 & -8 & 0\end{array}\right). \tag{1-6-5}$$

第四步：使矩阵(1-6-5)第二列中第二行以下的元素都为 0. 对矩阵(1-6-5)进行 r_3+r_2 的初等行变换得

$$\left(\begin{array}{ccc:c}1 & 2 & 3 & 1\\ 0 & 1 & \frac{1}{2} & 0\\ 0 & 0 & -\frac{15}{2} & 0\end{array}\right). \tag{1-6-6}$$

第五步：使矩阵(1-6-6)的第三行的第三个元素为 1. 对矩阵(1-6-6)进行 $\left(-\frac{2}{15}\right)\times r_3$ 的初等行变换得

$$\left(\begin{array}{ccc:c}1 & 2 & 3 & 1\\ 0 & 1 & \frac{1}{2} & 0\\ 0 & 0 & 1 & 0\end{array}\right). \tag{1-6-7}$$

矩阵(1-6-7)对应的线性方程组为

$$\begin{cases}x_1+2x_2+3x_3=1,\\ \qquad x_2+\frac{1}{2}x_3=0,\\ \qquad\qquad x_3=0.\end{cases}$$

从第三个方程得到 $x_3=0$，代入第二个方程得到 $x_2=0$，再把 $x_3=0$，$x_2=0$ 代入第一个方程得到 $x_1=1$. 因此，线性方程组(1-6-1)的解为 $x_1=1$，$x_2=0$，$x_3=0$.

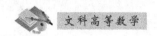

我们称形如(1-6-7)的矩阵为行阶梯形矩阵,其特点是可以画出一条阶梯线,线的下方全为0,每一个台阶只有一行,阶梯线的竖线后面的第一个元素为非零元.

$$\begin{pmatrix} 1 & 2 & 3 & 1 \\ 0 & 1 & \frac{1}{2} & 0 \\ 0 & 0 & 1 & 0 \end{pmatrix}.$$

例2 解线性方程组

$$\begin{cases} x_1+x_2+x_3=4, \\ 2x_1+x_2+x_3=3, \\ 3x_1+2x_2-x_3=1. \end{cases} \tag{1-6-8}$$

解 线性方程组(1-6-8)的增广矩阵为

$$(\boldsymbol{A} \vdots \boldsymbol{b})=\left(\begin{array}{ccc:c} 1 & 1 & 1 & 4 \\ 2 & 1 & 1 & 3 \\ 3 & 2 & -1 & 1 \end{array}\right).$$

我们利用初等行变换将增广矩阵$(\boldsymbol{A} \vdots \boldsymbol{b})$化为按行的阶梯形矩阵.

$$\left(\begin{array}{ccc:c} 1 & 1 & 1 & 4 \\ 2 & 1 & 1 & 3 \\ 3 & 2 & -1 & 1 \end{array}\right) \xrightarrow[r_3+(-3)\times r_1]{r_2+(-2)\times r_1} \left(\begin{array}{ccc:c} 1 & 1 & 1 & 4 \\ 0 & -1 & -1 & -5 \\ 0 & -1 & -4 & -11 \end{array}\right) \xrightarrow{(-1)\times r_2}$$

$$\left(\begin{array}{ccc:c} 1 & 1 & 1 & 4 \\ 0 & 1 & 1 & 5 \\ 0 & -1 & -4 & -11 \end{array}\right) \xrightarrow{r_3+r_2} \left(\begin{array}{ccc:c} 1 & 1 & 1 & 4 \\ 0 & 1 & 1 & 5 \\ 0 & 0 & -3 & -6 \end{array}\right) \xrightarrow{-\frac{1}{3}\times r_3} \left(\begin{array}{ccc:c} 1 & 1 & 1 & 4 \\ 0 & 1 & 1 & 5 \\ 0 & 0 & 1 & 2 \end{array}\right).$$

最后一个矩阵对应的线性方程组为

$$\begin{cases} x_1+x_2+x_3=4, \\ x_2+x_3=5, \\ x_3=2. \end{cases}$$

由上面第三个方程解得 $x_3=2$,回代,得到线性方程组(1-6-8)的解 $x_1=-1$,$x_2=3$,$x_3=2$.

例3 解线性方程组

$$\begin{cases} x_1-2x_2-3x_3=2, \\ x_1-4x_2-13x_3=14, \\ -3x_1+5x_2+4x_3=2. \end{cases} \tag{1-6-9}$$

解　对线性方程组(1-6-9)的增广矩阵$\left(\begin{array}{ccc:c} 1 & -2 & -3 & 2 \\ 1 & -4 & -13 & 14 \\ -3 & 5 & 4 & 2 \end{array}\right)$进行初等行变换.

$$\left(\begin{array}{ccc:c} 1 & -2 & -3 & 2 \\ 1 & -4 & -13 & 14 \\ -3 & 5 & 4 & 2 \end{array}\right) \xrightarrow[r_3+3\times r_1]{r_2+(-1)\times r_1} \left(\begin{array}{ccc:c} 1 & -2 & -3 & 2 \\ 0 & -2 & -10 & 12 \\ 0 & -1 & -5 & 8 \end{array}\right)$$

$$\xrightarrow{-\frac{1}{2}\times r_2} \left(\begin{array}{ccc:c} 1 & -2 & -3 & 2 \\ 0 & 1 & 5 & -6 \\ 0 & -1 & -5 & 8 \end{array}\right) \xrightarrow{r_3+r_2} \left(\begin{array}{ccc:c} 1 & -2 & -3 & 2 \\ 0 & 1 & 5 & -6 \\ 0 & 0 & 0 & 2 \end{array}\right).$$

矩阵$\left(\begin{array}{ccc:c} 1 & -2 & -3 & 2 \\ 0 & 1 & 5 & -6 \\ 0 & 0 & 0 & 2 \end{array}\right)$最后一行代表的方程为

$$0x_1+0x_2+0x_3=2.$$

该方程无解，因而线性方程组(1-6-9)无解.

在对增广矩阵作初等行变换的过程中，有时会出现一行元素全为 0 的情况，出现这种情况时，就将这一行移到最下面一行，然后继续对其他行进行初等行变换.

例 4　解线性方程组

$$\begin{cases} 2x_1+x_2-x_3+x_4=1, \\ 3x_1-2x_2+x_3-3x_4=4, \\ x_1+4x_2-3x_3+5x_4=-2. \end{cases} \tag{1-6-10}$$

解　对线性方程组(1-6-10)的增广矩阵$\left(\begin{array}{cccc:c} 2 & 1 & -1 & 1 & 1 \\ 3 & -2 & 1 & -3 & 4 \\ 1 & 4 & -3 & 5 & -2 \end{array}\right)$进行初等行变换.

$$\begin{pmatrix} 2 & 1 & -1 & 1 & \vdots & 1 \\ 3 & -2 & 1 & -3 & \vdots & 4 \\ 1 & 4 & -3 & 5 & \vdots & -2 \end{pmatrix} \to \begin{pmatrix} 1 & 0 & -\frac{1}{7} & -\frac{1}{7} & \vdots & \frac{6}{7} \\ 0 & 1 & -\frac{5}{7} & \frac{9}{7} & \vdots & -\frac{5}{7} \\ 0 & 0 & 0 & 0 & \vdots & 0 \end{pmatrix},$$

最后一个矩阵对应着线性方程组

$$\begin{cases} x_1-\frac{1}{7}x_3-\frac{1}{7}x_4=\frac{6}{7}, \\ x_2-\frac{5}{7}x_3+\frac{9}{7}x_4=-\frac{5}{7}, \end{cases} \text{即} \begin{cases} x_1=\frac{1}{7}x_3+\frac{1}{7}x_4+\frac{6}{7}, \\ x_2=\frac{5}{7}x_3-\frac{9}{7}x_4-\frac{5}{7}. \end{cases}$$

该线性方程组表示 x_3 和 x_4 可以取任意实数. 令 $x_3=c_1$, $x_4=c_2$(c_1, c_2 为任意常数),因此,线性方程组(1-6-10)的解为

$$\begin{cases} x_1=\frac{1}{7}c_1+\frac{1}{7}c_2+\frac{6}{7}, \\ x_2=\frac{5}{7}c_1-\frac{9}{7}c_2-\frac{5}{7}, \\ x_3=c_1, \\ x_4=c_2 \end{cases} (c_1, c_2 \text{ 为任意常数}).$$

方程组有无穷多解.

如果线性方程组的常数项都为零,则只要对线性方程组的系数矩阵进行初等行变换.

例 5 解线性方程组

$$\begin{cases} 3x_1+4x_2-5x_3+7x_4=0, \\ 2x_1-3x_2+3x_3-2x_4=0, \\ 4x_1+11x_2-13x_3+16x_4=0, \\ 7x_1-2x_2+x_3+3x_4=0. \end{cases} \qquad (1\text{-}6\text{-}11)$$

解 对线性方程组(1-6-11)的系数矩阵进行初等行变换.

$$\begin{pmatrix} 3 & 4 & -5 & 7 \\ 2 & -3 & 3 & -2 \\ 4 & 11 & -13 & 16 \\ 7 & -2 & 1 & 3 \end{pmatrix} \to \begin{pmatrix} 1 & 0 & -\frac{3}{17} & \frac{13}{17} \\ 0 & 1 & -\frac{19}{17} & \frac{20}{17} \\ 0 & 0 & 0 & 0 \\ 0 & 0 & 0 & 0 \end{pmatrix}.$$

最后一个矩阵表示线性方程组$\begin{cases} x_1-\dfrac{3}{17}x_3+\dfrac{13}{17}x_4=0, \\ x_2-\dfrac{19}{17}x_3+\dfrac{20}{17}x_4=0. \end{cases}$

因此，线性方程组(1-6-11)的解是$\begin{cases} x_1=\dfrac{3}{17}c_1-\dfrac{13}{17}c_2, \\ x_2=\dfrac{19}{17}c_1-\dfrac{20}{17}c_2, \\ x_3=c_1, \\ x_4=c_2 \end{cases}$ (c_1，c_2 为任意常数).

三、克莱姆法则

我们给出解由 n 个方程和 n 个未知元组成的线性方程组

$$\begin{cases} a_{11}x_1+a_{12}x_2+\cdots+a_{1n}x_n=b_1, \\ a_{21}x_1+a_{22}x_2+\cdots+a_{2n}x_n=b_2, \\ \qquad\qquad\vdots \\ a_{n1}x_1+a_{n2}x_2+\cdots+a_{nn}x_n=b_n \end{cases} \tag{1-6-12}$$

的一个方法.

定理 1.6.1(克莱姆法则)　设线性方程组(1-6-12)的系数行列式 $D=|a_{ij}|$ 不为零，则线性方程组(1-6-12)有唯一解

$$x_1=\frac{D_1}{D}, x_2=\frac{D_2}{D}, \cdots, x_n=\frac{D_n}{D},$$

其中

$$D_j=\begin{vmatrix} a_{11} & \cdots & a_{1,j-1} & b_1 & a_{1,j+1} & \cdots & a_{1n} \\ \vdots & & \vdots & \vdots & \vdots & & \vdots \\ a_{n1} & \cdots & a_{n,j-1} & b_n & a_{n,j+1} & \cdots & a_{nn} \end{vmatrix} (j=1,2,\cdots,n).$$

第四节例 2 所用的方法就是克莱姆法则.

例 6　用克莱姆法则解线性方程组

$$\begin{cases} x_1+4x_2-7x_3+6x_4=0, \\ x_1-3x_2-6x_4=9, \\ 2x_2-x_3+2x_4=-5, \\ 2x_1+x_2-5x_3+x_4=8. \end{cases} \tag{1-6-13}$$

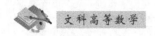

解 先计算线性方程组(1-6-13)的相关行列式.

$$D=\begin{vmatrix}1&4&-7&6\\1&-3&0&-6\\0&2&-1&2\\2&1&-5&1\end{vmatrix}=-27\neq0,D_1=\begin{vmatrix}0&4&-7&6\\9&-3&0&-6\\-5&2&-1&2\\8&1&-5&1\end{vmatrix}=-81,$$

$$D_2=\begin{vmatrix}1&0&-7&6\\1&9&0&-6\\0&-5&-1&2\\2&8&-5&1\end{vmatrix}=108,D_3=\begin{vmatrix}1&4&0&6\\1&-3&9&-6\\0&2&-5&2\\2&1&8&1\end{vmatrix}=27,$$

$$D_4=\begin{vmatrix}1&4&-7&0\\1&-3&0&9\\0&2&-1&-5\\2&1&-5&8\end{vmatrix}=-27.$$

所以线性方程组(1-6-13)的解为

$$x_1=\frac{D_1}{D}=3,x_2=\frac{D_2}{D}=-4,x_3=\frac{D_3}{D}=-1,x_4=\frac{D_4}{D}=1.$$

四、解线性方程组的逆矩阵法

我们还可以借助逆矩阵来解由 n 个方程和 n 个变量组成的线性方程组(1-6-12). 记线性方程组的系数矩阵为 $\boldsymbol{A}=(a_{ij})_{n\times n}$,并记 $\boldsymbol{x}=\begin{pmatrix}x_1\\x_2\\\vdots\\x_n\end{pmatrix}$,$\boldsymbol{b}=\begin{pmatrix}b_1\\b_2\\\vdots\\b_n\end{pmatrix}$,方程组(1-6-12)的矩阵形式为

$$\boldsymbol{Ax}=\boldsymbol{b}. \tag{1-6-14}$$

如果矩阵 $\boldsymbol{A}$ 可逆,那么在(1-6-14)式两边左乘矩阵 $\boldsymbol{A}^{-1}$,得到

$$\boldsymbol{A}^{-1}(\boldsymbol{Ax})=\boldsymbol{A}^{-1}\boldsymbol{b}. \tag{1-6-15}$$

注意到 $\boldsymbol{A}^{-1}\boldsymbol{A}=\boldsymbol{E},\boldsymbol{Ex}=\boldsymbol{x}$,(1-6-15)式可以写成

$$\boldsymbol{x}=\boldsymbol{A}^{-1}\boldsymbol{b}.$$

这表明当 $\boldsymbol{A}$ 可逆时，线性方程组(1-6-12)有唯一解

$$\boldsymbol{x}=\boldsymbol{A}^{-1}\boldsymbol{b}.$$

例 7　用逆矩阵法解线性方程组

$$\begin{cases}2x_1+2x_2+x_3=3,\\ x_1+2x_2+3x_3=4,\\ 3x_1+4x_2+3x_3=1.\end{cases} \tag{1-6-16}$$

解　线性方程组(1-6-16)的系数矩阵为

$$\boldsymbol{A}=\begin{pmatrix}2&2&1\\1&2&3\\3&4&3\end{pmatrix}.$$

它的逆矩阵为 $\boldsymbol{A}^{-1}=\begin{pmatrix}3&1&-2\\-3&-\frac{3}{2}&\frac{5}{2}\\1&1&-1\end{pmatrix}$.

所以线性方程组(1-6-16)的解为

$$x=\boldsymbol{A}^{-1}\begin{pmatrix}3\\4\\1\end{pmatrix}=\begin{pmatrix}3&1&-2\\-3&-\frac{3}{2}&\frac{5}{2}\\1&1&-1\end{pmatrix}\begin{pmatrix}3\\4\\1\end{pmatrix}=\begin{pmatrix}11\\-\frac{25}{2}\\6\end{pmatrix}.$$

即线性方程组(1-6-16)的解为 $x_1=11, x_2=-\frac{25}{2}, x_3=6$.

习　题　一

1. 指出下列各点在哪一卦限：

(1) $A(2,4,2)$；(2) $B(-5,3,2)$；(3) $C(1,-3,-4)$；(4) $D(-3,-4,-2)$.

2. 已知两点 $A(-1,3,2)$ 和 $B(1,-2,2)$，写出向量 $\overrightarrow{AB}$ 的坐标形式，并求模 $|\overrightarrow{AB}|$.

3. 设向量 $\boldsymbol{a}=4\boldsymbol{i}-\boldsymbol{j}-4\boldsymbol{k}$ 和 $\boldsymbol{b}=\boldsymbol{i}+3\boldsymbol{j}+2\boldsymbol{k}$，求：

(1) $3\boldsymbol{a}-2\boldsymbol{b}$ 和 $\boldsymbol{a}+3\boldsymbol{b}$；

(2) $(3\boldsymbol{a}-2\boldsymbol{b})\cdot(\boldsymbol{a}+3\boldsymbol{b})$.

4. 设向量 $\boldsymbol{a}=(1,-2,3)$ 和 $\boldsymbol{b}=(-1,\lambda,4)$ 垂直，求常数 λ.

5. 设点 $A(2,3,1)$ 和 $B(4,1,5)$，求线段 AB 的中点 C 的坐标.

6. 分别求满足下列条件的平面方程：

(1) 过点 $P(1,2,1)$ 且垂直于 Ox 轴；

(2) 过点 $P(1,0,1)$ 且平行于平面 $x-2y+3z+5=0$.

7. 分别求满足下列条件的直线方程：

(1) 过点 $P(2,-1,0)$ 和 $Q(1,2,-2)$；

(2) 过点 $P(2,-1,0)$ 且垂直于平面 $2x+y-z+1=0$.

8. 在空间直角坐标系下，下列方程分别表示什么几何图形？

(1) $y=0$；　(2) $x+2y=1$；

(3) $\begin{cases}x=0,\\y=0;\end{cases}$　(4) $\begin{cases}x=2,\\y=-1.\end{cases}$

9. 计算下列行列式：

(1) $\begin{vmatrix}3 & 2\\4 & 1\end{vmatrix}$；　(2) $\begin{vmatrix}\cos x & -\sin x\\\sin x & \cos x\end{vmatrix}$；

(3) $\begin{vmatrix}1 & 2 & 3\\3 & 2 & 5\\-1 & 2 & 1\end{vmatrix}$；　(4) $\begin{vmatrix}4 & 1 & 1 & 1\\1 & 4 & 1 & 1\\1 & 1 & 4 & 1\\1 & 1 & 1 & 4\end{vmatrix}$；

(5) $\begin{vmatrix}1 & 1 & 1\\a & b & c\\a^2 & b^2 & c^2\end{vmatrix}$；　(6) $\begin{vmatrix}4 & 1 & 0 & 0\\1 & 4 & 0 & 0\\0 & 0 & 4 & 1\\0 & 0 & 1 & 4\end{vmatrix}$.

10. 证明：$\begin{vmatrix}a^2 & ab & b^2\\2a & a+b & 2b\\1 & 1 & 1\end{vmatrix}=(a-b)^3$.

11. 已知矩阵 $\boldsymbol{A}=\begin{pmatrix}-1 & 2 & 4\\3 & -1 & 2\end{pmatrix}$ 和 $\boldsymbol{B}=\begin{pmatrix}3 & 5 & 1\\1 & 2 & 7\end{pmatrix}$，求 $\boldsymbol{A}+\boldsymbol{B}$ 和 $3\boldsymbol{A}-\boldsymbol{B}$.

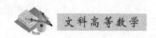

12. 已知矩阵 $\boldsymbol{A}=\begin{pmatrix}4 & 2\\0 & 1\end{pmatrix}$ 和 $\boldsymbol{B}=\begin{pmatrix}1 & -3\\0 & 2\end{pmatrix}$，求 $\boldsymbol{AB}$ 和 $\boldsymbol{AA}^{\mathrm{T}}+\boldsymbol{B}$.

13. 计算：

(1) $\begin{pmatrix}2 & 1\\0 & 1\end{pmatrix}+\begin{pmatrix}-1 & 0 & 1\\1 & 0 & -3\end{pmatrix}\begin{pmatrix}0 & 1\\2 & -1\\-2 & 0\end{pmatrix}$；

(2) $\begin{pmatrix}1 & 0 & 0\\2 & 1 & -1\\3 & 0 & 4\end{pmatrix}^2$；　(3) $(1\quad 1\quad 1)\begin{pmatrix}1\\1\\1\end{pmatrix}$；

(4) $\begin{pmatrix}1\\1\\1\end{pmatrix}(1\quad 1\quad 1)$；　(5) $\begin{pmatrix}\cos\theta & -\sin\theta\\\sin\theta & \cos\theta\end{pmatrix}^2$；

(6) $\begin{pmatrix}1 & 0\\2 & 1\end{pmatrix}^3$；　(7) $\begin{pmatrix}1 & 0\\0 & 2\end{pmatrix}^n$（$n$ 是正整数）.

14. 设矩阵 $\boldsymbol{A}=\begin{pmatrix}1 & 3\\2 & 4\end{pmatrix}$ 和 $\boldsymbol{B}=\begin{pmatrix}3 & 2\\4 & 1\end{pmatrix}$.

(1) 计算 $\boldsymbol{AB}$ 和 $\boldsymbol{BA}$，$\boldsymbol{AB}$ 和 $\boldsymbol{BA}$ 相等吗？

(2) 计算 $(\boldsymbol{AB})^{\mathrm{T}}$ 和 $\boldsymbol{B}^{\mathrm{T}}\boldsymbol{A}^{\mathrm{T}}$，$(\boldsymbol{AB})^{\mathrm{T}}$ 和 $\boldsymbol{B}^{\mathrm{T}}\boldsymbol{A}^{\mathrm{T}}$ 相等吗？

(3) 计算 $|\boldsymbol{AB}|$ 和 $|\boldsymbol{A}|\,|\boldsymbol{B}|$.

15. 已知 $\boldsymbol{A}=\begin{pmatrix}2\\\lambda\\3\end{pmatrix}$ 和 $\boldsymbol{B}=\begin{pmatrix}4\\1\\\mu\end{pmatrix}$，常数 λ 和 μ 满足什么条件时，$\boldsymbol{A}^{\mathrm{T}}\boldsymbol{B}=\boldsymbol{O}$？

16. 判断下列矩阵是否可逆，若可逆，求出其逆矩阵：

(1) $\begin{pmatrix}0 & 1\\1 & 2\end{pmatrix}$；　(2) $\begin{pmatrix}2 & 4\\3 & 6\end{pmatrix}$；

(3) $\begin{pmatrix}1 & 0 & 0\\1 & 1 & 2\\0 & 2 & 1\end{pmatrix}$；　(4) $\begin{pmatrix}1 & 0 & 2\\0 & 2 & 1\\1 & 2 & 3\end{pmatrix}$；

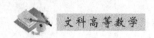

(5) $\begin{pmatrix} 0 & 1 & 0 \\ 1 & 1 & 0 \\ 0 & 0 & 1 \end{pmatrix}$；　　(6) $\begin{pmatrix} \cos\theta & -\sin\theta \\ \sin\theta & \cos\theta \end{pmatrix}$.

17. 解下列线性方程组：

(1) $\begin{cases} x_1-2x_2+3x_3=-4, \\ 2x_1+3x_2+2x_3=3, \\ x_1-x_2+2x_3=-2; \end{cases}$　　(2) $\begin{cases} x_1+3x_2-3x_3=-8, \\ 3x_1-x_2+2x_3=10, \\ 11x_1+3x_3=8; \end{cases}$

(3) $\begin{cases} x_1-2x_2-3x_3=2, \\ x_1-4x_2-13x_3=14, \\ -3x_1+5x_2+4x_3=2; \end{cases}$　　(4) $\begin{cases} x_1+2x_2+2x_3+x_4=0, \\ 2x_1+x_2-2x_3-2x_4=0, \\ x_1-x_2-4x_3-3x_4=0. \end{cases}$

18. 用克莱姆法则解线性方程组 $\begin{cases} 3x_1+4x_2+2x_3=1, \\ 2x_1+2x_2+3x_3=3, \\ x_1+3x_2-2x_3=-4. \end{cases}$

19. 用逆矩阵法解线性方程组 $\begin{cases} 6x_1+2x_2+2x_3=1, \\ 4x_1+x_2+3x_3=3, \\ 4x_1+3x_2-4x_3=-8. \end{cases}$

第二章

导数、微分及其应用

微积分的发明是继欧几里得(Euclid)几何学之后，数学中最伟大的创造.

16 世纪欧洲资本主义开始成长，随着新技术的使用，许多新的问题出现，迫切需要用数学做出定量的解释和描述，这些问题主要集中在下面四个方面：

(1) 由距离和时间的函数关系求物体的瞬时速度和加速度，反之由加速度求速度、距离的函数；

(2) 由研究运动物体在其轨道上任一点处的运动方向以及研究光线通过透镜的通道而提出的求曲线的切线问题；

(3) 求函数的最大值和最小值问题；

(4) 求曲线的长度、曲线所围成图形的面积、曲面围成立体的体积和物体的重心等的一般方法.

上述问题在常量数学的范围内不可能得到解决，于是变量进入了数学. 变量、函数等概念为上述问题的解决提供了条件. 牛顿(I. Newton)和莱布尼兹(G. W. Leibniz)集众多数学家之大成，各自独立地发明了微积分. 微积分的发明被誉为数学史上划时代的里程碑.

这一章，我们介绍微积分学中微分学的基本知识，包括极限和连续、导数和微分.

2.1 函 数

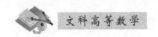

变量数学研究的是变化中量的变化规律和各变量之间的相互关系，而这种变量之间关系的最直接反应就是函数. 牛顿于 1665 年开始研究微积分，此后一直用“流量”一词来表示变量间的关系；1673 年，莱布尼兹在一篇手稿里第一次用“函数”这一名词，他用函数表示任何一个随着曲线上的点的变动而变动的量.

一、函数的概念

我们先看一个例子.

例 1 设一个圆的半径为 $r(r\geqslant 0)$，那么该圆的周长 l 和半径 r 之间有下列依赖关系：

$$l=2\pi r.$$

当 r 取定某一正的数值时，l 也就随之确定；当 r 变化时，l 也跟着变化.

在例 1 中，我们遇到的量有两类：一类在研究过程中始终保持不变(如圆周率 π)，这样的量称为常量；另一类在研究过程中不断地变化着(如圆的周长 l 和半径 r)，这样的量称为变量. 我们主要研究变量之间的确定关系. 一般地，我们有如下定义：

定义 2.1.1 设 D 和 W 是两个数集，x 和 y 是两个变量，对数集 D 中的每一个变量 x，按照某种对应法则 f，数集 W 中总有唯一确定的变量 y 与之对应，称 f 是从 D 到 W 的一个**函数**，记为 $y=f(x)$. 称 x 为自变量，y 为因变量，数集 D 为函数 $y=f(x)$ 的**定义域**，数集 $f(D)=\{f(x)\mid x\in D\}$ 为函数 $y=f(x)$ 的**值域**.

函数概念里最重要的是两个构成要素：定义域 D 和对应法则 f. 定义域 D 是函数存在的前提，对应法则是构建函数关系的规则. 如果两个函数的定义域相同，对应法则也相同，那么这两个函数相同；否则，这两个函数不相同. 符号 f 可以任意选取.

由函数的定义可知，例 1 中的 $l=2\pi r$ 是一个以 r 为自变量，l 为因变量的函数，它的定义域为 $[0,+\infty)$（因为 r 是圆的半径，所以取值大于等于 0），值域为 $[0,+\infty)$.

例 2　求函数 $y=\dfrac{1}{\sqrt{9-x^2}}$ 的定义域.

解　要使函数有意义，必须

$$\begin{cases}\sqrt{9-x^2}\neq 0,\\ 9-x^2\geqslant 0.\end{cases}$$

解得 $-3<x<3$.

因此，函数的定义域为 $D=\{x\mid -3<x<3\}$ 或 $D=(-3,3)$.

给定函数 $y=f(x)$，在平面上的点集 $\{(x,y)\mid y=f(x),x\in D\}$ 称为函数 $y=f(x)$ 的图形. 图 2-1-1给出了例 1 中函数的图形.

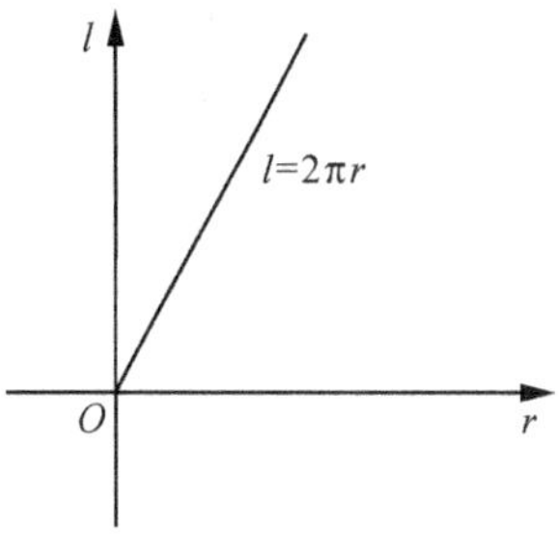

图 2-1-1

常用的函数表示法有三种：

（1）解析式法. 例如，$y=x^2$，$y=\dfrac{1}{\sqrt{9-x^2}}$ 等.

（2）图形法. 例如，图 2-1-1.

（3）表格法. 例如，某地 2019 年 7 月 19 日—28 日每天的最高气温如下表：

日期(t)	19 日	20 日	21 日	22 日	23 日	24 日	25 日	26 日	27 日	28 日
气温(c)	41℃	42℃	41℃	39℃	38℃	41℃	43℃	41℃	43℃	44℃

由于日期确定之后，这一天的最高气温也随之确定，所以最高气温 c 是日期 t 的函数.

图形法是表示函数的一种常用方法，但是并不是所有的函数都可以用图形表示，如我们无法画出下面例 3 中函数的图形.

例 3　Dirichlet 函数

$$D(x)=\begin{cases}0, & x\text{ 是无理数},\\ 1, & x\text{ 是有理数}.\end{cases}$$

上述三种方法都可以用来表示函数. 它们各有优点，解析式法便于分析和计算，它是应用最广泛的函数表示法；图形法直观，函数变化一目了然，便于工程应用；表格法中数据是现成的，便于查找.

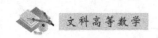

例 4 某网络公司上网计费规定为：若每天上网不超过 2 小时，则每小时收费 2 元；若每天上网 2 小时至 4 小时（不含 2 小时），则每小时收费 1.5 元；若每天上网超过 4 小时，则每小时收费 1 元；全月最高收费 300 元封顶. 设小张每天上网时间相同，给出小张每天上网费用与上网时间的函数关系（每月按 30 天计算）.

解 设小张每天上网时间为 x 小时.

若每天上网不超过 2 小时，即 $0\leqslant x\leqslant 2$，则小张每天上网费用为 $2x$ 元；

若每天上网 2 小时至 4 小时，即 $2<x\leqslant 4$，则小张每天上网费用为 $1.5x$ 元；

若每天上网超过 4 小时，由于全月最高收费 300 元封顶，即 $4<x\leqslant 10$，则小张每天上网费用为 x 元；

若小张每天上网超过 10 小时，即 $x>10$，则上网费用为 10 元.

因此，小张每天上网费用 y（元）与上网时间 x（时）的函数关系为

$$y=\begin{cases}2x, & 0\leqslant x\leqslant 2,\\ 1.5x, & 2<x\leqslant 4,\\ x, & 4<x\leqslant 10,\\ 10, & 10<x\leqslant 24.\end{cases}$$

从例 4 中，我们发现有些函数不能用一个解析式表示，而需根据自变量的不同取值范围给出不同的数学表达式，称这样的函数为分段函数.

二、复合函数和反函数

在一些实际问题中，有时两个变量之间的关系不是直接的，而是通过第三个变量将这两个变量联系起来.

定义 2.1.2 设 D 是函数 $u=g(x)$ 的定义域或定义域的一部分. 如果对于 D 中任意的 x 所对应的 u 值，函数 $y=f(u)$ 是有定义的，则可以将函数 $u=g(x)$ 代入函数 $y=f(u)$ 得到一个以 x 为自变量、y 为因变量的新函数，称这个新函数为由函数 $y=f(u)$ 和函数 $u=g(x)$ 构成的**复合函数**，记作 $y=f[g(x)]$，$x\in D$. 它的定义域为 D，变量 u 称为**中间变量**.

例如，将函数 $y=e^u$ 及函数 $u=\sin x$ 复合得到复合函数 $y=e^{\sin x}$，它的定义域为 $(-\infty,+\infty)$，也是函数 $u=\sin x$ 的定义域. 又如，将函数 $u=\sqrt{v}$ 及函数 $v=4-x^2$ 复合可以得到复合函数 $y=\sqrt{4-x^2}$，它的定义域为 $[-2,2]$，只是函数 $v=4-x^2$ 的定义域 $(-\infty,+\infty)$ 的一部分.

复合函数不仅可以由两个函数复合而成，也可以由多个函数复合而成. 例如，将三个函数 $y=\ln u$，$u=1+v^2$，$v=\sin x$ 复合就得到复合函数 $y=\ln(1+\sin^2 x)$.

例 5 设函数 $y=f(x)$ 满足 $f(e^x+2)=x^3$，求函数 $f(x)$ 的表达式.

解 设 $u=e^x+2$，则 $x=\ln(u-2)$，所以 $f(u)=\ln^3(u-2)$，即函数 $f(x)=\ln^3(x-2)$.

并不是任意两个函数都可以复合的. 例如，函数 $f(u)=\sqrt{u-3}$ 和函数 $u=\cos x$ 不能复合成一个新的函数.

函数 $y=f(x)$ 确定了定义域 D 到值域 W 的一种单值对应关系，反过来，函数 $y=f(x)$ 能否确定 W 到 D 的一种单值对应关系呢？我们先看两个例子.

例 6 函数 $y=3x+1$ 的定义域为 $D=(-\infty,+\infty)$，值域为 $W=(-\infty,+\infty)$，可以看到对值域 W 中的每一个 y_0，在定义域 D 中有唯一的 $x_0=\dfrac{y_0-1}{3}\in D$ 与之对应，即存在 W 到 D 的一种单值对应关系，也即可以构成一个从 W 到 D 的函数.

例 7 函数 $y=3x^2+1$ 的定义域为 $D=(-\infty,+\infty)$，值域为 $W=[1,+\infty)$，可以看到对 W 中的每一个 y_0，有两个 $x_0=\pm\sqrt{\dfrac{y_0-1}{3}}\in D$ 与之对应，不唯一，因此不能确定 W 到 D 的一种单值对应关系，也即不能构成一个从 W 到 D 的函数.

定义 2.1.3 设函数 $y=f(x)$ 的定义域为 D，值域为 W，如果对于 W 中的每一个 y，在 D 中有唯一的满足 $f(x)=y$ 的 x 与之对应，则确定了一个从 W 到 D 的以 y 为自变量、x 为因变量的函数，称这个函数为函数 $y=f(x)$ 的**反函数**，记为 $x=f^{-1}(y)$.

例 8 求函数 $y=3x+1$ 的反函数.

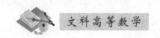

解 函数 $y=3x+1$ 的反函数为 $x=\frac{y-1}{3}$，其定义域为 $(-\infty,+\infty)$，值域为 $(-\infty,+\infty)$.

例 9 讨论函数 $y=3x^2+1$ 的反函数.

解 函数 $y=3x^2+1$ 在定义域 $(-\infty,+\infty)$ 上没有反函数. 但函数 $y=3x^2+1$ 在区间 $[0,+\infty)$ 上有反函数 $x=\sqrt{\frac{y-1}{3}}$，在区间 $(-\infty,0]$ 上有反函数 $x=-\sqrt{\frac{y-1}{3}}$.

由反函数的定义可知，如果函数 $x=g(y)$ 是函数 $y=f(x)$ 的反函数，则函数 $y=f(x)$ 也是函数 $x=g(y)$ 的反函数.

三、初等函数

1. 基本初等函数

基本初等函数共有六类：常数函数、幂函数、指数函数、对数函数、三角函数和反三角函数.

(1) 常数函数：$y=C$（C 为常数）.

它的定义域为 $(-\infty,+\infty)$，值域为 $\{C\}$.

(2) 幂函数：$y=x^{\mu}$（$\mu\in\mathbf{R}$ 是常数）.

它的定义域与 μ 的取值有关. 例如，当 $\mu=2$ 时，它的定义域为 $(-\infty,+\infty)$，值域为 $[0,+\infty)$；当 $\mu=\frac{1}{2}$ 时，它的定义域为 $[0,+\infty)$，值域为 $[0,+\infty)$.

(3) 指数函数：$y=a^x$（$a>0$ 且 $a\neq1$ 是常数）.

它的定义域为 $(-\infty,+\infty)$，值域为 $(0,+\infty)$.

(4) 对数函数：$y=\log_a x$（$a>0$ 且 $a\neq1$ 是常数）.

它的定义域为 $(0,+\infty)$，值域为 $(-\infty,+\infty)$.

特别地，当 $a=\mathrm{e}$ 时，记为 $y=\ln x$.

(5) 三角函数：正弦函数 $y=\sin x$，余弦函数 $y=\cos x$，正切函数 $y=\tan x$，余切函数 $y=\cot x$.

正弦函数 $y=\sin x$ 和余弦函数 $y=\cos x$ 的定义域为 $(-\infty,+\infty)$，值域为

$[-1,1]$；

正切函数 $y=\tan x$ 的定义域为 $\left(k\pi-\frac{\pi}{2},k\pi+\frac{\pi}{2}\right)$（$k$ 是整数），值域为 $(-\infty,+\infty)$；

余切函数 $y=\cot x$ 的定义域为 $(k\pi,(k+1)\pi)$（k 是整数），值域为 $(-\infty,+\infty)$.

(6)* 反三角函数：反正弦函数 $y=\arcsin x$，反余弦函数 $y=\arccos x$，反正切函数 $y=\arctan x$ 和反余切函数 $y=\text{arccot}\,x$.

反正弦函数 $y=\arcsin x$ 是函数 $y=\sin x, x\in\left[-\frac{\pi}{2},\frac{\pi}{2}\right]$ 的反函数，其定义域为 $[-1,1]$，值域为 $\left[-\frac{\pi}{2},\frac{\pi}{2}\right]$；

反余弦函数 $y=\arccos x$ 是函数 $y=\cos x, x\in[0,\pi]$ 的反函数，其定义域为 $[-1,1]$，值域为 $[0,\pi]$；

反正切函数 $y=\arctan x$ 是函数 $y=\tan x, x\in\left(-\frac{\pi}{2},\frac{\pi}{2}\right)$ 的反函数，其定义域为 $(-\infty,+\infty)$，值域为 $\left(-\frac{\pi}{2},\frac{\pi}{2}\right)$；

反余切函数 $y=\text{arccot}\,x$ 是函数 $y=\cot x, x\in(0,\pi)$ 的反函数，其定义域为 $(-\infty,+\infty)$，值域为 $(0,\pi)$.

2. 初等函数

定义 2.1.4　由基本初等函数经过有限次的四则运算和有限次的函数复合步骤所构成，并可用一个式子表示的函数，称为**初等函数**.

例如，函数 $y=\sqrt{1+x^2}$ 和函数 $y=e^{\cos x}+\ln^2 x$ 都是初等函数.

例 4 中的分段函数 y 因为在其定义域 $D=[0,+\infty)$ 上不能用一个表达式表示，因此不是初等函数.

3. 常用的非初等函数

从例 4 可知并不是所有的函数都是初等函数，常见的非初等函数（除分段函数外）还有：

(1) 符号函数

$$y=\operatorname{sgn}x=\begin{cases}1, & x>0,\\ 0, & x=0,\\ -1, & x<0.\end{cases}$$

(2) 取整函数

$$y=[x],x\in(-\infty,+\infty).$$

$[x]$表示不超过 x 的最大整数.

2.2 数列和函数的极限

微积分学研究的对象是变量,而变量的变化总与极限概念相关联.极限概念是微积分最基本的概念之一,微积分的许多内容都要借助于极限来讨论.极限分为数列极限和函数极限两大类.

一、数列的极限

极限概念是由某些实际问题的精确求解产生的.例如,求曲边形的面积问题是产生数列极限思想的起源之一,我国古代数学家刘徽发明的利用圆的内接正多边形来推算圆的面积的方法——割圆术,就包含了极限的思想.刘徽说:"割之弥细,所失弥少.割之又割,以至于不可割,则与圆周合体而无所失矣."他的这段话是对极限思想的生动描述.

定义 2.2.1 无穷多个实数按照一定顺序排成一列 $a_1,a_2,\cdots,a_n,\cdots$,称为**数列**,记为$\{a_n\}$,其中每一个数称为数列的一个项,第 n 项 a_n 称为数列的**通项**.

例 1 (1) 数列 $2,4,8,16,\cdots,2^n,\cdots$,通项为 2^n,简记为$\{2^n\}$.

(2) 数列 $1,\frac{1}{2},\frac{1}{4},\frac{1}{8},\frac{1}{16},\cdots,\frac{1}{2^n},\cdots$,通项为$\frac{1}{2^{n-1}}$,简记为$\left\{\frac{1}{2^{n-1}}\right\}$.

(3) 数列 $1,-\frac{1}{2},\frac{1}{3},-\frac{1}{4},\cdots,\frac{(-1)^{n+1}}{n},\cdots$,通项为$\frac{(-1)^{n+1}}{n}$,简记为$\left\{\frac{(-1)^{n+1}}{n}\right\}$.

(4) 数列$\frac{1}{2},\frac{2}{3},\frac{3}{4},\cdots,\frac{n}{n+1},\cdots$,通项为$\frac{n}{n+1}$,简记为$\left\{\frac{n}{n+1}\right\}$.

(5) 数列 $1,-1,1,-1,\cdots,(-1)^{n+1},\cdots$，通项为 $(-1)^{n+1}$，简记为 $\{(-1)^{n+1}\}$.

定义 2.2.2 对于数列 $\{a_n\}$，如果对所有的 n 都有 $a_n \leqslant a_{n+1}$，则称 $\{a_n\}$ 为**单调增加数列**；如果对所有的 n 都有 $a_n \geqslant a_{n+1}$，则称 $\{a_n\}$ 为**单调减少数列**. 单调增加数列和单调减少数列统称**单调数列**.

例如，例 1 中的数列(1)是单调增加数列，数列(2)是单调减少数列. 从例 1 中我们可以看出并不是所有的数列都是单调数列，如数列(3)和数列(5).

定义 2.2.3 对于数列 $\{a_n\}$，如果存在正数 M，使得对所有的 n 都有不等式

$$|a_n| \leqslant M$$

成立，则称数列 $\{a_n\}$ 为**有界数列**. 否则，称数列 $\{a_n\}$ 为**无界数列**.

例如，对于例 1 中的数列(3) $\left\{\frac{(-1)^{n+1}}{n}\right\}$，取 $M=1$，有 $\left|\frac{(-1)^{n+1}}{n}\right| \leqslant 1$，因此数列 $\left\{\frac{(-1)^{n+1}}{n}\right\}$ 是有界数列；对于数列(1) $\{2^n\}$，不存在 $M>0$，使得 $|2^n| \leqslant M$，因此数列 $\{2^n\}$ 是无界数列.

下面我们来考察当 n 无限增大时，例 1 中数列变化的趋势. 我们发现，它们呈现出不同的变化趋势. 其中有些数列当 $n\to\infty$ 时，通项 a_n 能与某个常数 a 无限接近. 例如，数列(4) $\left\{\frac{n}{n+1}\right\}$，当 $n\to\infty$ 时，通项 $\frac{n}{n+1}$ 与 1 无限接近. 而有些数列则不具有这样的特点. 例如，数列(1) $\{2^n\}$，当 $n\to\infty$ 时，通项 2^n 无限增大；数列(5) $\{(-1)^{n+1}\}$，当 $n\to\infty$ 时，通项 $(-1)^{n+1}$ 交替取值 1 和 -1.

我们用数学语言来表达"当 $n\to\infty$ 时，a_n 能与某个常数 a 无限接近". 这句话的意思是说：随着 n 的不断增大，a_n 和 a 的距离 $|a_n-a|$ 越来越小，你要多小，它就有多小. 也就是说只要你事先给定一个小的正数 ε，不管 ε 多么小，数列从某一项开始，对所有的 a_n，都有 $|a_n-a|<\varepsilon$.

我们来看一个具体的例子：对于例 1 中数列(4) $\left\{\frac{n}{n+1}\right\}$，当 $n\to\infty$ 时，通项 $a_n=\frac{n}{n+1}\to 1$. 这就是说当 $n\to\infty$ 时，通项 a_n 与 1 之间的距离 $|a_n-1|=\frac{1}{n+1}$ 可以小于预先给定的任意小的正数. 例如，要使 $|a_n-1|=\frac{1}{n+1}<0.1$，只要 $n>9$，

而且对于从第 10 项开始所有的 a_n，都有

$$|a_n-1|<0.1.$$

又例如，要使 $|a_n-1|=\frac{1}{n+1}<0.01$，只要 $n>99$，而且对于从第 100 项开始所有的 a_n，都有

$$|a_n-1|<0.01.$$

我们有数列极限的定义.

定义 2.2.4 设有数列 $\{a_n\}$ 和常数 a，如果当 n 无限增大时，数列 $\{a_n\}$ 的通项 a_n 与 a 之差的绝对值任意小，则称常数 a 为数列 $\{a_n\}$ 当 $n\to\infty$ 时的**极限**. 或称数列 $\{a_n\}$ 收敛于 a，也称数列 $\{a_n\}$ **收敛**，并记作

$$\lim_{n\to\infty}a_n=a \text{ 或 } a_n\to a(n\to\infty).$$

如果数列没有极限，则称数列是**发散**的.

数列极限概念的严密化.

定义 2.2.4* 设有数列 $\{a_n\}$ 和常数 a，如果对于任意给定的正数 ε，总存在着一个正整数 N，使得对于 $n>N$ 的一切 a_n，不等式

$$|a_n-a|<\varepsilon$$

成立，则称常数 a 为数列 $\{a_n\}$ 当 $n\to\infty$ 时的**极限**.

在例 1 中，数列(1) $\{2^n\}$，当 n 无限增大时，通项 2^n 无限增大，所以该数列发散.

数列(2) $\left\{\frac{1}{2^{n-1}}\right\}$，当 n 无限增大时，通项 $\frac{1}{2^n-1}$ 与 0 的距离越来越小，所以 $\lim\limits_{n\to\infty}\frac{1}{2^{n-1}}=0$.

数列(3) $\left\{\frac{(-1)^{n+1}}{n}\right\}$，当 n 无限增大时，通项 $\frac{(-1)^{n+1}}{n}$ 与 0 的距离越来越小，所以 $\lim\limits_{n\to\infty}\frac{(-1)^{n+1}}{n}=0$.

数列(4) $\left\{\frac{n}{n+1}\right\}$，当 n 无限增大时，通项 $\frac{n}{n+1}$ 与 1 的距离越来越小，所以 $\lim\limits_{n\to\infty}\frac{n}{n+1}=1$.

数列(5) $\{(-1)^{n+1}\}$ 的通项为 $(-1)^{n+1}$，当 n 为奇数时为 1，当 n 为偶数时为

-1，所以数列发散.

从例 1 中，我们看到数列的极限是数列在 n 无限增大的过程中，数列取值的变化趋势，根据其变化趋势，可以确定极限是否存在.

在例 1 中，数列 $\left\{\frac{1}{2^n}\right\}$ 收敛，单调递减；而数列 $\left\{\frac{(-1)^{n+1}}{n}\right\}$ 收敛，但不是单调数列. 这表明收敛数列不一定单调. 那么数列的收敛性和有界性有没有关系呢？下面的定理表明收敛数列一定是有界数列.

定理 2.2.1　如果数列 $\{a_n\}$ 收敛，则数列 $\{a_n\}$ 是有界数列.

关于数列的极限运算有如下的运算法则.

定理 2.2.2　如果 $\lim\limits_{n\to\infty}a_n$ 和 $\lim\limits_{n\to\infty}b_n$ 存在，则

(1) $\lim\limits_{n\to\infty}(a_n+b_n)=\lim\limits_{n\to\infty}a_n+\lim\limits_{n\to\infty}b_n$；

(2) $\lim\limits_{n\to\infty}(a_n-b_n)=\lim\limits_{n\to\infty}a_n-\lim\limits_{n\to\infty}b_n$；

(3) $\lim\limits_{n\to\infty}(a_n\cdot b_n)=\lim\limits_{n\to\infty}a_n\cdot\lim\limits_{n\to\infty}b_n$；

(4) $\lim\limits_{n\to\infty}\frac{a_n}{b_n}=\frac{\lim\limits_{n\to\infty}a_n}{\lim\limits_{n\to\infty}b_n}\ (\lim\limits_{n\to\infty}b_n\neq 0)$.

下面我们来求一些简单的数列极限.

例 2　求极限 $\lim\limits_{n\to\infty}\left(\frac{2}{n}+\frac{1}{n^3}\right)$.

解　因为 $\lim\limits_{n\to\infty}\frac{1}{n}=0$，而 $\lim\limits_{n\to\infty}\frac{1}{n^3}=\left(\lim\limits_{n\to\infty}\frac{1}{n}\right)^3=0$，所以由定理 2.2.2 有

$$\lim_{n\to\infty}\left(\frac{2}{n}+\frac{1}{n^3}\right)=\lim_{n\to\infty}\frac{2}{n}+\lim_{n\to\infty}\frac{1}{n^3}=2\cdot\lim_{n\to\infty}\frac{1}{n}+\left(\lim_{n\to\infty}\frac{1}{n}\right)^3=2\cdot 0+0=0.$$

例 3　求极限 $\lim\limits_{n\to\infty}\frac{n^2-1}{4n^2+2}$.

解　将表达式 $\frac{n^2-1}{4n^2+2}$ 的分子和分母同时除以 n^2，得到 $\frac{1-\frac{1}{n^2}}{4+\frac{2}{n^2}}$，注意到分母的极限

$$\lim_{n\to\infty}\left(4+\frac{2}{n^2}\right)=\lim_{n\to\infty}4+2\left(\lim_{n\to\infty}\frac{1}{n}\right)^2=4\neq 0,$$

由定理 2.2.2 有

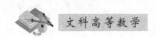

$$\lim_{n\to\infty}\frac{n^2-1}{4n^2+2}=\lim_{n\to\infty}\frac{1-\frac{1}{n^2}}{4+\frac{2}{n^2}}=\frac{\lim\limits_{n\to\infty}\left(1-\frac{1}{n^2}\right)}{\lim\limits_{n\to\infty}\left(4+\frac{2}{n^2}\right)}=\frac{\lim\limits_{n\to\infty}1-\left(\lim\limits_{n\to\infty}\frac{1}{n}\right)^2}{\lim\limits_{n\to\infty}4+\lim\limits_{n\to\infty}\frac{2}{n^2}}=\frac{1}{4}.$$

例 4 求极限$\lim\limits_{n\to\infty}\left[\frac{1}{1\cdot 2}+\frac{1}{2\cdot 3}+\cdots+\frac{1}{n\cdot(n+1)}\right]$.

解 因为
$$\frac{1}{1\cdot 2}+\frac{1}{2\cdot 3}+\cdots+\frac{1}{n\cdot(n+1)}$$
$$=\left(\frac{1}{1}-\frac{1}{2}\right)+\left(\frac{1}{2}-\frac{1}{3}\right)+\cdots+\left(\frac{1}{n}-\frac{1}{n+1}\right)=1-\frac{1}{n+1},$$

所以原式$=\lim\limits_{n\to\infty}\left(1-\frac{1}{n+1}\right)=\lim\limits_{n\to\infty}1-\lim\limits_{n\to\infty}\frac{1}{n+1}=1$.

二、函数的极限

对于一个函数 $y=f(x)$,我们主要关心当自变量无限趋近于确定数或自变量的绝对值无限增大时,函数值的变化趋势,这就是函数的极限问题.

1. 自变量趋于有限值的函数极限

我们先看一个例子.

例 5 研究函数 $y=f(x)=x^2-2x+1$ 当 $x\to 1$ 时的变化规律.

当自变量 x 无限趋近于 1 时,函数值的变化如下表:

x	1+0.1	1−0.1	1+0.01	1−0.01	1+0.001	1−0.001	…
y	0.010000	0.010000	0.000100	0.000100	0.000001	0.000001	…

从上面的表格中可以看出当自变量 x 无限趋近于 1 时,函数值趋近于 0;而当自变量 x 等于 1 时,函数值等于 0. 也即当 x 与 1 之差的绝对值 $|x-1|$ 无限变小时,函数值与 0 之差的绝对值 $|f(x)-0|$ 也无限变小. 我们称之为当 $x\to 1$ 时函数 $f(x)$ 以常数 0 为极限.

定义 2.2.5 设函数 $f(x)$ 在 x_0 的附近有定义,A 是常数,如果当自变量 x 无限趋近于 x_0 时,函数值有稳定的变化趋势,且函数值与 A 之差的绝对值 $|f(x)-A|$ 任意小,则称当 $x\to x_0$ 时函数 $f(x)$ 以常数 A 为**极限**,记作

$$\lim_{x\to x_0}f(x)=A \text{ 或 } f(x)\to A(x\to x_0).$$

函数极限概念的严密化:

定义 2.2.5*　设函数 $f(x)$在 x_0 的附近有定义，A 是常数，如果对于一个任意给定的正数 ε，总存在一个正数 δ，使得对于满足条件 $0<|x-x_0|<\delta$ 的一切 x，不等式

$$|f(x)-A|<\varepsilon$$

成立，则称当 $x\to x_0$ 时函数 $f(x)$以常数 A 为**极限**.

例 6　求极限$\lim\limits_{x\to 1}(3x+1)$.

解　当自变量 x 无限趋近于 1 时，$3x+1$ 与 4 之差的绝对值$|3x+1-4|=3|x-1|$越来越小，所以$\lim\limits_{x\to 1}(3x+1)=4$.

例 7　求极限$\lim\limits_{x\to 1}\dfrac{x^2-4x+3}{x-1}$.

解　设 $f(x)=\dfrac{x^2-4x+3}{x-1}$，当自变量 x 无限趋近于 1 时，$f(x)=\dfrac{x^2-4x+3}{x-1}=x-3$ 与-2 之差的绝对值$|x-3-(-2)|=|x-1|$越来越小，所以$\lim\limits_{x\to 1}\dfrac{x^2-4x+3}{x-1}=-2$.

从例 7 中可以看出极限$\lim\limits_{x\to x_0}f(x)$与函数 $f(x)$在 x_0 处有没有定义无关，即在讨论极限$\lim\limits_{x\to x_0}f(x)$时，函数 $f(x)$在 x_0 处可以无定义.

2. 自变量趋于无限值的函数极限

定义 2.2.6　如果当自变量 x 的绝对值无限增大时，函数值有稳定的变化趋势，且函数值与常数 A 之差的绝对值$|f(x)-A|$任意小，则称当 $x\to\infty$时函数 $f(x)$以常数 A 为**极限**，记作

$$\lim_{x\to\infty}f(x)=A \text{ 或 } f(x)\to A(x\to\infty).$$

函数极限概念的严密化.

定义 2.2.6*　设函数 $f(x)$当$|x|$大于某一正数时有定义，A 是常数，如果对于一个任意给定的正数 ε，总存在一个正数 X，使得对于满足条件$|x|>X$ 的一切 x，不等式

$$|f(x)-A|<\varepsilon$$

成立，则称当 $x\to\infty$时函数 $f(x)$以常数 A 为**极限**.

当 $x>0$ 时，记为 $\lim\limits_{x\to+\infty}f(x)=A$；当 $x<0$ 时，记为 $\lim\limits_{x\to-\infty}f(x)=A$.

例 8 讨论函数 $f(x)=\dfrac{1}{x^2}$ 当 $x\to\infty$ 时的极限.

解 我们发现随着自变量 x 的绝对值越来越大，函数 $f(x)=\dfrac{1}{x^2}$ 越来越接近于 0，所以 $\lim\limits_{x\to\infty}\dfrac{1}{x^2}=0$.

关于函数极限的运算，我们有如下的运算法则.

3. 极限的四则运算法则

定理 2.2.3 如果 $\lim\limits_{x\to x_0}f(x)$ 和 $\lim\limits_{x\to x_0}g(x)$ 存在，则

(1) $\lim\limits_{x\to x_0}[f(x)+g(x)]=\lim\limits_{x\to x_0}f(x)+\lim\limits_{x\to x_0}g(x)$.

(2) $\lim\limits_{x\to x_0}[f(x)-g(x)]=\lim\limits_{x\to x_0}f(x)-\lim\limits_{x\to x_0}g(x)$.

(3) $\lim\limits_{x\to x_0}[f(x)\cdot g(x)]=\lim\limits_{x\to x_0}f(x)\cdot\lim\limits_{x\to x_0}g(x)$.

特别地，当 $g(x)=C$（C 为常数）时，$\lim\limits_{x\to x_0}[Cf(x)]=C\lim\limits_{x\to x_0}f(x)$；

当 $g(x)=f(x)$ 时，$\lim\limits_{x\to x_0}[f(x)]^2=[\lim\limits_{x\to x_0}f(x)]^2$.

(4) $\lim\limits_{x\to x_0}\dfrac{f(x)}{g(x)}=\dfrac{\lim\limits_{x\to x_0}f(x)}{\lim\limits_{x\to x_0}g(x)}$ $[\lim\limits_{x\to x_0}g(x)\neq 0]$.

对 $x\to\infty$，上述运算法则也成立.

例 9 求极限 $\lim\limits_{x\to 2}(x^3-2x^2+3)$.

解 我们利用定理 2.2.3 有

$$\begin{aligned}\lim_{x\to 2}(x^3-2x^2+3)&=\lim_{x\to 2}x^3-\lim_{x\to 2}2(x^2)+\lim_{x\to 2}3\\&=(\lim_{x\to 2}x)^3-2(\lim_{x\to 2}x)^2+\lim_{x\to 2}3=2^3-2\cdot 2^2+3=3.\end{aligned}$$

例 10 求极限 $\lim\limits_{x\to 2}\dfrac{x^2+1}{x^3-2x^2+3}$.

解 因为函数分母的极限 $\lim\limits_{x\to 2}(x^3-2x^2+3)=3$ 不为零，我们利用定理 2.2.3 有

$$\lim_{x\to 2}\frac{x^2+1}{x^3-2x^2+3}=\frac{\lim\limits_{x\to 2}(x^2+1)}{\lim\limits_{x\to 2}(x^3-2x^2+3)}=\frac{\lim\limits_{x\to 2}x^2+\lim\limits_{x\to 2}1}{\lim\limits_{x\to 2}x^3-2\lim\limits_{x\to 2}x^2+\lim\limits_{x\to 2}3}=\frac{5}{3}.$$

例 11　求极限$\lim\limits_{x\to\infty}\dfrac{2x^3+1}{x^3-2x^2+3}$.

解　先用 x^3 去除函数的分母及分子，然后利用定理 2.2.3 有

$$\lim_{x\to\infty}\frac{2x^3+1}{x^3-2x^2+3}=\lim_{x\to\infty}\frac{2+\frac{1}{x^3}}{1-\frac{2}{x}+\frac{3}{x^3}}=\frac{\lim\limits_{x\to\infty}\left(2+\frac{1}{x^3}\right)}{\lim\limits_{x\to\infty}\left(1-\frac{2}{x}+\frac{3}{x^3}\right)}$$

$$=\frac{2+\lim\limits_{x\to\infty}\frac{1}{x^3}}{1-\lim\limits_{x\to\infty}\frac{2}{x}+\lim\limits_{x\to\infty}\frac{3}{x^3}}=\frac{2+0}{1-0+0}=2.$$

三、两个重要极限

重要极限 I　$\lim\limits_{x\to0}\dfrac{\sin x}{x}=1$.

例 12　求极限$\lim\limits_{x\to0}\dfrac{\sin3x}{x}$.

解　$\lim\limits_{x\to0}\dfrac{\sin3x}{x}=\lim\limits_{x\to0}\left(3\cdot\dfrac{\sin3x}{3x}\right)=3\lim\limits_{x\to0}\dfrac{\sin3x}{3x}$.

令 $t=3x$，当 $x\to0$ 时，$t\to0$，因此

$$\lim_{x\to0}\frac{\sin3x}{x}=3\lim_{t\to0}\frac{\sin t}{t}=3.$$

例 13　求极限$\lim\limits_{x\to0}\dfrac{1-\cos x}{x^2}$.

解　$\lim\limits_{x\to0}\dfrac{1-\cos x}{x^2}=\lim\limits_{x\to0}\dfrac{2\sin^2\frac{x}{2}}{x^2}=\dfrac{1}{2}\left(\lim\limits_{x\to0}\dfrac{\sin\frac{x}{2}}{\frac{x}{2}}\right)^2$.

令 $t=\dfrac{x}{2}$，当 $x\to0$ 时，$t\to0$，因此

$$\lim_{x\to0}\frac{1-\cos x}{x^2}=\frac{1}{2}\left(\lim_{t\to0}\frac{\sin t}{t}\right)^2=\frac{1}{2}\times1=\frac{1}{2}.$$

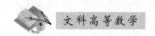

重要极限Ⅱ $\lim\limits_{n\to\infty}\left(1+\frac{1}{n}\right)^n=\mathrm{e}$，$\lim\limits_{x\to\infty}\left(1+\frac{1}{x}\right)^x=\mathrm{e}$ 或 $\lim\limits_{x\to 0}(1+x)^{\frac{1}{x}}=\mathrm{e}$.

例 14 求极限 $\lim\limits_{x\to\infty}\left(1-\frac{1}{x}\right)^x$.

解 令 $t=-x$，则当 $x\to\infty$ 时，$t\to\infty$，因此

$$\lim_{x\to\infty}\left(1-\frac{1}{x}\right)^x=\lim_{x\to\infty}\left(1+\frac{1}{-x}\right)^x=\lim_{t\to\infty}\left(1+\frac{1}{t}\right)^{-t}=\lim_{t\to\infty}\frac{1}{\left(1+\frac{1}{t}\right)^t}$$

$$=\frac{1}{\lim\limits_{t\to\infty}\left(1+\frac{1}{t}\right)^t}=\frac{1}{\mathrm{e}}.$$

例 15 求极限 $\lim\limits_{n\to\infty}\left(1+\frac{1}{n}\right)^{-2n}$.

解 $$\lim_{n\to\infty}\left(1+\frac{1}{n}\right)^{-2n}=\lim_{n\to\infty}\frac{1}{\left(1+\frac{1}{n}\right)^{2n}}=\frac{1}{\lim\limits_{n\to\infty}\left(1+\frac{1}{n}\right)^{2n}}$$

$$=\frac{1}{\left[\lim\limits_{n\to\infty}\left(1+\frac{1}{n}\right)^n\right]^2}=\frac{1}{\mathrm{e}^2}.$$

例 16（连续复利问题） 将一笔资金 A 元按定期存款方式存入银行 t 期，其利率为 r，则利息计算公式为

$$\text{利息 } I=\text{本金 } A\times\text{存期 } t\times\text{利率 } r.$$

这是“单利”公式. 如果计算“复利”，即到期利息计入本金继续计息，那么应当如何计算利息？

解 设本金为 A，存期为 t，计息利率为 r，则第一期的本金与利息的和为

$$A_1=A(1+r);$$

第 t 期的本金与利息累计为

$$A_t=A(1+r)^t.$$

若每期结算 n 次，则每次利率为 $\frac{r}{n}$，期内共结算 nt 次，第 t 期的本金与利息的和为

$$\overline{A}_{nt}=A\left(1+\frac{r}{n}\right)^{nt}.$$

当 $n\to\infty$ 时，此时复利的时间趋于零，称为连续复利. 因此，在连续复利下，第 t 期的本金与利息累计为

$$A_t=\lim_{n\to\infty}\overline{A}_{nt}=\lim_{n\to\infty}A\left(1+\frac{r}{n}\right)^{nt}=A\lim_{n\to\infty}\left(1+\frac{1}{\frac{n}{r}}\right)^{\frac{n}{r}\times rt}.$$

设 $k=\frac{n}{r}$，则当 $n\to\infty$ 时，$k\to\infty$，因此

$$A_t=A\lim_{k\to\infty}\left(1+\frac{1}{k}\right)^{krt}=A\left[\lim_{k\to\infty}\left(1+\frac{1}{k}\right)^{k}\right]^{rt}=Ae^{rt}.$$

例如，有资金 10 万元，存入银行，年利率为 5%，按连续复利计算，10 年后的本金和利息累计为 $10e^{0.5}$ 万元，约为 16.49 万元.

例 17（细胞生长问题）　设有一细胞培养基，开始时细胞的个数为 N_0，在单位时间内有 $p\%$ 的细胞分裂. 经过 t 个单位时间后细胞总数为 $N(t)=N_0\left(1+\frac{p}{100}\right)^t$. 细胞分裂每时每刻都在进行，现将时间单位的 $\frac{1}{n}$ 作为新的时间单位，则经过 t 个单位时间后细胞总数为 $N(t)=N_0\left(1+\frac{p}{100n}\right)^{nt}$，求当 $n\to\infty$ 时，细胞群体数量的精确值.

解　当 $n\to\infty$ 时，细胞群体数量的精确值为

$$\lim_{n\to\infty}N(t)=\lim_{n\to\infty}N_0\left(1+\frac{p}{100n}\right)^{nt}=N_0\lim_{n\to\infty}\left(1+\frac{p}{100n}\right)^{nt}=N_0e^{\frac{p}{100}t}.$$

四、无穷小量和无穷大量

定义 2.2.7　如果 $\lim\limits_{x\to x_0}f(x)=0$ [或 $\lim\limits_{x\to\infty}f(x)=0$]，则称函数 $f(x)$ 为当 $x\to x_0$（或 $x\to\infty$）时的**无穷小量**.

例如，(1) 因为 $\lim\limits_{x\to 0}x^2=0$，$\lim\limits_{x\to 0}\sin x=0$ 和 $\lim\limits_{x\to 0}\ln(x+1)=0$，所以 x^2，$\sin x$ 和 $\ln(x+1)$ 都是 $x\to 0$ 时的无穷小量；(2) 因为 $\lim\limits_{x\to\infty}\frac{1}{x}=0$，$\lim\limits_{x\to\infty}\frac{1}{x^2}=0$ 和 $\lim\limits_{x\to\infty}\frac{1}{e^{x^2}}=0$，所以 $\frac{1}{x}$，$\frac{1}{x^2}$ 和 $\frac{1}{e^{x^2}}$ 都是 $x\to\infty$ 时的无穷小量.

不要把无穷小量与很小的数混为一谈，无穷小量的绝对值可以小于任意小

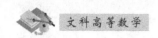

的正数,无穷小量是极限为零的变量;无穷小量与变量的变化过程有关;零是可以作为无穷小量的唯一的常数. 在微积分发展初期,无穷小量是一个最为重要的概念. 由于牛顿和莱布尼兹在使用无穷小量时概念含混不清,曾经引起很大的争议. 现在用的定义是在微积分严密化过程中由数学家柯西(A. L. Cauchy)给出的. 关于无穷小量有下面的定理.

定理 2.2.4 如果$\lim\limits_{x\to x_0}f(x)=A$,则当 $x\to x_0$ 时,$f(x)-A$ 是一个无穷小量.

定理 2.2.5 有界函数与无穷小量的乘积是无穷小量.

例 18 求极限$\lim\limits_{x\to\infty}\dfrac{\sin x}{x}$.

解 因为当 $x\to\infty$时,$\dfrac{1}{x}$是无穷小量,而 $\sin x$ 是有界函数,所以

$$\lim_{x\to\infty}\frac{\sin x}{x}=0.$$

无穷小量是以零为极限的变量,不过,同是无穷小量,它们之间还有一个趋于零的速度快慢问题. 例如,当 $x\to 0$ 时,$\dfrac{1}{3}x$,$2x$,$\sin x$ 和 x^2 都是无穷小量,但它们趋于零的速度不同. 为此引进无穷小量阶的概念.

定义 2.2.8 设当 $x\to x_0$ 时,$\alpha(x)$,$\beta(x)$都是无穷小量.

(1) 如果$\lim\limits_{x\to x_0}\dfrac{\beta(x)}{\alpha(x)}=1$,则称 $\alpha(x)$和 $\beta(x)$为**等价无穷小量**,记为 $\alpha(x)\sim\beta(x)$;

(2) 如果$\lim\limits_{x\to x_0}\dfrac{\beta(x)}{\alpha(x)}=C\neq 0$($C$ 是常数),则称 $\alpha(x)$和 $\beta(x)$为**同阶无穷小量**;

(3) 如果$\lim\limits_{x\to x_0}\dfrac{\beta(x)}{\alpha(x)}=0$,则称 $\beta(x)$为 $\alpha(x)$的**高阶无穷小量**,记为 $\beta(x)=o(\alpha(x))$.

例如,当 $x\to 0$ 时,$\lim\limits_{x\to 0}\dfrac{2x}{x}=2$,因此 $2x$ 和 x 是同阶无穷小量;$\lim\limits_{x\to 0}\dfrac{\sin x}{x}=1$,因此 $\sin x$ 和 x 是等价无穷小量;$\lim\limits_{x\to 0}\dfrac{x^2}{x}=0$,因此 x^2 是 x 的高阶无穷小量.

下面是几个常用的等价无穷小量:

当 $x\to 0$ 时,$\sin x\sim x$,$\tan x\sim x$,$\ln(1+x)\sim x$,$e^x-1\sim x$,$1-\cos x\sim\dfrac{1}{2}x^2$.

定理 2.2.6(无穷小等价代换定理) 如果当 $x\to x_0$ 时,$\alpha(x)$,$\alpha_1(x)$,$\beta(x)$和

$\beta_1(x)$都是无穷小量，$\alpha(x)\sim\alpha_1(x)$，$\beta(x)\sim\beta_1(x)$，且$\lim\limits_{x\to x_0}\dfrac{\alpha_1(x)}{\beta_1(x)}$存在，则

$$\lim_{x\to x_0}\frac{\alpha(x)}{\beta(x)}=\lim_{x\to x_0}\frac{\alpha_1(x)}{\beta_1(x)}.$$

定理 2.2.6 对 $x\to\infty$的情形也成立.

例 19　求极限$\lim\limits_{x\to 0}\dfrac{1-\cos x}{x^2}$.

解　因为当 $x\to 0$ 时，$1-\cos x\sim\dfrac{1}{2}x^2$，所以有

$$\lim_{x\to 0}\frac{1-\cos x}{x^2}=\lim_{x\to 0}\frac{\frac{1}{2}x^2}{x^2}=\frac{1}{2}.$$

例 20　求极限$\lim\limits_{x\to 0}\dfrac{\ln(1+x)}{\sin x}$.

解　因为当 $x\to 0$ 时，$\ln(1+x)\sim x$，$\sin x\sim x$，所以有

$$\lim_{x\to 0}\frac{\ln(1+x)}{\sin x}=\lim_{x\to 0}\frac{x}{x}=1.$$

无穷大量与无穷小量的变化趋势相反.

定义 2.2.9　如果$\dfrac{1}{f(x)}$是当 $x\to x_0$（或 $x\to\infty$）时的无穷小量，则称函数 $f(x)$为 $x\to x_0$（或 $x\to\infty$）时的**无穷大量**，记为$\lim\limits_{x\to x_0}f(x)=\infty$[或$\lim\limits_{x\to\infty}f(x)=\infty$].

例如，当 $x\to 1$ 时，$\dfrac{1}{x-1}$是无穷大量；当 $x\to\infty$时，x^2，e^{x^2} 都是无穷大量；当 $x\to 0$时，$\dfrac{1}{x}$是无穷大量.

2.3　函数的连续

自然界有很多现象，如气温的变化，植物的生长等都是连续地变化着的. 气温的变化，当时间变化很微小时，气温的变化也很小，这种现象在函数关系上的反映就是函数的连续.

一、函数连续的概念

定义 2.3.1 设函数 $f(x)$在 x_0 及其附近有定义，且 $\lim\limits_{x\to x_0}f(x)=f(x_0)$，称函数 $f(x)$在 x_0 处**连续**，点 x_0 为函数 $f(x)$的**连续点**. 否则，称函数 $f(x)$在 x_0 处**不连续**，点 x_0 为函数 $f(x)$的**间断点**.

从定义 2.3.1 知道函数 $f(x)$在 x_0 处连续，是指 $f(x)$当 $x\to x_0$ 时的极限值等于 $f(x)$在 x_0 处的函数值.

例 1 证明函数 $f(x)=2x+1$ 在 $x=2$ 处连续.

证明 因为 $\lim\limits_{x\to 2}f(x)=\lim\limits_{x\to 2}(2x+1)=5=f(2)$，

所以函数 $f(x)=2x+1$ 在 $x=2$ 处连续.

例 2 讨论函数 $f(x)=\begin{cases}\dfrac{2x^2-5x+2}{x-2}, & x\neq 2,\\ 4, & x=2\end{cases}$ 在 $x=2$ 处的连续性.

解 $\lim\limits_{x\to 2}f(x)=\lim\limits_{x\to 2}\dfrac{2x^2-5x+2}{x-2}=3$，而 $f(2)=4$，所以$\lim\limits_{x\to 2}f(x)\neq f(2)$.

因此，函数 $f(x)$在 $x=2$ 处不连续，即 $x=2$ 为函数 $f(x)$的间断点.

定义 2.3.2 设函数 $f(x)$在区间(a,b)上有定义，如果函数 $f(x)$在区间(a,b)上的每一点处都连续，则称函数 $f(x)$在区间(a,b)上**连续**或称 $f(x)$为区间(a,b)上的**连续函数**.

设函数 $f(x)$在区间$[a,b]$上有定义，如果函数 $f(x)$是区间(a,b)内的连续函数，且当 $x\to a(x>a)$时 $f(x)$趋近于 $f(a)$，当 $x\to b(x<b)$时 $f(x)$趋近于 $f(b)$，则称函数 $f(x)$在区间$[a,b]$上**连续**或称 $f(x)$为区间$[a,b]$上的**连续函数**.

直观地看，连续函数的图形是一条连续的曲线.

例如，函数 $f(x)=\dfrac{1}{x}$在区间$(0,1)$内连续，但在区间$[0,1]$上不连续. 函数 $f(x)=\dfrac{1}{x+1}$在区间$[0,1]$上连续，因为① $f(x)$在区间$(0,1)$内连续；②当 $x\to 0$ $(x>0)$时 $f(x)$趋近于 $1=f(0)$，当 $x\to 1(x<1)$时 $f(x)$趋近于$\dfrac{1}{2}=f(1)$.

由函数极限的运算法则，我们有

定理 2.3.1　如果函数 $f(x)$ 和 $g(x)$ 在 x_0 处连续，则函数 $f(x)\pm g(x)$，$f(x)\cdot g(x)$，$\dfrac{f(x)}{g(x)}[g(x_0)\neq 0]$ 在 x_0 处也连续.

二、初等函数的连续性

由基本初等函数的定义，我们有如下定理：

定理 2.3.2　基本初等函数在其定义域内连续.

例 3　求极限 $\lim\limits_{x\to 0}\cos x$.

解　因为函数 $y=\cos x$ 是基本初等函数，其定义域为 $(-\infty,+\infty)$，所以函数 $y=\cos x$ 在 $(-\infty,+\infty)$ 内连续. 函数 $y=\cos x$ 在 $x=0$ 处连续，因此

$$\lim_{x\to 0}\cos x=\cos 0=1.$$

由定理 2.3.1 可知，有限个连续函数的和、差、积、商(分母不为零)是连续的. 连续函数的复合函数也是连续的(具体证明参考同济大学的高等数学教材)，于是由初等函数的定义(定义 2.1.4)和定理 2.3.2，我们有：

定理 2.3.3　初等函数在其定义域内的区间上连续.

定理 2.3.2 和定理 2.3.3 很重要，应用中的函数基本上都是初等函数，其连续条件总是满足的. 在讨论函数极限时，如果函数 $f(x)$ 在 x_0 处连续，那么求函数 $f(x)$ 当 $x\to x_0$ 的极限时，只要求函数 $f(x)$ 在 x_0 处的函数值就行了. 因此，上述定理给出了求极限的一种方法，这就是：

如果函数 $f(x)$ 是初等函数，且 x_0 是函数 $f(x)$ 定义域内某一区间上的一点，则 $\lim\limits_{x\to x_0}f(x)=f(x_0)$.

例 4　求极限 $\lim\limits_{x\to 0}\dfrac{x+\cos x}{\sqrt{1+x^2}}$.

解　函数 $f(x)=\dfrac{x+\cos x}{\sqrt{1+x^2}}$ 是一个初等函数，$x_0=0$ 是函数 $f(x)$ 的定义域 $(-\infty,+\infty)$ 内区间 $(-1,1)$ 内的一点，所以函数 $f(x)$ 在 $x_0=0$ 处连续. 因此

$$\lim_{x\to 0}\frac{x+\cos x}{\sqrt{1+x^2}}=\frac{0+\cos 0}{\sqrt{1+0^2}}=1.$$

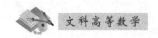

三、闭区间上连续函数的性质

下面我们不加证明地给出闭区间上连续函数的几个重要定理. 在给出定理之前,先给出有界函数的定义.

定义 2.3.3 设函数 $y=f(x)$ 在数集 D 上有定义. 如果存在正数 M,使得对任意 $x\in D$,有 $|f(x)|\leqslant M$ 成立,则称函数 $f(x)$ 在数集 D 上**有界**. 否则,称函数 $f(x)$ 在数集 D 上**无界**.

例 5 (1) 函数 $f(x)=\sin x$ 在 $(-\infty,+\infty)$ 上有界,因为 $|f(x)|=|\sin x|\leqslant 1$.

(2) 函数 $f(x)=\dfrac{1}{x-2}$ 在 $[3,5]$ 上有界,而在 $(2,3)$ 上无界.

函数的有界性与所讨论的数集 D 有关.

定理 2.3.4(有界性定理) 如果函数 $f(x)$ 在闭区间 $[a,b]$ 上连续,则函数 $f(x)$ 在 $[a,b]$ 上有界.

注意定理的条件,函数连续和闭区间缺一不可,看下面的例子.

例 6 (1) 函数 $f(x)=\dfrac{1}{x-1}$ 在 $(1,4)$ 上无界,因为 $\lim\limits_{x\to 1}f(x)=\infty$.

(2) 函数 $f(x)=\begin{cases}\dfrac{1}{x-1}, & x\neq 1,\\ 1, & x=1\end{cases}$ 在 $[0,3]$ 上无界,因为 $\lim\limits_{x\to 1}f(x)=\infty$.

例 6(1)表明缺少了"闭区间"这个条件,函数就可能无界;例 6(2)中函数由于在闭区间 $[0,3]$ 上的 $x=1$ 处不连续,因而也出现了无界现象.

定理 2.3.5(最大、最小值定理) 如果函数 $f(x)$ 在闭区间 $[a,b]$ 上连续,则函数 $f(x)$ 在 $[a,b]$ 上必能取到最大、最小值. 即存在 x_1 和 $x_2\in[a,b]$,使得对任意 $x\in[a,b]$,都有

$$f(x_1)\leqslant f(x)\leqslant f(x_2)$$

成立.

定理的条件函数连续和闭区间缺一不可. 看下面的例子.

例 7 (1) 函数 $f(x)=x$ 在 $(1,3)$ 内没有最大值和最小值.

(2) 函数 $f(x)=\begin{cases}\dfrac{1}{x-1}, & x\neq 1,\\ 1, & x=1\end{cases}$ 在$[0,3]$上没有最大值，因为$\lim\limits_{x\to 1}f(x)=\infty$.

定理 2.3.6(零点存在定理)　如果函数 $f(x)$在闭区间$[a,b]$上连续，且 $f(a)\cdot f(b)<0$，则在(a,b)内至少存在一点 x_0，使得 $f(x_0)=0$.

定义 2.3.4　如果 $f(x_0)=0$，则称 x_0 为函数 $f(x)$的**零点**，也称 x_0 为方程 $f(x)=0$ 的**根**.

例 8　证明方程 $x^4-3x+1=0$ 在区间$(0,1)$内至少有一个根.

证　设函数 $f(x)=x^4-3x+1$，其定义域为 $D=(-\infty,+\infty)$. 因为函数 $f(x)$为初等函数，所以函数 $f(x)$在区间$[0,1]\subset D$ 上连续.

又 $f(0)=1>0$，$f(1)=-1<0$，根据零点存在定理，函数 $f(x)$在区间$(0,1)$内至少有一个零点，即方程 $x^4-3x+1=0$ 在区间$(0,1)$内至少有一个根.

2.4 级　数

在介绍了极限后，我们介绍极限的一个应用——求级数的和.

定义 2.4.1　如果给定一个数列

$$a_1,a_2,\cdots,a_n,\cdots,$$

则由这数列构成的表达式 $a_1+a_2+\cdots+a_n+\cdots$ 称为**无穷级数**(简称**级数**). 记为 $\sum\limits_{n=1}^{\infty}a_n$，其中第 n 项 a_n 称为级数的**一般项**.

例如，$1+\dfrac{1}{2}+\dfrac{1}{3}+\dfrac{1}{4}+\cdots+\dfrac{1}{n}+\cdots=\sum\limits_{n=1}^{\infty}\dfrac{1}{n}$;

$$1+\frac{1}{2}+\frac{1}{2^2}+\frac{1}{2^3}+\cdots+\frac{1}{2^n}+\cdots=\sum_{n=0}^{\infty}\frac{1}{2^n};$$

$$1-1+1-1+\cdots+1-1+\cdots=\sum_{n=1}^{\infty}(-1)^{n+1}$$

都是级数.

对于有限个数相加，总有一个确定的和. 例如，$1+1=2$，$1+2+3+\cdots+100=5050$. 对于无限多个数相加是否有“和”？如果有“和”，则它的“和”又等于多少？我们借助有限项的和来探究无限项的和，而从有限到无限的转化可以用极限的方法.

我们先看一个历史上曾经引起争论的例子.

例 1 研究无穷级数 $1-1+1-1+\cdots+1-1+\cdots=\sum_{n=1}^{\infty}(-1)^{n+1}$ 的"和".

历史上得到三种不同的结果：0,1 和 $\frac{1}{2}$. 其处理方法如下：

方法 1：把级数的项两两结合起来，得到

$$\begin{aligned}&1-1+1-1+\cdots+1-1+\cdots\\=&(1-1)+(1-1)+\cdots+(1-1)+\cdots\\=&0+0+\cdots+0+\cdots\\=&0;\end{aligned}$$

方法 2：把级数的项用另外一种方式两两结合起来，得到

$$\begin{aligned}&1-1+1-1+\cdots+1-1+\cdots\\=&1-(1-1)-(1-1)-\cdots-(1-1)+\cdots\\=&1-0-0-\cdots-0-\cdots\\=&1;\end{aligned}$$

方法 3：设级数的和是 A，且把级数中的项按照下面的方法结合起来：

$$\begin{aligned}A&=1-1+1-1+\cdots+1-1+\cdots\\&=1-(1-1+1-1+\cdots+1-1+\cdots)\\&=1-A,\end{aligned}$$

于是由方程 $A=1-A$，解出 $A=\frac{1}{2}$.

微积分的奠基者莱布尼兹也认为该级数的和是 $\frac{1}{2}$. 莱布尼兹认为，如果取级数的第一项，前两项和，前三项和，前四项和，…，就得到 1,0,1,0,…. 在这里，取 1 和 0 的概率是相等的，所以必须取算术平均作为和，因为这个算术平均是最有可能取到的值.

从这个简单的例子可以看出，必须对无穷多个数的"和"给出一个明确的定义.

定义 2.4.2 设有级数

$$a_1+a_2+a_3+\cdots+a_n+\cdots,$$

定义它的部分和为

$$s_1=a_1,$$
$$s_2=a_1+a_2,$$
$$s_3=a_1+a_2+a_3,$$
$$\cdots,$$
$$s_n=a_1+a_2+a_3+\cdots+a_n,$$
$$\cdots,$$

称数列$\{s_n\}$为级数$\sum\limits_{n=1}^{\infty}a_n$的**部分和数列**. 如果部分和数列$\{s_n\}$有极限$s$,即$s=\lim\limits_{n\to\infty}s_n$,则称该级数$\sum\limits_{n=1}^{\infty}a_n$**收敛**,并称其和为$s$,记为

$$s=a_1+a_2+a_3+\cdots+a_n+\cdots.$$

如果部分和数列$\{s_n\}$无极限,则称级数$\sum\limits_{n=1}^{\infty}a_n$**发散**.

例 2　证明级数$\frac{1}{2}+\frac{1}{2^2}+\frac{1}{2^3}+\cdots+\frac{1}{2^n}+\cdots$的和为 1.

证　该级数的部分和数列为

$$s_1=\frac{1}{2},s_2=\frac{1}{2}+\frac{1}{2^2},s_3=\frac{1}{2}+\frac{1}{2^2}+\frac{1}{2^3},\cdots,s_n=\sum_{i=1}^{n}\frac{1}{2^i}.$$

计算得

$$s_n=\frac{1}{2}\cdot\frac{1-\left(\frac{1}{2}\right)^n}{1-\frac{1}{2}}=1-\frac{1}{2^n}.$$

而$\lim\limits_{n\to\infty}s_n=\lim\limits_{n\to\infty}\left(1-\frac{1}{2^n}\right)=1$,所以$\frac{1}{2}+\frac{1}{2^2}+\frac{1}{2^3}+\cdots+\frac{1}{2^n}+\cdots=1$.

我们称例 2 中的这类级数为**几何级数**.

《庄子・天下篇》中提道:一尺之棰,日取其半,万世不竭. 那么,所取长度的日积月累就是无穷个数相加,其和就是一个无穷递缩等比数列之和

$$\frac{1}{2}+\frac{1}{2^2}+\frac{1}{2^3}+\cdots+\frac{1}{2^n}+\cdots=1.$$

例 3　证明级数$1+2+3+\cdots+n+\cdots$发散.

证明 该级数的部分和为

$$s_1=1,s_2=1+2=3,\cdots,s_n=\sum_{i=1}^{n} i=\frac{n(n+1)}{2}.$$

因为$\lim\limits_{n\to\infty}s_n=\lim\limits_{n\to\infty}\frac{n(n+1)}{2}$不存在，所以级数$\sum\limits_{n=1}^{\infty}n$发散.

离散变量的求和可以用无穷级数来表达，无穷级数的求和是一个极限过程. 与无穷级数内容相关的应用实例有：通过对几何级数的求和进行最大货币供应量的计算；通过几何级数在投资效果评估中的应用，揭示政府支出的乘数效应；根据复利条件下的贴现公式，运用现值计算进行投资项目的评估；根据几何级数对龟兔赛跑悖论进行破解.

2.5 函数的导数

微积分由微分学和积分学两个部分组成. 在自然科学和经济学中存在很多“变化率”的问题，如物体的运动速度，经济的增长率等，这些问题归结到数学上就是所谓“导数”的概念. 本节介绍微分学的第一个基本概念——导数.

一、导数的概念

先看两个例子.

引例 1 切线问题

如图 2-5-1，设点 A 是曲线 Γ 上的一点，点 B 为曲线 Γ 上点 A 附近异于 A 的一点，连接 AB 就得到曲线 Γ 的一条割线. 当点 B 沿曲线 Γ 趋向于点 A，并最终达到点 A 时，割线 AB 的极限位置 AT 就是曲线 Γ 在点 A 的切线.

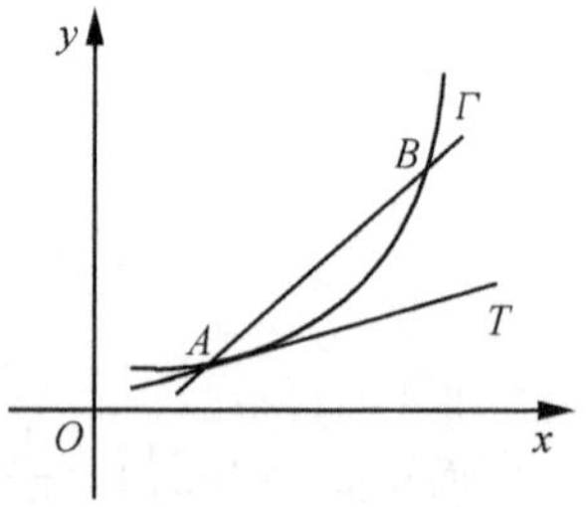

图 2-5-1

设点 A 的坐标为$(x_0,y_0)=(x_0,f(x_0))$，点 B 的坐标为$(x,y)=(x_0+\Delta x,f(x_0+\Delta x))$. 割线 AB 的斜率为

$$k_{AB}=\frac{y-y_0}{x-x_0}=\frac{f(x)-f(x_0)}{x-x_0}=\frac{\Delta y}{\Delta x}.$$

其中 $\Delta y=f(x_0+\Delta x)-f(x_0)$. 点 B 沿曲线 Γ 趋向于点 A，等同于 $x\to x_0(\Delta x\to 0)$. 用极限表示，切线 AT 的斜率可以表示为

$$k_{AT}=\lim_{B\to A}k_{AB}=\lim_{x\to x_0}\frac{f(x)-f(x_0)}{x-x_0}=\lim_{\Delta x\to 0}\frac{\Delta y}{\Delta x}.$$

引例 2　直线运动的瞬时速度

设物体 A 沿着一条直线运动，用 $s=s(t)$ 表示 t 时刻物体 A 离开初始位置走过的路程. 如果物体 A 是做匀速直线运动，那么物体 A 在任何时刻速度相同，记为 v. 为了求出 v，只要另取一时刻 $t(t\neq t_0)$，于是 $s(t)-s(t_0)$ 表示物体 A 在 t_0 到 t 这一时间段里走过的路程，这样

$$v=\frac{s(t)-s(t_0)}{t-t_0}.$$

如果物体 A 是做变速运动，和匀速运动一样，取另一时刻 $t(t\neq t_0)$，记 $t=t_0+\Delta t$ $(\Delta t=t-t_0)$，那么物体 A 在 Δt 内走过的路程为

$$\Delta s=s(t_0+\Delta t)-s(t_0),$$

物体 A 在时间 Δt 内的平均速度为

$$\bar{v}=\frac{s(t)-s(t_0)}{t-t_0}=\frac{s(t_0+\Delta t)-s(t_0)}{\Delta t}=\frac{\Delta s}{\Delta t}.$$

让 t 逐渐靠近 t_0，即 Δt 越来越小，可以想象这时物体 A 在 Δt 内的平均速度 $\bar{v}$ 就越来越靠近 A 在 t_0 时刻的瞬时速度 $v(t_0)$. 用极限表示，物体 A 在 t_0 时刻的瞬时速度为

$$v(t_0)=\lim_{t\to t_0}\frac{s(t)-s(t_0)}{t-t_0}=\lim_{\Delta t\to 0}\frac{\Delta s}{\Delta t}.$$

上面两个问题中所用的方法，可以分为下面四步：

(1) 取自变量的改变量 $\Delta x(\Delta t)$；

(2) 计算函数的改变量 $\Delta y(\Delta s)$；

(3) 求改变量之比 $\dfrac{\Delta y}{\Delta x}\left(\dfrac{\Delta s}{\Delta t}\right)$；

(4) 求极限 $\lim\limits_{\Delta x\to 0}\dfrac{\Delta y}{\Delta x}\left(\lim\limits_{\Delta t\to 0}\dfrac{\Delta s}{\Delta t}\right)$.

将这一方法推广到一般函数，就得到导数的定义.

定义 2.5.1　设函数 $y=f(x)$ 在点 x_0 及其附近有定义，当自变量 x 取得改

变量 Δx 时，函数 $f(x)$ 取得相应的改变量 $\Delta y=f(x_0+\Delta x)-f(x_0)$. 如果极限

$$\lim_{\Delta x\to 0}\frac{\Delta y}{\Delta x}=\lim_{\Delta x\to 0}\frac{f(x_0+\Delta x)-f(x_0)}{\Delta x}=\lim_{x\to x_0}\frac{f(x)-f(x_0)}{x-x_0}$$

存在，则称这个极限为函数 $y=f(x)$ 在点 x_0 处的**导数**，并称函数 $f(x)$ 在点 x_0 处**可导**. 记为

$$f'(x_0),\ y'\big|_{x=x_0},\ \frac{\mathrm{d}y}{\mathrm{d}x}\bigg|_{x=x_0} \text{或} \frac{\mathrm{d}f}{\mathrm{d}x}\bigg|_{x=x_0}.$$

如果这个极限不存在，则称函数 $f(x)$ 在点 x_0 处**不可导**.

导数 $f'(x_0)$ 反映了函数 $f(x)$ 在点 x_0 处的变化率.

切线问题中的切线 AT 的斜率为 $k_{AT}=f'(x_0)$，所以导数的几何意义是曲线切线的斜率. 因此，曲线 $y=f(x)$ 在点 $(x_0,f(x_0))$ 处的切线方程为

$$y=f'(x_0)(x-x_0)+f(x_0).$$

直线运动的瞬时速度 $v(t_0)=\frac{\mathrm{d}s}{\mathrm{d}t}\Big|_{t=t_0}$，所以导数的力学意义是做变速直线运动的物体的瞬时速度.

例 1 求函数 $y=x^2$ 在点 $x_0=1$ 处的导数.

解 当 $x=1$ 时，$y=1$；当 $x=1+\Delta x$ 时，$y=(1+\Delta x)^2=1+2\Delta x+(\Delta x)^2$.

所以 $y'\big|_{x=1}=\lim\limits_{\Delta x\to 0}\frac{\Delta y}{\Delta x}\Big|_{x=1}=\lim\limits_{\Delta x\to 0}\frac{(1+\Delta x)^2-1}{\Delta x}=\lim\limits_{\Delta x\to 0}(2+\Delta x)=2.$

例 2 求函数 $y=\sqrt{x}$ 在点 $x_0=1$ 处的导数.

解

$$y'\big|_{x=1}=\lim_{x\to 1}\frac{f(x)-f(1)}{x-1}=\lim_{x\to 1}\frac{\sqrt{x}-1}{x-1}$$

$$=\lim_{x\to 1}\frac{\sqrt{x}-1}{(\sqrt{x}-1)(\sqrt{x}+1)}=\lim_{x\to 1}\frac{1}{\sqrt{x}+1}=\frac{1}{2}.$$

例 3 求函数 $y=\mathrm{e}^x$ 在点 $x_0=0$ 处的导数.

解 $y'\big|_{x=0}=\lim\limits_{x\to 0}\frac{f(x)-f(0)}{x-0}=\lim\limits_{x\to 0}\frac{\mathrm{e}^x-\mathrm{e}^0}{x-0}=\lim\limits_{x\to 0}\frac{\mathrm{e}^x-1}{x}=\lim\limits_{x\to 0}\frac{x}{x}=1.$

例 4 求曲线 $y=\sqrt{x}$ 在点 $(1,1)$ 处的切线方程.

解 由例 2 可知，函数 $y=\sqrt{x}$ 在 $x=1$ 处的导数为 $f'(1)=\frac{1}{2}$，即曲线在点 $(1,1)$ 处的切线的斜率 $k=\frac{1}{2}$. 因此，曲线在点 $(1,1)$ 处的切线方程为

$$y=\frac{1}{2}(x-1)+1,\text{即 } x-2y+1=0.$$

定义 2.5.2　设对于区间(a,b)内的每一个 x，函数 $y=f(x)$都可导，称函数 $f(x)$在区间(a,b)内**可导**. 对于区间(a,b)内的每一个 x，将函数 $y=f(x)$在 x 处的导数值和它对应，这样便构造出一个新的函数，称这个新的函数为函数 $y=f(x)$的**导函数**（简称为**导数**），记为

$$f'(x),y',\frac{\mathrm{d}y}{\mathrm{d}x}\text{或}\frac{\mathrm{d}f}{\mathrm{d}x}.$$

我们可以用极限表示为

$$f'(x)=\lim_{\Delta x\to 0}\frac{f(x+\Delta x)-f(x)}{\Delta x}=\lim_{\Delta x\to 0}\frac{\Delta y}{\Delta x}.$$

显然，函数 $y=f(x)$在点 x_0 处的导数 $f'(x_0)$，就是导函数 $f'(x)$在 $x=x_0$ 处的函数值，即

$$f'(x_0)=f'(x)\big|_{x=x_0}.$$

例 5　求函数 $y=x^3$ 的导数.

解　任取一点 x，取自变量的改变量 Δx，则函数的改变量为

$$\Delta y=(x+\Delta x)^3-x^3=3x^2\Delta x+3x(\Delta x)^2+(\Delta x)^3,$$

所以　$$(x^3)'=\lim_{\Delta x\to 0}\frac{\Delta y}{\Delta x}=\lim_{\Delta x\to 0}\frac{3x^2\Delta x+3x(\Delta x)^2+(\Delta x)^3}{\Delta x}$$

$$=\lim_{\Delta x\to 0}[3x^2+3x\Delta x+(\Delta x)^2]=3x^2.$$

例 6　求函数 $y=\ln x$ 的导数.

解　$$(\ln x)'=\lim_{\Delta x\to 0}\frac{\ln(x+\Delta x)-\ln x}{\Delta x}=\lim_{\Delta x\to 0}\frac{\ln\left(1+\frac{\Delta x}{x}\right)}{\Delta x}=\lim_{\Delta x\to 0}\frac{\frac{\Delta x}{x}}{\Delta x}=\frac{1}{x}.$$

二、函数可导与连续的关系

定理 2.5.1　如果函数 $y=f(x)$在 x_0 处可导，则函数 $y=f(x)$在 x_0 处连续.

但要注意，该定理的逆命题不成立. 例如，函数 $y=|x|$在 $x=0$ 处连续，但在 $x=0$ 处不可导.

三、基本求导公式和求导法则

下面介绍基本求导公式和求导法则，应用这些公式和法则，求导运算就变得比较简单.

1. 基本求导公式

(1) $C'=0$(C 是常数)；

(2) $(x^{\alpha})'=\alpha x^{\alpha-1}$($x\neq 0$，$\alpha$ 是实数)；

(3) $(a^x)'=a^x\ln a$($a>0$，$a\neq 1$)，特别地，$(\mathrm{e}^x)'=\mathrm{e}^x$；

(4) $(\log_a x)'=\dfrac{1}{x\ln a}$($a>0$，$a\neq 1$)，特别地，$(\ln x)'=\dfrac{1}{x}$；

(5) $(\sin x)'=\cos x$；

(6) $(\cos x)'=-\sin x$.

2. 导数的四则运算法则

关于导数的四则运算，有下面的法则：

定理 2.5.2 如果函数 $f(x)$ 和 $g(x)$ 都是可导函数，则

(1) $[f(x)+g(x)]'=f'(x)+g'(x)$.

(2) $[f(x)-g(x)]'=f'(x)-g'(x)$.

(3) $[f(x)\cdot g(x)]'=f'(x)g(x)+f(x)g'(x)$.

特别地，当 $g(x)=C$(C 为常数)时，有 $[Cf(x)]'=Cf'(x)$.

(4) $\left[\dfrac{f(x)}{g(x)}\right]'=\dfrac{f'(x)g(x)-f(x)g'(x)}{[g(x)]^2}\ [g(x)\neq 0]$.

特别地，当 $f(x)=1$ 时，有 $\left[\dfrac{1}{g(x)}\right]'=-\dfrac{g'(x)}{[g(x)]^2}\ [g(x)\neq 0]$.

例 7 设函数 $y=x^4+\sin x$，求导数 y'.

解 利用函数和的导数法则，有

$$y'=(x^4+\sin x)'=(x^4)'+(\sin x)'=4x^3+\cos x.$$

例 8 设函数 $y=x^3\mathrm{e}^x$，求导数 y'.

解 利用函数积的导数法则，有

$$y'=(x^3\mathrm{e}^x)'=(x^3)'\mathrm{e}^x+x^3(\mathrm{e}^x)'=3x^2\mathrm{e}^x+x^3\mathrm{e}^x=(3+x)x^2\mathrm{e}^x.$$

例 9　设函数 $y=\tan x$，求导数 y'.

解　利用函数商的导数法则，有

$$y'=(\tan x)'=\left(\frac{\sin x}{\cos x}\right)'=\frac{(\sin x)'\cos x-\sin x(\cos x)'}{\cos^2 x}$$

$$=\frac{\cos x\cos x-\sin x(-\sin x)}{\cos^2 x}=\frac{1}{\cos^2 x}.$$

类似地，有
$$(\cot x)'=-\frac{1}{\sin^2 x}.$$

3. 变化率及其应用

由两个引例，我们知道导数 $f'(x_0)$ 有很强的实际背景，其几何意义就是曲线 $y=f(x)$ 在 x_0 处切线的斜率，其力学背景就是做变速直线运动的质点在 x_0 时刻的瞬时速度. 在经济学意义上，两个经济变量之间的导数称为边际概念，即称 $\frac{\mathrm{d}y}{\mathrm{d}x}$ 为经济量 y 的边际效应. 一般情况下，“导数”就是相关实际问题的“变化率”. 其他学科也存在变化率的问题，如地理学家对城市中的人口密度相对其位置与城市中心的距离增加时的变化率感兴趣；气象学家对相对高度的大气压强的变化率感兴趣；在社会学领域，导数被用来分析传闻传播的速度和人口的变化速度等.

例 10（边际成本）　设某产品的总成本 C 是产量 x 的函数 $C=C(x)$，若现在产量为 x，在此水平上把产量增至 $x+\Delta x$，相应部分成本的增量为 $\Delta C=C(x+\Delta x)-C(x)$，则增产部分产品平均每件成本为 $\frac{\Delta C}{\Delta x}$，极限 $\lim\limits_{\Delta x\to 0}\frac{\Delta C}{\Delta x}$ 称为**边际成本**，其意义是生产处于某一水平时，成本的瞬时变化率. 由导数的定义我们知道边际成本函数为 $C'(x)$，它近似地表示，若已生产了 x 个单位产品，再增加一个单位产品时成本的增加量.

例 11（人口模型）　在人口数量很大的情况下，可以假定人口是时间的连续函数，且为可导函数. 设 $y(t)$ 为 t 时刻某地区的人口数，则人口学中的马尔萨斯定律指出，人口变化率 $y'(t)$ 与 $y(t)$ 成正比，即 $y'(t)=ky(t)$. 如果该地区在 t_0 时刻的人口数为 y_0，则

$$y(t)=y_0\mathrm{e}^{k(t-t_0)}.$$

这个人口模型说明该地区人口数按指数增长. 若某一国家的人口数真按照

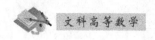

这个模型所描述那样增长,可以想象未来这个国家是拥挤不堪的,从而说明要适当控制人口增长.

例 12(心理学问题) 心理学家通过研究发现,在一定条件下,一个人回忆某类事物的速率正比于他记忆中有关该类事物的信息的储存量.现在假定某营业员一共知道 100 种商品的价格,他在 1 分钟内回忆出 10 种商品的价格,则他回忆出 60 种商品的价格需要多长时间?

解 用 $y(t)$ 表示 t 时刻营业员记忆中信息的储存量,则 $y'(t)$ 与 $y(t)$ 成正比:

$$y'(t)=ky(t)(k \text{ 为常数}).$$

这个联系着 $y'(t)$ 与 $y(t)$ 的方程反映了记忆问题的变化规律,其解为

$$y(t)=Ce^{kt}.$$

由某营业员一共知道 100 种商品的价格知:

当 $t=0$ 时,$y=100$,代入上式得 $C=100$,因此 $y(t)=100e^{kt}$.

当 $t=1$ 时,$y=90$,代入上式得 $k=\ln 0.9$.

当 $y=40$ 时,$40=100e^{t\ln 0.9}$,解得 $t=8.7$.

因此,该营业员回忆起 60 种商品的价格大约需要 8.7 分钟.

例 13(医学问题) 人在遇到光亮刺激时,眼睛会通过减少瞳孔的面积作出反应.实验表明:当光亮为 x 时,瞳孔的面积 R(单位:mm^2)为

$$R=\frac{40+24x^{0.4}}{1+4x^{0.4}}.$$

在研究人体对外界光强度 x 的刺激时,将 R 对 x 的变化率称为敏感度,求人体对光的敏感度.

解 人体对光的敏感度为

$$\begin{aligned}R'&=\left(\frac{40+24x^{0.4}}{1+4x^{0.4}}\right)'\\&=\frac{(40+24x^{0.4})'(1+4x^{0.4})-(40+24x^{0.4})(1+4x^{0.4})'}{(1+4x^{0.4})^2}\\&=\frac{-54.4x^{-0.6}}{(1+4x^{0.4})^2}.\end{aligned}$$

4. 复合函数的求导法则

考虑复合函数 $y=f[g(x)]$ 的导数,引进中间变量 $u=g(x)$,则有 $y=$

$f(u)=f[g(x)]$.

定理 2.5.3　设函数 $u=g(x)$ 在点 x 处可导，函数 $y=f(u)$ 在点 $u=g(x)$ 处也可导，则复合函数 $y=f[g(x)]$ 在点 x 处也可导，并且它的导数等于导数 $f'(u)$ 与导数 $g'(x)$ 的乘积：

$$\{f[g(x)]\}'=f'(u)g'(x)\big|_{u=g(x)}=f'[g(x)]g'(x)$$

或

$$\frac{\mathrm{d}y}{\mathrm{d}x}=\frac{\mathrm{d}y}{\mathrm{d}u}\cdot\frac{\mathrm{d}u}{\mathrm{d}x}.$$

复合函数的求导法则可表述为：复合函数的导数等于函数对中间变量的导数乘以中间变量对自变量的导数. 定理 2.5.3 称为求复合函数导数的**链式法则**.

例 14　设函数 $y=\sin(3x^2+1)$，求导数 y'.

解　将函数分解为两个简单函数：

令 $y=f(u)=\sin u$，$u=g(x)=3x^2+1$.

根据基本求导公式，有

$$f'(u)=\cos u,\ g'(x)=6x.$$

于是根据链式法则，有

$$y'=f'(u)g'(x)=\cos u\cdot 6x=6x\cos(3x^2+1).$$

如果函数 $y=f\{g[h(x)]\}$ 是由三个函数 $y=f(u)$，$u=g(v)$ 和 $v=h(x)$ 复合而成，则有类似的求导公式

$$y'=f'(u)g'(v)h'(x)\big|_{u=g(v),v=h(x)}.$$

例 15　设函数 $y=\mathrm{e}^{\sin 2x}$，求导数 y'.

解　将函数分解为三个简单函数：

令 $y=f(u)=\mathrm{e}^u$，$u=g(v)=\sin v$，$v=h(x)=2x$.

根据基本求导法则，有

$$f'(u)=\mathrm{e}^u,\ g'(v)=\cos v,\ h'(x)=2.$$

于是根据链式法则，有

$$y'=\mathrm{e}^u\cdot\cos v\cdot 2=2\cos 2x\cdot\mathrm{e}^{\sin 2x}.$$

例 16　设函数 $y=\ln\cos x$，求导数 y'.

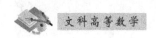

解 $y'=(\ln\cos x)'=\dfrac{1}{\cos x}\cdot(\cos x)'$

$=\dfrac{1}{\cos x}\cdot(-\sin x)=-\tan x.$

四、高阶导数

可导函数 $y=f(x)$ 的导函数 $f'(x)$ 仍然是一个函数，因此我们可以继续考虑导函数 $f'(x)$ 的导数问题.

1. 二阶导数

定义 2.5.3 设 $f'(x)$ 是函数 $f(x)$ 的导数，如果函数 $f'(x)$ 可导，则称 $f'(x)$ 的导数为函数 $f(x)$ 的**二阶导数**，记为 $f''(x)$，$\dfrac{\mathrm{d}^2 f(x)}{\mathrm{d}x^2}$ 或 $\dfrac{\mathrm{d}^2 y}{\mathrm{d}x^2}$.

例 17 设函数 $y=x^3$，求二阶导数 y''.

解 先求函数的一阶导数：$y'=3x^2$. 再求一阶导数 y' 的导数：$y''=(y')'=(3x^2)'=6x$.

例 18 设函数 $y=\mathrm{e}^{\sin x}$，求二阶导数 $y''|_{x=0}$.

解 先求函数的一阶导数：$y'=\cos x\mathrm{e}^{\sin x}$. 再求一阶导数 y' 的导数：

$$y''=(\cos x\mathrm{e}^{\sin x})'=-\sin x\mathrm{e}^{\sin x}+\cos^2 x\mathrm{e}^{\sin x}=\mathrm{e}^{\sin x}(\cos^2 x-\sin x).$$

所以 $y''|_{x=0}=\mathrm{e}^{\sin 0}(\cos^2 0-\sin 0)=1$.

2. n 阶导数

类似于二阶导数，称二阶导数 $f''(x)$ 的导数为函数 $f(x)$ 的**三阶导数**，记为 $f'''(x)$，$\dfrac{\mathrm{d}^3 f(x)}{\mathrm{d}x^3}$ 或 $\dfrac{\mathrm{d}^3 y}{\mathrm{d}x^3}$.

一般地，如果函数 $f(x)$ 的 $n-1$ 阶导数 $f^{(n-1)}(x)$ 也可导，则称 $f^{(n-1)}(x)$ 的导数为 $f(x)$ 的 **n 阶导数**，记为 $f^{(n)}(x)$，$\dfrac{\mathrm{d}^n f(x)}{\mathrm{d}x^n}$ 或 $\dfrac{\mathrm{d}^n y}{\mathrm{d}x^n}$.

二阶及二阶以上的导数称为函数的**高阶导数**.

例 19 设函数 $y=x^3$，求三阶导数 y''' 和四阶导数 $y^{(4)}$.

解 先求函数的一阶导数：$y'=3x^2$.

再求一阶导数 y' 的导数：$y''=(y')'=(3x^2)'=6x$.

接着求二阶导数 y'' 的导数：$y'''=(y'')'=(6x)'=6$.

最后求三阶导数 y''' 的导数：$y^{(4)}=(y''')'=(6)'=0$.

2.6 微　分

本节介绍微分学的第二个基本概念——微分.

一、微分的概念

引例　函数增量的计算及增量的构成

一块正方形金属薄片受温度变化的影响，其边长由 x_0 变到 $x_0+\Delta x$，问此薄片的面积改变了多少？

设此正方形的边长为 x，则正方形的面积 $A=x^2$. 当边长 x 从 x_0 变到 $x_0+\Delta x$ 时，金属薄片的面积改变量为

$$\Delta A=(x_0+\Delta x)^2-(x_0)^2=2x_0\Delta x+(\Delta x)^2.$$

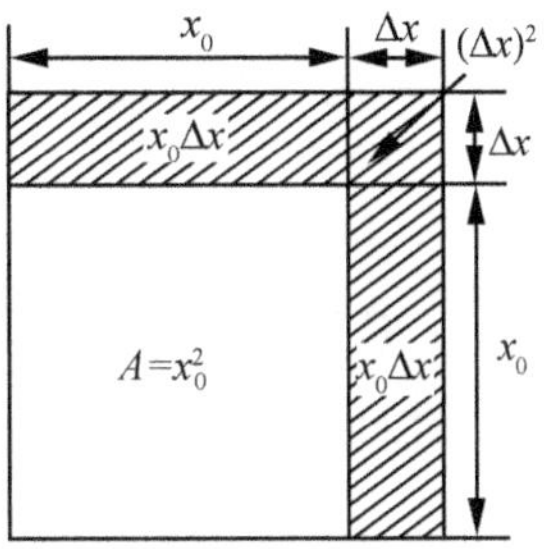

图 2-6-1

如果边长 x 的改变量 Δx 很小，则金属薄片的面积改变量 ΔA 近似等于其线性主部，即

$$\Delta A\approx 2x_0\Delta x=(x^2)'\big|_{x=x_0}\Delta x.$$

称改变量 ΔA 的线性主部 $2x_0\Delta x$ 为函数 $A=x^2$ 在 $x=x_0$ 处的微分.

定义 2.6.1　设函数 $y=f(x)$ 在点 x 处可导，称 $f'(x)\Delta x$ 为函数 $f(x)$ 在点 x 处的**微分**，记作 $\mathrm{d}y$，即

$$\mathrm{d}y=f'(x)\Delta x.$$

把自变量的微分定义为自变量的改变量，记作 $\mathrm{d}x$，即 $\mathrm{d}x=\Delta x$. 于是上式可以写成

$$\mathrm{d}y=f'(x)\mathrm{d}x.$$

两边同除以 $\mathrm{d}x$ 得到

$$\frac{\mathrm{d}y}{\mathrm{d}x}=f'(x).$$

在最初引进符号“$\frac{dy}{dx}$”的时候，是将其作为一个不可分割的整体去理解的，现在可以把它看作函数微分与自变量微分之比，因此也称导数为**微商**.

例 1 设函数 $y=x^3$，求微分 dy.

解 因为 $y'=(x^3)'=3x^2$，所以 $dy=3x^2dx$.

例 2 设函数 $y=e^{\sin x}$，求微分 dy.

解 因为 $y'=(e^{\sin x})'=e^{\sin x}(\sin x)'=\cos x e^{\sin x}$，所以 $dy=\cos x e^{\sin x}dx$.

二、微分的几何意义

为了对微分有比较直观的了解，下面来说明微分的几何意义. 如图 2-6-2 所示，直线 AT 是曲线 $y=f(x)$ 上点 A 处的切线，$f'(x_0)$ 是切线 AT 的斜率，即

$$\left.\frac{dy}{dx}\right|_{x=x_0}=f'(x_0)=\tan\alpha,$$

这里 α 是切线 AT 和 x 轴正方向的夹角.

设自变量 x 有一个改变量 $\Delta x=AC$，则

$$dy=f'(x_0)dx=\tan\alpha\cdot\Delta x=TC.$$

上式表明，当自变量 x 从 x_0 变到 $x_0+\Delta x$ 时，曲线 $y=f(x)$ 在点 A 处切线的纵坐标的改变量为微分 dy，这就是**微分的几何意义**.

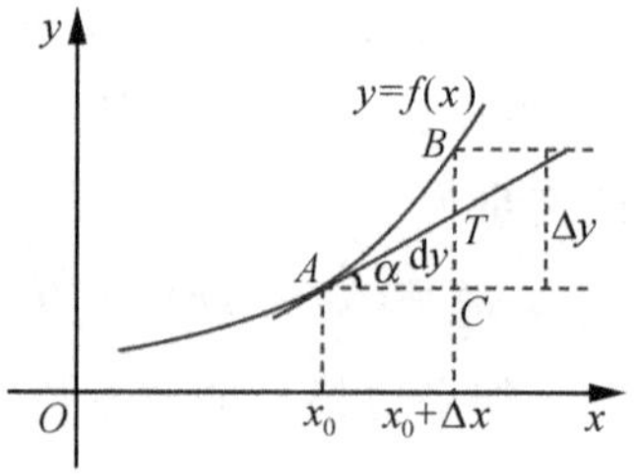

图 2-6-2

三、基本微分公式

(1) $dC=0$（C 是常数）；

(2) $d(x^\alpha)=\alpha x^{\alpha-1}dx$（$x\neq0$，$\alpha$ 是实数）；

(3) $d(a^x)=a^x\ln a dx$（$a>0$），特别地，$d(e^x)=e^x dx$；

(4) $d(\log_a x)=\frac{1}{x\ln a}dx$（$a>0$，$a\neq1$），特别地，$d(\ln x)=\frac{1}{x}dx$；

(5) $d(\sin x)=\cos x dx$；

(6) $d(\cos x)=-\sin x dx$.

四、微分的四则运算法则

定理 2.6.1　如果函数 $f(x)$ 和 $g(x)$ 都是可导函数，则

(1) $d[f(x)\pm g(x)]=df(x)\pm dg(x)$；

(2) $d[f(x)\cdot g(x)]=g(x)df(x)+f(x)dg(x)$；

(3) $d\left[\dfrac{f(x)}{g(x)}\right]=\dfrac{g(x)df(x)-f(x)dg(x)}{[g(x)]^2}[g(x)\neq 0]$.

例 3　设函数 $y=e^x+\cos x$，求微分 dy.

解　用函数和的微分法则，有

$$\begin{aligned} dy &= d(e^x+\cos x)=d(e^x)+d(\cos x) \\ &= e^x dx-\sin x dx=(e^x-\sin x)dx. \end{aligned}$$

例 4　设函数 $y=x^3e^x$，求微分 dy.

解　用函数积的微分法则，有

$$\begin{aligned} dy &= e^x d(x^3)+x^3 d(e^x) \\ &= e^x(x^3)'dx+x^3(e^x)'dx \\ &= e^x\cdot 3x^2dx+x^3e^xdx \\ &= (3+x)x^2e^xdx. \end{aligned}$$

例 5　在下列等式左端的括号中填入适当的函数使等式成立：

(1) $d(\quad)=x^3dx$；　　(2) $d(\quad)=x^2\sin x^3dx$.

解　(1) 因为 $(x^4)'=4x^3$，所以 $x^3dx=\dfrac{1}{4}d(x^4)$.

因此 $d\left(\dfrac{1}{4}x^4+C\right)=x^3dx$（$C$ 为任意常数）.

(2) 因为 $(\cos x^3)'=-3x^2\sin x^3$，所以 $x^2\sin x^3dx=-\dfrac{1}{3}d(\cos x^3)$.

因此 $d\left(-\dfrac{1}{3}\cos x^3+C\right)=x^2\sin x^3dx$（$C$ 为任意常数）.

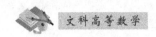

2.7 导数的应用

按照导数的定义，导数反映的是函数在某一点附近的性质，但是如果对函数在某个区间上的导数有所了解的话，就可以得到函数在这个区间上的一些整体性质．下面我们作一些简单介绍．

一、拉格朗日(Lagrange)中值定理

定理 2.7.1 如果函数 $f(x)$在$[a,b]$上连续，在(a,b)内可导，则在(a,b)内至少存在一点 ξ，使得

$$f(b)-f(a)=f'(\xi)(b-a)$$

成立．

从几何上看，如图 2-7-1，设 $A(a,f(a))$，$B(b,f(b))$ 是函数 $f(x)$ 图形上的两点，$\dfrac{f(b)-f(a)}{b-a}$就是直线 AB 的斜率．将直线 AB 平行移动，使它和曲线 $y=f(x)$相切．记切线为 l，切点为 P．P 点的横坐标记为 ξ，则切线 l 的斜率为 $f'(\xi)$．由于切线 l 和直线 AB 平行，它们的斜率相等，于是有

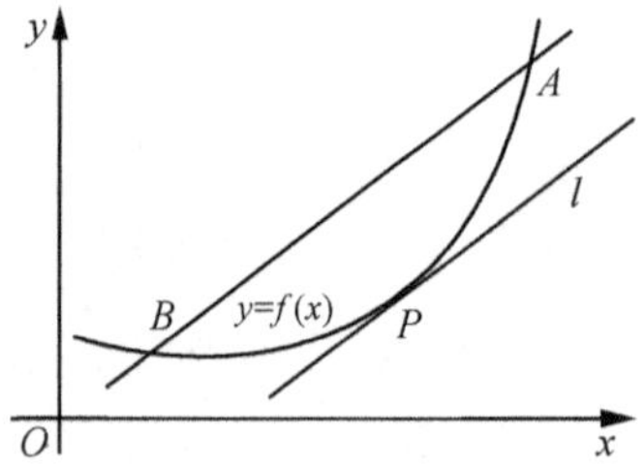

图 2-7-1

$$\frac{f(b)-f(a)}{b-a}=f'(\xi).$$

上式两边同乘$(b-a)$得

$$f(b)-f(a)=f'(\xi)(b-a).$$

拉格朗日中值定理建立了函数和它的导数之间的联系，使我们可以用导数来研究函数的整体性质．从拉格朗日中值定理还可以得到下面的推论：

推论 2.7.1 如果函数 $f(x)$在$[a,b]$上连续，在(a,b)内可导，且在(a,b)内导数 $f'(x)$恒为零，则在$[a,b]$上函数 $f(x)$是一个常数．

第二节中得到常数函数的导数是零，现在又得到导数为零的函数是常数，

这说明导数等于零是常数函数的特征.

推论 2.7.2　如果函数 $f(x)$ 和 $g(x)$ 在 $[a,b]$ 上连续，在 (a,b) 内可导，且在 (a,b) 上 $f'(x)=g'(x)$，则在 $[a,b]$ 上 $f(x)=g(x)+C$（其中 C 是常数）.

二、洛必塔法则——求极限的一种方法

在介绍极限时，我们计算过两个无穷小量之比的极限 $\lim\limits_{x\to x_0}\dfrac{f(x)}{g(x)}$［其中 $\lim\limits_{x\to x_0}f(x)$ 和 $\lim\limits_{x\to x_0}g(x)$ 都为 0］以及两个无穷大量之比的极限 $\lim\limits_{x\to x_0}\dfrac{f(x)}{g(x)}$［其中 $\lim\limits_{x\to x_0}f(x)$ 和 $\lim\limits_{x\to x_0}g(x)$ 都为 ∞］，当时都是具体问题具体处理，无一般法则可循. 现在我们借助于导数介绍一种新的求极限的方法——洛必达法则.

定理 2.7.2（洛必达法则Ⅰ）$\left(\text{“}\dfrac{0}{0}\text{”型}\right)$

如果函数 $f(x)$ 和函数 $g(x)$ 满足：

（1）当 $x\to x_0$ 时，函数 $f(x)$ 和 $g(x)$ 的极限都为零；

（2）在点 x_0 附近（除去点 x_0），$f'(x)$ 和 $g'(x)$ 存在，且 $g'(x)\neq 0$；

（3）极限 $\lim\limits_{x\to x_0}\dfrac{f'(x)}{g'(x)}$ 存在（或为无穷大）.

则

$$\lim_{x\to x_0}\frac{f(x)}{g(x)}=\lim_{x\to x_0}\frac{f'(x)}{g'(x)}.$$

当满足法则Ⅰ的条件时，“$\dfrac{0}{0}$”型的极限 $\lim\limits_{x\to x_0}\dfrac{f(x)}{g(x)}$ 可以转化为导数之比的极限 $\lim\limits_{x\to x_0}\dfrac{f'(x)}{g'(x)}$，从而为求极限提供了新的途径.

法则Ⅰ对 $x\to\infty$ 的情形也是成立的.

例 1　求极限 $\lim\limits_{x\to 0}\dfrac{\sin 5x}{x}$.

解　因为 $\lim\limits_{x\to 0}\sin 5x=0$，$\lim\limits_{x\to 0}x=0$，于是有

$$\lim_{x\to 0}\frac{\sin 5x}{x}=\lim_{x\to 0}\frac{(\sin 5x)'}{(x)'}=\lim_{x\to 0}\frac{5\cos 5x}{1}=5\lim_{x\to 0}\cos 5x=5.$$

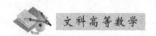

例 2 求极限$\lim\limits_{x\to 0}\dfrac{1-\cos x}{x^2}$.

解 因为$\lim\limits_{x\to 0}(1-\cos x)=0$，$\lim\limits_{x\to 0}x^2=0$，于是有

$$\lim_{x\to 0}\frac{1-\cos x}{x^2}=\lim_{x\to 0}\frac{(1-\cos x)'}{(x^2)'}=\lim_{x\to 0}\frac{\sin x}{2x}=\frac{1}{2}\lim_{x\to 0}\frac{\sin x}{x}=\frac{1}{2}.$$

定理 2.7.3（洛必塔法则Ⅱ）$\left(\text{“}\dfrac{\infty}{\infty}\text{”型}\right)$

如果函数 $f(x)$ 和函数 $g(x)$ 满足：

(1) 当 $x\to x_0$ 时，函数 $f(x)$ 和 $g(x)$ 都趋于∞；

(2) 在点 x_0 附近（除去点 x_0），$f'(x)$ 和 $g'(x)$ 存在，且 $g'(x)\neq 0$；

(3) 极限$\lim\limits_{x\to x_0}\dfrac{f'(x)}{g'(x)}$存在（或为无穷大）.

则

$$\lim_{x\to x_0}\frac{f(x)}{g(x)}=\lim_{x\to x_0}\frac{f'(x)}{g'(x)}.$$

法则Ⅱ对 $x\to\infty$ 的情形也是成立的.

例 3 求极限 $\lim\limits_{x\to+\infty}\dfrac{\ln x}{x}$.

解 因为 $\lim\limits_{x\to+\infty}\ln x=\infty$，$\lim\limits_{x\to+\infty}x=\infty$，于是有

$$\lim_{x\to+\infty}\frac{\ln x}{x}=\lim_{x\to+\infty}\frac{(\ln x)'}{(x)'}=\lim_{x\to+\infty}\frac{\frac{1}{x}}{1}=0.$$

三、函数的单调性

在中学里已经学习过函数的单调性，现在借助导数来判断函数的单调性，这种方法更容易、更方便.

定理 2.7.4 设函数 $f(x)$ 在区间$[a,b]$上连续，在(a,b)内可导.

(1) 如果在(a,b)内 $f'(x)>0$，则 $f(x)$ 在$[a,b]$上单调递增；

(2) 如果在(a,b)内 $f'(x)<0$，则 $f(x)$ 在$[a,b]$上单调递减.

例 4 讨论函数 $f(x)=2x^3-9x^2+12x+5$ 的单调性.

解 函数 $f(x)$ 的定义域为 $D=(-\infty,+\infty)$，其导数为

$$f'(x)=6x^2-18x+12=6(x-1)(x-2).$$

令 $f'(x)=0$，得 $x_1=1,x_2=2$.

用 $x_1=1$ 和 $x_2=2$ 将定义域 D 分为 $(-\infty,1),(1,2),(2,+\infty)$ 三个区间.

在区间 $(-\infty,1)$ 内，$f'(x)>0$，所以 $f(x)$ 在区间 $(-\infty,1]$ 上单调递增；

在区间 $(1,2)$ 内，$f'(x)<0$，所以 $f(x)$ 在区间 $[1,2]$ 上单调递减；

在区间 $(2,+\infty)$ 内，$f'(x)>0$，所以 $f(x)$ 在区间 $[2,+\infty)$ 上单调递增.

例 5　讨论函数 $y=x-\ln x(x>0)$ 的单调性.

解　函数的定义域为 $D=(0,+\infty)$，其导数为

$$y'=\frac{x-1}{x}.$$

令 $y'=\frac{x-1}{x}=0$，得 $x=1$.

用 $x=1$ 将定义域 $D=(0,+\infty)$ 分为 $(0,1)$ 和 $(1,+\infty)$ 两个部分.

当 $x\in(0,1)$ 时，$y'=\frac{x-1}{x}<0$，因此函数 y 在区间 $(0,1]$ 上单调递减；

当 $x\in(1,+\infty)$ 时，$y'=\frac{x-1}{x}>0$，因此函数 y 在区间 $[1,+\infty)$ 上单调递增.

我们也可利用以上由导数判别函数单调性的方法来证明不等式.

例 6　证明：当 $x>4$ 时，$2^x>x^2$.

证　设 $f(x)=2^x-x^2$. 函数 $f(x)$ 可导，其导数为 $f'(x)=2^x\ln2-2x$.

当 $x>4$ 时，$f'(x)=2^x\ln2-2x>0$.

所以当 $x>4$ 时，$f(x)$ 单调递增.

而 $f(4)=0$，因此当 $x>4$ 时，$f(x)>f(4)$，即 $2^x-x^2>0$，故 $2^x>x^2$.

四、函数的极值

在例 4 中，我们看到点 $x=1,x=2$ 是函数 $f(x)$ 的单调区间的分界点. 在点 $x=1$ 的左侧邻近，$f(x)$ 单调递增；在点 $x=1$ 的右侧邻近，$f(x)$ 单调递减. 因此，在点 $x=1$ 附近，除去 $x=1$ 外，其余点的函数值都小于 $f(1)$. 这种特殊的点 $x=1$，就是我们要讨论的极值点.

定义 2.7.1　设函数 $f(x)$ 在某一区间 $(x_0-\delta,x_0+\delta)(\delta>0)$ 内有定义，如

果对任意 $x \in (x_0-\delta, x_0+\delta)$ 但 $x \neq x_0$，有 $f(x)<f(x_0)$，则称 $f(x_0)$ 为函数 $f(x)$ 的**极大值**；如果对任意 $x \in (x_0-\delta, x_0+\delta)$ 但 $x \neq x_0$，有 $f(x)>f(x_0)$，则称 $f(x_0)$ 为函数 $f(x)$ 的**极小值**.

函数的极大值和极小值统称为函数的**极值**，函数的极大值点和极小值点统称为函数的**极值点**.

关于极值有下面的定理：

定理 2.7.5 如果函数 $f(x)$ 在点 x_0 处可导，且在 x_0 处取得极值，则 $f'(x_0)=0$.

定理 2.7.5 表明如果可导函数 $f(x)$ 在 x_0 处取得极值，则曲线 $y=f(x)$ 在点 $(x_0, f(x_0))$ 处有水平切线(图 2-7-2).

定义 2.7.2 设函数 $f(x)$ 在 x_0 处可导，且 $f'(x_0)=0$，则称点 x_0 为函数 $f(x)$ 的**驻点**.

例 4 中的 $x_1=1, x_2=2$ 为函数 $f(x)=2x^3-9x^2+12x+5$ 的驻点.

定理 2.7.5 表明可导函数的极值点一定是驻点，但反过来驻点不一定是函数的极值点. 例如，函数 $y=x^3$，$y'=3x^2$，当 $x=0$ 时，$y'=0$，但 $x=0$ 不是极值点.

我们可以用下述定理来判断驻点满足什么条件时是极值点.

定理 2.7.6 设函数 $f(x)$ 在某一区间 $(x_0-\delta, x_0+\delta)$ $(\delta>0)$ 内可导，并且 $f'(x_0)=0$.

(1) 如果当 $x \in (x_0-\delta, x_0)$ 时，$f'(x)<0$，而当 $x \in (x_0, x_0+\delta)$ 时，$f'(x)>0$，则函数 $f(x)$ 在 x_0 处取得极小值(图 2-7-2)；

(2) 如果当 $x \in (x_0-\delta, x_0)$ 时，$f'(x)>0$，而当 $x \in (x_0, x_0+\delta)$ 时，$f'(x)<0$，则函数 $f(x)$ 在 x_0 处取得极大值(图 2-7-3)；

(3) 如果当 $x \in (x_0-\delta, x_0) \cup (x_0, x_0+\delta)$ 时，$f'(x)$ 的符号不变，则函数 $f(x)$ 在 x_0 处无极值(图 2-7-4，图 2-7-5).

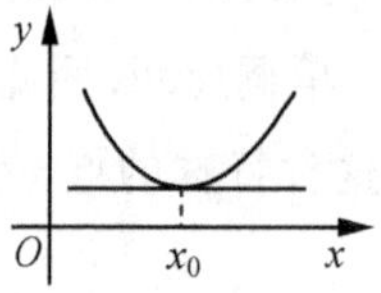

图 2-7-2

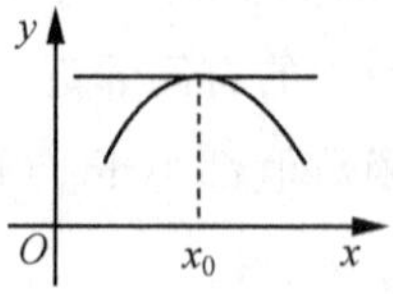

图 2-7-3

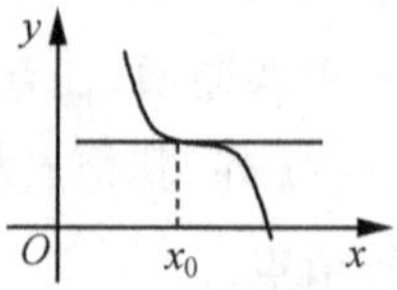

图 2-7-4

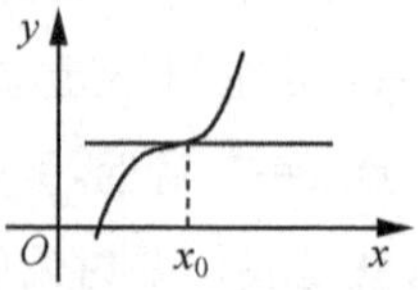

图 2-7-5

例 7　求函数 $y=x^3-x^2-x+1$ 的极值.

解　函数 $y=x^3-x^2-x+1$ 的定义域 $D=(-\infty,+\infty)$，导数为

$$y'=3x^2-2x-1.$$

令 $y'=0$，即 $3x^2-2x-1=0$，得 $x_1=-\dfrac{1}{3}$，$x_2=1$.

用 $x_1=-\dfrac{1}{3}$ 和 $x_2=1$ 将函数的定义域 D 分为 $\left(-\infty,-\dfrac{1}{3}\right)$，$\left(-\dfrac{1}{3},1\right)$，$(1,+\infty)$ 三个区间.

在每个区间内函数导数的符号如下：

x	$\left(-\infty,-\frac{1}{3}\right)$	$-\frac{1}{3}$	$\left(-\frac{1}{3},1\right)$	1	$(1,+\infty)$
$f'(x)$	+	0	−	0	+
$f(x)$	单调递增	极大值	单调递减	极小值	单调递增

因此，函数 $f(x)$ 在 $x=-\dfrac{1}{3}$ 处取得极大值，极大值为 $f\left(-\dfrac{1}{3}\right)=\dfrac{32}{27}$，极大值点为 $x=-\dfrac{1}{3}$；函数 $f(x)$ 在 $x=1$ 处取得极小值，极小值为 $f(1)=0$，极小值点为 $x=1$.

五、函数的最大值和最小值

由闭区间上连续函数的最大值和最小值定理（定理 2.3.5）知：如果函数 $f(x)$ 在区间 $[a,b]$ 上连续，则函数 $f(x)$ 在区间 $[a,b]$ 上有最大值和最小值.

通过连续函数的图形可以看出，函数的最大（小）值或者在函数的极值点达到（而函数的极值在驻点或导数不存在的点处取得），或者在区间的端点达到. 因此，求函数的最大（小）值可按下列步骤进行：

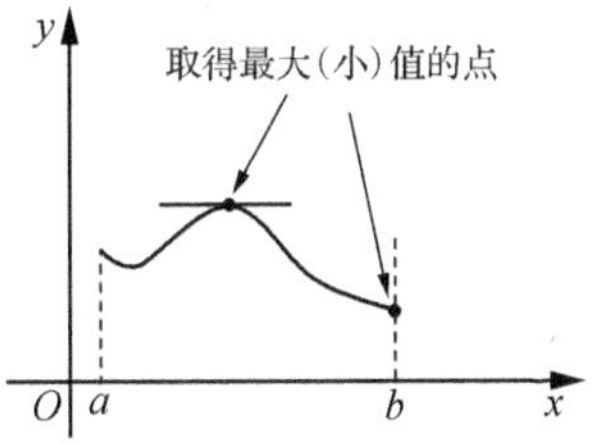

图 2-7-6

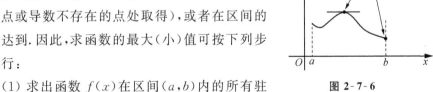

(1) 求出函数 $f(x)$ 在区间 (a,b) 内的所有驻点和不可导点；

(2) 计算函数 $f(x)$ 在驻点、不可导点和区间端点处的函数值；

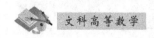

(3) 比较上述函数值,其中最大(小)的就是函数 $f(x)$ 在区间 $[a,b]$ 上的最大(小)值.

例 8 求函数 $f(x)=x^3-3x$ 在区间 $[0,5]$ 上的最大值和最小值.

解 $f'(x)=3x^2-3=3(x+1)(x-1)$.

令 $f'(x)=0$,得 $x_1=1$,$x_2=-1$(不属于区间 $[0,5]$,舍去).

因为 $f(0)=0$,$f(5)=110$,$f(1)=-2$,所以函数 $f(x)$ 在区间 $[0,5]$ 上的最大值 $M=\max\{f(0),f(1),f(5)\}=110$,最小值 $m=\min\{f(0),f(1),f(5)\}=-2$.

在实际问题中,通常遇到的函数大多是只有一个符合条件的驻点,这个驻点往往就是函数的符合条件的最值点.

例 9 做一个容积为 V 的无盖圆桶(图 2-7-7),问怎样设计才能使用的材料最省?

解 所谓使用的材料最省是指:在圆桶的体积一定的条件下,适当地选取圆桶的高和底面半径使桶的表面积最小.

设圆桶的底面半径为 r,高为 h,则圆桶的表面积 S 为

$$S=\pi r^2+2\pi rh=\pi(r^2+2rh).$$

而圆桶的体积为 $\pi r^2 h$,由题意得 $\pi r^2 h=V$,所以 $h=\dfrac{V}{\pi r^2}$,

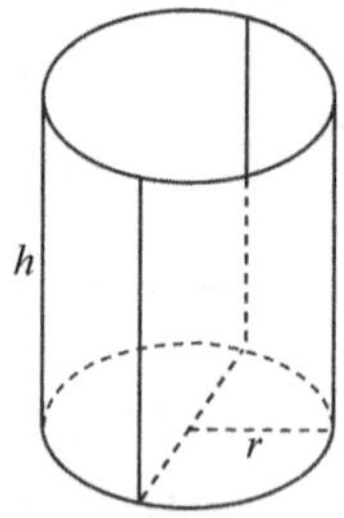

图 2-7-7

代入 $S=\pi(r^2+2rh)$ 得到

$$S=\pi\left(r^2+\frac{2V}{\pi r}\right).$$

求其导数得

$$S'=\pi\left(2r-\frac{2V}{\pi r^2}\right).$$

令 $S'=\pi\left(2r-\dfrac{2V}{\pi r^2}\right)=0$,解得 $r=\sqrt[3]{\dfrac{V}{\pi}}$(驻点唯一).

所以圆桶的底面半径为 $r=\sqrt[3]{\dfrac{V}{\pi}}$,高为 $h=\sqrt[3]{\dfrac{V}{\pi}}$ 时,用料最省. 这说明当圆桶的高和底面半径相等时用料最省.

例 10 某厂某商品的日产量为 x(单位:个),总成本为 C(单位:万元),其中固定成本为 2000 万元,生产一个商品的可变成本为 10 万元,每个商品的售价为 p(单位:万元),需求函数为 $x=150-2p$,问该商品的日产量为多少个时,

才能使总利润最大？

解　由题意知，生产商品的成本函数为

$$C(x)=2000+10x(x>0),$$

总收入函数为

$$R(x)=px=x\left(75-\frac{x}{2}\right)=75x-\frac{x^2}{2},$$

则总利润函数为

$$L(x)=R(x)-C(x)=-\frac{x^2}{2}+65x-2000,$$

其导数为

$$L'(x)=-x+65.$$

令 $L'(x)=-x+65=0$，得 $x=65$（驻点唯一）.

因此，该商品的日产量为 65 个时，总利润最大.

例 11　某人有一件藏品计划出售，根据专家预测，随着时间推移，该藏品将随之升值. 设该藏品现值 100 万元，t 年后价值为 $R(t)=100\cdot 2^{\sqrt{t}}$ 万元，又设资金贴现率为 $r=5\%$. 问选择什么时候出售该藏品，按现值计算收益最大？

解　由连续复利公式 $A(t)=A(0)e^{rt}$，得贴现公式为 $A(0)=A(t)e^{-rt}$.

该藏品 t 年后的价值为 $R(t)=100\cdot 2^{\sqrt{t}}$，其贴现金额为

$$y(t)=100\cdot 2^{\sqrt{t}}\cdot e^{-0.05t}.$$

要按现值计算收益最大，就是要使得贴现金额 $y(t)$ 最小. $y(t)$ 的导数为

$$y'(t)=100\cdot 2^{\sqrt{t}}\cdot e^{-0.05t}\left(\frac{\ln 2}{2\sqrt{t}}-0.05\right).$$

令 $y'(t)=0$，得 $t\approx 48$（驻点唯一）.

因此，选择 48 年后出售该藏品，按现值计算收益最大.

习题二

1. 求下列函数的定义域：

(1) $y=\sqrt{x^2-5x+6}$；　(2) $y=\dfrac{1}{\sqrt{x^2+x-2}}+\ln x$；

(3) $y=\dfrac{1}{\sin 2x}$.

2. 下列函数可以看成由哪些简单函数复合而成？

(1) $y=\sqrt{2x^2+1}$；　(2) $y=e^{2x+5}$；

(3) $y=\ln\sqrt{1+\sin x}$；　(4) $y=2^{x^2}e^{x^2}$.

3. 求下列函数的反函数：

(1) $y=\sqrt{3x+1}$；　(2) $y=e^{2x+5}$；

(3) $y=2^x e^x+1$.

4. 指出下列数列哪些是有界的，哪些是单调的：

(1) $1,3,5,\cdots,\sqrt{2n-1},\cdots$；　(2) $1,\dfrac{1}{2},\dfrac{1}{3},\cdots,\dfrac{1}{n},\cdots$；

(3) $1,3,9,\cdots,3^{n-1},\cdots$；　(4) $\sin 1,\sin 2,\cdots,\sin n,\cdots$；

(5) $\tan 1,\tan 2,\cdots,\tan n,\cdots$；　(6) $1,-2,4,\cdots,(-2)^{n-1},\cdots$.

5. 求下列数列的极限：

(1) $\lim\limits_{n\to\infty}\dfrac{1}{3n+1}$；　(2) $\lim\limits_{n\to\infty}\dfrac{2n+1}{n+1}$；

(3) $\lim\limits_{n\to\infty}\dfrac{n^2+100n}{3n^3-2}$；　(4) $\lim\limits_{n\to\infty}\dfrac{3n^3+n^2+100n}{5n^3-2n^2+1}$；

(5) $\lim\limits_{n\to\infty}\left(1+\dfrac{1}{n}-\dfrac{1}{n^2}\right)$；　(6) $\lim\limits_{n\to\infty}\dfrac{1}{n^2}(1+2+\cdots+n)$；

(7) $\lim\limits_{n\to\infty}\left(1+\dfrac{1}{2}+\dfrac{1}{4}+\cdots+\dfrac{1}{2^n}\right)$；　(8) $\lim\limits_{n\to\infty}\dfrac{1+\dfrac{1}{2}+\dfrac{1}{4}+\cdots+\dfrac{1}{2^n}}{1+\dfrac{1}{3}+\dfrac{1}{9}+\cdots+\dfrac{1}{3^n}}$.

6. 求下列函数的极限：

(1) $\lim\limits_{x\to 0}(2-\cos x)$；　(2) $\lim\limits_{x\to 0}\dfrac{1+\sin x}{1-x}$；

(3) $\lim\limits_{x\to 2}\dfrac{x^2+2x-6}{2x+1}$；　(4) $\lim\limits_{x\to 0}\dfrac{2x^2+3x}{x^3-5x}$；

(5) $\lim\limits_{x\to \pi}\dfrac{1+\cos x}{1-\cos x}$；　(6) $\lim\limits_{x\to 0}\dfrac{1+x^2}{\cos x}$；

(7) $\lim\limits_{x\to \frac{\pi}{2}}\dfrac{1+\cos x}{\sin x}$；　(8) $\lim\limits_{x\to 1}\dfrac{1-x^2}{x^2+x-2}$；

(9) $\lim\limits_{x\to -1}\left(1-\dfrac{1}{x^2+1}\right)$；　(10) $\lim\limits_{x\to +\infty}(\sqrt{x+1}-\sqrt{x})$.

7. 求下列极限：

(1) $\lim\limits_{x\to 0}\dfrac{2x}{\sin 3x}$；　(2) $\lim\limits_{x\to 0}\dfrac{\tan 3x}{x}$；

(3) $\lim\limits_{x\to 0}(1+x)^{-\frac{1}{x}}$；　(4) $\lim\limits_{n\to \infty}\left(1+\dfrac{1}{n}\right)^{3n}$；

(5) $\lim\limits_{x\to \infty}\left(\dfrac{x}{1+x}\right)^{x}$；　(6) $\lim\limits_{x\to 0}\dfrac{x}{x+2\sin x}$；

(7) $\lim\limits_{x\to 0}\dfrac{\sin^2 3x}{x^2}$；　(8) $\lim\limits_{x\to 0}\dfrac{x-\sin x}{2x+\sin x}$；

(9) $\lim\limits_{x\to 0}x\cot x$；　(10) $\lim\limits_{x\to 0}(1+\tan x)^{\cot x}$.

8. 设函数 $f(x)=\dfrac{1}{x}$，求 $\lim\limits_{h\to 0}\dfrac{f(x+h)-f(x)}{h}(x\neq 0)$.

9. 判别下列变量哪些是无穷小量，哪些是无穷大量：

(1) $\sin x$（当 $x\to 0$ 时）；　(2) $\dfrac{1}{10^{100}}x$（当 $x\to\infty$ 时）；

(3) $e^{\frac{1}{x^2}}$（当 $x\to 0$ 时）；　(4) $\dfrac{\sin x}{x^2}$（当 $x\to 0$ 时）；

(5) $\dfrac{x}{x^2-3x+2}$（当 $x\to 1$ 时）；　(6) $1-\cos^2 x$（当 $x\to 0$ 时）.

10. 求下列函数的极限：

(1) $\lim\limits_{x\to \infty}x\sin\dfrac{1}{x}$；　(2) $\lim\limits_{x\to \infty}\left(1+\dfrac{2}{x}-\dfrac{1}{x^2}\right)$；

(3) $\lim\limits_{x\to\infty}\dfrac{1+x}{1+x+x^2}$;　　(4) $\lim\limits_{x\to\infty}\dfrac{x^2+5x}{2x^2-x}$;

(5) $\lim\limits_{x\to\infty}\dfrac{x+x^3}{1+x+x^2}$;　　(6) $\lim\limits_{x\to\infty}x^2\ln\left(1+\dfrac{1}{x^2}\right)$;

(7) $\lim\limits_{x\to+\infty}\dfrac{\sqrt{x+2}-\sqrt{3}}{x-1}$.

11. 求下列函数的连续区间：

(1) $y=\dfrac{x^2+1}{x^2-x}$;　　(2) $y=\dfrac{x}{\cos x}$;

(3) $y=\ln(x^2-4)$;　　(4) $y=\dfrac{1}{\sqrt{x^2-3x+2}}$.

12. 利用等价无穷小量求极限：

(1) $\lim\limits_{x\to0}\dfrac{\ln(1+x^2)}{\sin x^2}$;　　(2) $\lim\limits_{x\to0}\dfrac{(\sin3x)^3(1-\cos x)}{\sin x^5}$.

13. 证明：方程 $x^5+2x-2=0$ 至少有一个正根.

14. 设函数 $f(x)=e^x-2$，证明：在区间(0,3)内有一点 ξ，使 $f(\xi)=\xi$.

15*. 某人借债20万元，按连续复利计算，年利率为5%，问至少经过多少年债务翻一番？

16. 求下列函数的导数：

(1) $y=x^5$;　　(2) $y=\cos x$;

(3) $y=4^x$;　　(4) $y=3^x e^x$;

(5) $y=\log_4 x$;　　(6) $y=\dfrac{x^3\sqrt[3]{x}}{\sqrt{x}}$.

17. 求下列函数的导数：

(1) $y=x^3+2\sin x$;　　(2) $y=x^2\sin x$;

(3) $y=e^x\cos x$;　　(4) $y=\sin2x$;

(5) $y=\dfrac{x^2}{\cos x}$;　　(6) $y=\dfrac{1-x}{1+x}$;

(7) $y=\dfrac{e^x-1}{e^x+1}$;　　(8) $y=\dfrac{xe^x}{\cos x}$;

(9) $y=\dfrac{e^x+1}{x^2}$;　　(10) $y=(1+\sin x)\tan x$;

(11) $y=e^x(x+\sin x)$；　　(12) $y=\frac{\cos x}{x+1}$；

(13) $y=x^2\tan x$；　　(14) $y=\cos 4x$；

(15) $y=\sin x^2$；　　(16) $y=\sqrt{e^x}$；

(17) $y=2^{\sin x}$；　　(18) $y=\log_2 x^3+\ln 3$；

(19) $y=\sqrt{1+\ln x}$；　　(20) $y=xe^{(x^2+x)}$.

18. 计算下列各题：

(1) 求 $y=\sin x^2$ 的二阶导数；　　(2) 求 $y=\cos 2x$ 的二阶导数；

(3) 求 $y=x^3+3x-2$ 的三阶导数；　　(4) 求 $y=x^4$ 的四阶导数.

19. 已知生产某种产品的成本函数为 $C(x)=1000+15x+0.5x^2$，求：

(1) 产量从 100 增至 105 时增加的平均成本；

(2) 产量从 100 增至 101 时增加的平均成本；

(3) 产量为 100 时的成本.

20. 求下列函数的微分：

(1) $y=4x+\cos 2x$；　　(2) $y=e^{x^2+1}$；

(3) $y=\ln\ln x$；　　(4) $y=\frac{x-1}{e^x}$.

21. 求下列函数的极限：

(1) $\lim\limits_{x\to 0}\frac{x-2\sin x}{2x+\sin x}$；　　(2) $\lim\limits_{x\to 1}\frac{\ln x}{x-1}$；

(3) $\lim\limits_{x\to 0}\frac{x-\sin x}{x^3}$；　　(4) $\lim\limits_{x\to +\infty}\frac{\ln x}{x^2}$；

(5) $\lim\limits_{x\to +\infty}\frac{e^x}{x^3}$；　　(6) $\lim\limits_{x\to +\infty}\frac{x+3}{x+\ln x}$；

(7) $\lim\limits_{x\to 0}\left(\frac{1}{x}-\frac{1}{e^x-1}\right)$；　　(8) $\lim\limits_{x\to 0}x^2e^{\frac{1}{x^2}}$.

22. 求下列函数的单调区间：

(1) $y=\frac{1}{x-1}$；　　(2) $y=x^3-3x+1$；

(3) $y=\sqrt{2x-x^2}$；　　(4) $y=x^2-\frac{1}{x}$；

(5) $y=x-e^x$；　　(6) $y=2x-\ln x$.

23. 求下列函数的极值：

(1) $y=(x+1)^2(x-2)$；　　(2) $y=x^3-2x^2+x-5$；

(3) $y=\frac{x+1}{x-1}$；　　(4) $y=x+\sqrt{1+x}$；

(5) $y=x-\ln x$.

24. 证明：当 $x>0$ 时，$x>\ln(1+x)$.

25. 求级数$\frac{1}{3}+\frac{1}{3^2}+\frac{1}{3^3}+\cdots+\frac{1}{3^n}+\cdots$的和.

26. 求级数 $\sum\limits_{n=1}^{\infty}\frac{1}{n(n+1)}$ 的和.

27. 某工厂要生产一批容积为 V m^3 的无盖圆桶，问如何设计，才能使用料最省？

28. 如图，已知隧道的截面是矩形加半圆，周长为 20 m，问矩形的底 x 为多少时，截面面积为最大？

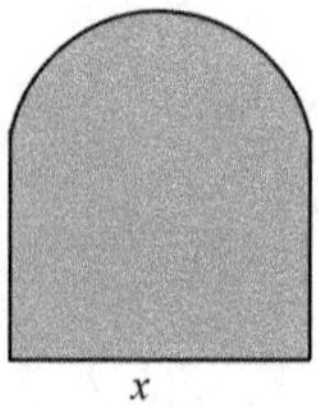

第 28 题图

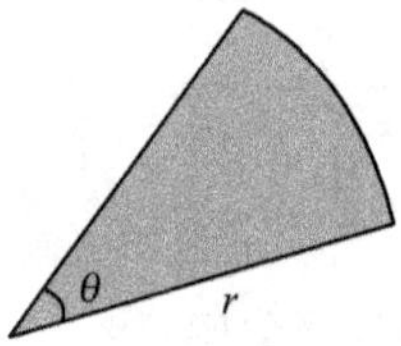

第 29 题图

29. 如图，扇形的面积为 25 m^2，欲使其周长最小，问半径 r 及圆心角 θ 应为多少？

30*. 某人有一件藏品打算出售，根据专家预测，随着时间推移，该藏品将随之升值. 设该藏品现值 10 万元，t 年后价值为 $R(t)=10\cdot 3^{\sqrt{t}}$万元，又设资金贴现率为 $r=6\%$. 问选择什么时候出售，按现值计算收益最大？

31. 某玩具厂生产玩具的成本是日产量 x 的函数 $C(x)$. 设 $C(x)=\frac{x}{3}+\frac{4800}{x}$，问该玩具厂日产量 x 为多少时成本最小？

第三章

不定积分与定积分

由求物体运动速度和曲线切线等问题产生了导数和微分,构成微积分学的微分部分;求上述问题的逆问题产生了不定积分和定积分,构成了微积分学的积分部分. 在微积分的发展历史上,积分学的发展历史可以追溯到约 2500 年前的古希腊时代,欧多克斯和阿基米德等利用“穷竭法”计算由曲线围成的平面图形的面积就蕴含着积分的基本思想.

3.1　不定积分

一、原函数与不定积分的概念

导数和微分作为一种运算,是否有逆运算? 我们先讨论下面的问题:

$$(\qquad)'=\cos x \text{ 和 } \mathrm{d}(\qquad)=\mathrm{e}^{2x}\mathrm{d}x.$$

根据第二章的导数知识,在括号中分别填入 $\sin x$ 和 $\frac{1}{2}\mathrm{e}^{2x}$,这就是导数和微分的逆运算.

定义 3.1.1　如果在区间 I 上可导函数 $F(x)$ 与函数 $f(x)$ 满足

$$F'(x)=f(x),$$

则称函数 $F(x)$ 是函数 $f(x)$ 的一个**原函数**.

由定义 3.1.1 知,$\sin x$ 是 $\cos x$ 的一个原函数,$\frac{1}{2}\mathrm{e}^{2x}$ 是 e^{2x} 的一个原函数.

关于原函数的存在性,我们有如下定理:

定理 3.1.1 如果函数 $f(x)$ 在区间 I 上连续，则函数 $f(x)$ 在区间 I 上存在原函数.

定理 3.1.2 如果函数 $F(x)$ 是函数 $f(x)$ 的一个原函数，则 $F(x)+C$（C 为任意常数）也是函数 $f(x)$ 的原函数.

定理 3.1.3 如果函数 $F(x)$ 和 $G(x)$ 都是函数 $f(x)$ 的原函数，则 $F(x)=G(x)+C$（C 是常数）.

定理 3.1.2 及定理 3.1.3 表明：$F(x)+C$（C 是任意常数）包含了 $f(x)$ 的全部原函数. 据此，我们引进不定积分的定义.

定义 3.1.2 在区间 I 上，函数 $f(x)$ 的全体原函数称为函数 $f(x)$ 在区间 I 上的**不定积分**，记为

$$\int f(x)\mathrm{d}x.$$

其中 $\int$ 称为**积分号**，$f(x)$ 称为**被积函数**，x 称为**积分变量**，$f(x)\mathrm{d}x$ 称为**被积表达式**.

通过上面的讨论，我们知道如果函数 $F(x)$ 是函数 $f(x)$ 的一个原函数，则

$$\int f(x)\mathrm{d}x = F(x) + C \text{（}C\text{ 为任意常数）}.$$

例 1 求不定积分 $\int \sin x\mathrm{d}x$.

解 因为 $(-\cos x)' = \sin x$，所以函数 $-\cos x$ 是 $\sin x$ 的一个原函数，于是

$$\int \sin x\mathrm{d}x = -\cos x + C \text{（}C\text{ 是任意常数）}.$$

例 2 求不定积分 $\int \mathrm{e}^{2x}\mathrm{d}x$.

解 因为 $\left(\frac{1}{2}\mathrm{e}^{2x}\right)' = \mathrm{e}^{2x}$，所以函数 $\frac{1}{2}\mathrm{e}^{2x}$ 是 e^{2x} 的一个原函数，于是

$$\int \mathrm{e}^{2x}\mathrm{d}x = \frac{1}{2}\mathrm{e}^{2x} + C \text{（}C\text{ 是任意常数）}.$$

例 3 设函数 $f(x)$ 是 $\frac{\sin x}{x}$ 的一个原函数，求不定积分 $\int xf'(x)\mathrm{d}x$.

解 因为函数 $f(x)$ 是 $\frac{\sin x}{x}$ 的一个原函数，所以 $f'(x) = \frac{\sin x}{x}$，于是

$$\int xf'(x)\mathrm{d}x=\int x\cdot\frac{\sin x}{x}\mathrm{d}x=\int\sin x\mathrm{d}x=-\cos x+C(C\text{是任意常数}).$$

例 4　设曲线上任意一点(x,y)处的切线斜率等于该点横坐标的平方，且该曲线过点$(1,-1)$，求该曲线的方程.

解　设曲线的方程为$y=f(x)$，根据题设有

$$y'=x^2,$$

即

$$y=\int x^2\mathrm{d}x.$$

因为$\frac{1}{3}x^3$是x^2的一个原函数，所以

$$y=\frac{1}{3}x^3+C(C\text{是任意常数}).$$

又因为曲线过点$(1,-1)$，即$x=1$时，$y=-1$，代入上式得$C=-\frac{4}{3}$.

于是所求曲线方程为$y=\frac{1}{3}x^3-\frac{4}{3}$.

由例 4 可以看出，求原函数与求导数互为逆运算，我们有如下定理：

定理 3.1.4（不定积分与导数、微分的关系）

设在区间$[a,b]$上函数$f(x)$连续，导函数$F'(x)$连续，则

$$\left[\int f(x)\mathrm{d}x\right]'=f(x),\mathrm{d}\left[\int f(x)\mathrm{d}x\right]=f(x)\mathrm{d}x,$$

$$\int F'(x)\mathrm{d}x=F(x)+C,\int \mathrm{d}F(x)=F(x)+C.$$

二、不定积分的基本公式和性质

把基本求导公式反过来，就得到不定积分的基本公式.

(1) $\int 0\mathrm{d}x=C$;

(2) $\int x^\alpha\mathrm{d}x=\frac{1}{\alpha+1}x^{\alpha+1}+C(\alpha\neq-1)$;

(3) $\int a^x\mathrm{d}x=\frac{a^x}{\ln a}+C$，特别地，$\int \mathrm{e}^x\mathrm{d}x=\mathrm{e}^x+C$;

(4) $\int\frac{1}{x}\mathrm{d}x=\ln|x|+C$;

(5) $\int \ln x \mathrm{d}x = x\ln x - x + C$;

(6) $\int \sin x \mathrm{d}x = -\cos x + C$;

(7) $\int \cos x \mathrm{d}x = \sin x + C$;

(8) $\int \frac{\mathrm{d}x}{\cos^2 x} = \int \sec^2 x \mathrm{d}x = \tan x + C$;

(9) $\int \frac{\mathrm{d}x}{\sin^2 x} = \int \csc^2 x \mathrm{d}x = -\cot x + C$.

不定积分有下面的基本运算性质：

(1) $\int kf(x)\mathrm{d}x = k\int f(x)\mathrm{d}x$($k$ 为常数)；

(2) $\int [f(x) \pm g(x)]\mathrm{d}x = \int f(x)\mathrm{d}x \pm \int g(x)\mathrm{d}x$.

现在我们可以求一些简单函数的不定积分.

例 5 求不定积分$\int (3x + \sin x)\mathrm{d}x$.

解 利用函数和的积分性质得

$$\begin{aligned}\int (3x + \sin x)\mathrm{d}x &= \int 3x\mathrm{d}x + \int \sin x\mathrm{d}x \\ &= 3\int x\mathrm{d}x + \int \sin x\mathrm{d}x \\ &= \frac{3}{2}x^2 - \cos x + C.\end{aligned}$$

例 6 求不定积分$\int \left(\mathrm{e}^x + \frac{1}{x}\right)\mathrm{d}x$.

解 利用函数和的积分性质得

$$\begin{aligned}\int \left(\mathrm{e}^x + \frac{1}{x}\right)\mathrm{d}x &= \int \mathrm{e}^x \mathrm{d}x + \int \frac{1}{x}\mathrm{d}x \\ &= \mathrm{e}^x + \ln|x| + C.\end{aligned}$$

例 7 求不定积分$\int \cos^2 \frac{x}{2}\mathrm{d}x$.

解 $\int \cos^2 \frac{x}{2}\mathrm{d}x = \int \frac{1+\cos x}{2}\mathrm{d}x$

$$=\int\frac{1}{2}\mathrm{d}x+\int\frac{\cos x}{2}\mathrm{d}x$$

$$=\frac{1}{2}\int 1\mathrm{d}x+\frac{1}{2}\int\cos x\mathrm{d}x=\frac{1}{2}(x+\sin x)+C.$$

例 8　求不定积分$\int\tan^2 x\mathrm{d}x$.

解　$\int\tan^2 x\mathrm{d}x=\int\frac{1-\cos^2 x}{\cos^2 x}\mathrm{d}x=\int\frac{1}{\cos^2 x}\mathrm{d}x-\int 1\mathrm{d}x$

$$=\tan x-x+C.$$

三、换元积分法和分部积分法

当被积函数 $f(x)$ 比较复杂，不能直接利用上面的基本积分公式和积分运算性质去求不定积分时，有必要进一步讨论不定积分的计算. 我们首先讨论利用中间变量的代换计算不定积分，这就是与复合函数求导公式相对应的换元积分法.

1. 第一类换元积分法

设函数 $F(u)$ 是函数 $f(u)$ 的一个原函数，而 u 又是 x 的函数 $u=u(x)$，则由复合函数求导公式

$$\frac{\mathrm{d}}{\mathrm{d}x}F[u(x)]=F'[u(x)]u'(x)=f[u(x)]u'(x),$$

即
$$\mathrm{d}F[u(x)]=F'[u(x)]u'(x)\mathrm{d}x=f[u(x)]u'(x)\mathrm{d}x.$$

对上式两边积分，得

$$\int\mathrm{d}F[u(x)]=\int f[u(x)]u'(x)\mathrm{d}x,$$

$$F[u(x)]+C=\int f[u(x)]u'(x)\mathrm{d}x,$$

即
$$\int f[u(x)]u'(x)\mathrm{d}x=\int f(u)\mathrm{d}u.$$

这就是**第一类换元积分公式**.

定理 3.1.5　设函数 $f(u)$ 具有原函数 $F(u)$，函数 $u=u(x)$ 具有连续的导数，则有第一类换元公式

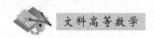

$$\int f[u(x)]u'(x)\mathrm{d}x = \int f(u)\mathrm{d}u\,|_{u=u(x)}.$$

例 9 求不定积分$\int \sin 3x\mathrm{d}x$.

解 $\int \sin 3x\mathrm{d}x = \frac{1}{3}\int \sin 3x \cdot (3x)'\mathrm{d}x$.

设 $u = 3x$,有 $\mathrm{d}u = (3x)'\mathrm{d}x$,则

$$\int \sin 3x\mathrm{d}x = \frac{1}{3}\int \sin u\mathrm{d}u = -\frac{1}{3}\cos u + C$$

$$= -\frac{1}{3}\cos 3x + C.$$

例 10 求不定积分$\int (x+2)^2\mathrm{d}x$.

解法 1 $\int (x+2)^2\mathrm{d}x = \int (x^2 + 4x + 4)\mathrm{d}x$

$$= \frac{1}{3}x^3 + 2x^2 + 4x + C.$$

解法 2 $\int (x+2)^2\mathrm{d}x = \int (x+2)^2 \cdot (x+2)'\mathrm{d}x$.

设 $u = x+2$,有 $\mathrm{d}u = (x+2)'\mathrm{d}x$,则

$$\int (x+2)^2\mathrm{d}x = \int u^2\mathrm{d}u = \frac{1}{3}u^3 + C$$

$$= \frac{1}{3}(x+2)^3 + C.$$

例 11 求不定积分$\int x\mathrm{e}^{x^2}\mathrm{d}x$.

解 $\int x\mathrm{e}^{x^2}\mathrm{d}x = \frac{1}{2}\int \mathrm{e}^{x^2} \cdot (x^2)'\mathrm{d}x$.

设 $u = x^2$,有 $\mathrm{d}u = (x^2)'\mathrm{d}x$,则

$$\int x\mathrm{e}^{x^2}\mathrm{d}x = \frac{1}{2}\int \mathrm{e}^u\mathrm{d}u = \frac{1}{2}\mathrm{e}^u + C = \frac{1}{2}\mathrm{e}^{x^2} + C.$$

例 12 求不定积分$\int \tan x\mathrm{d}x$.

解 $\int \tan x\mathrm{d}x = \int \frac{\sin x}{\cos x}\mathrm{d}x = -\int \frac{(\cos x)'}{\cos x}\mathrm{d}x$.

设 $u=\cos x$，有 $\mathrm{d}u=(\cos x)'\mathrm{d}x$，则

$$\int \tan x \mathrm{d}x=-\int \frac{\mathrm{d}u}{u}=-\ln|u|+C=-\ln|\cos x|+C.$$

从上面的例子可以看出，第一类换元法的关键是将被积表达式通过引入中间变量凑成某个函数的微分形式，然后再利用已知的积分公式求出积分. 因此，这种方法也称为“**凑微分法**”.

在第一类换元法用得比较熟练后，可以不必写出中间变量的代换过程.

例 13　求不定积分 $\int \frac{\ln x}{x}\mathrm{d}x$.

解　$\int \frac{\ln x}{x}\mathrm{d}x=\int \ln x\cdot(\ln x)'\mathrm{d}x=\int \ln x\mathrm{d}(\ln x)=\frac{1}{2}\ln^2 x+C.$

2. 第二类换元积分法

如果被积函数 $f(x)$ 不能够直接用基本积分公式计算，又不能够分解成为某个中间变量 u 的函数 $f(u)$ 与 u 的导数 $u'(x)$ 之乘积时，可以试着从右到左应用第一类换元积分公式，即将变量 x 看作变量 u 的函数，即 $x=\varphi(u)$，这时 $\mathrm{d}x=\varphi'(u)\mathrm{d}u$，于是

$$\int f(x)\mathrm{d}x=\int f[\varphi(u)]\varphi'(u)\mathrm{d}u.$$

如果 $\int f[\varphi(u)]\varphi'(u)\mathrm{d}u=F(u)+C$，则

$$\int f(x)\mathrm{d}x=F[\varphi^{-1}(x)]+C,$$

其中 $\varphi^{-1}(x)$ 是 $x=\varphi(u)$ 的反函数. 上述公式称为**第二类换元积分公式**.

定理 3.1.6　设函数 $x=\varphi(u)$ 是可导的单调函数，且 $\varphi'(u)\neq 0$，则有第二类换元公式

$$\int f(x)\mathrm{d}x=\int f[\varphi(u)]\varphi'(u)\mathrm{d}u\Big|_{u=\varphi^{-1}(x)}.$$

其中 $\varphi^{-1}(x)$ 是 $x=\varphi(u)$ 的反函数.

例 14　求不定积分 $\int \frac{x\mathrm{d}x}{\sqrt{x-3}}$.

解　由于被积函数中含有 $\sqrt{x-3}$，为了将被积函数变为有理分式，令 $u=\sqrt{x-3}$，得 $x=u^2+3$. 设 $x=u^2+3$，有 $\mathrm{d}x=2u\mathrm{d}u$，则

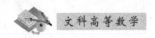

$$\int \frac{x\mathrm{d}x}{\sqrt{x-3}} = \int \frac{(u^2+3)}{u} \cdot 2u\mathrm{d}u = 2\int (u^2+3)\mathrm{d}u = \frac{2}{3}u^3 + 6u + C$$

$$= \left(\frac{2}{3}x + 4\right)\sqrt{x-3} + C.$$

3. 分部积分法

我们在复合函数求导法则的基础上得到不定积分的换元法. 现在我们利用两个函数乘积的求导公式推导另一种积分方法:分部积分法.

设函数 $u(x)$ 和 $v(x)$ 具有连续导数,则有

$$\frac{\mathrm{d}}{\mathrm{d}x}[u(x)v(x)] = \frac{\mathrm{d}u(x)}{\mathrm{d}x} \cdot v(x) + u(x) \cdot \frac{\mathrm{d}v(x)}{\mathrm{d}x},$$

即

$$\mathrm{d}[u(x)v(x)] = v(x)\mathrm{d}u(x) + u(x)\mathrm{d}v(x).$$

对上式两边积分,得

$$\int \mathrm{d}[u(x)v(x)] = \int v(x)\mathrm{d}u(x) + \int u(x)\mathrm{d}v(x),$$

移项并积分,得

$$\int u(x)\mathrm{d}v(x) = u(x)v(x) - \int v(x)\mathrm{d}u(x)$$

或

$$\int u(x)v'(x)\mathrm{d}x = u(x)v(x) - \int u'(x)v(x)\mathrm{d}x.$$

这就是**分部积分公式**.

定理 3.1.7 设函数 $u(x)$ 和函数 $v(x)$ 具有连续导数,且不定积分 $\int u'(x)v(x)\mathrm{d}x$ 存在,则 $\int u(x)v'(x)\mathrm{d}x$ 也存在,且有

$$\int u(x)v'(x)\mathrm{d}x = u(x)v(x) - \int u'(x)v(x)\mathrm{d}x.$$

通过分部积分公式,我们可以将求积分 $\int u(x)v'(x)\mathrm{d}x$ 转为求积分 $\int v(x)u'(x)\mathrm{d}x$,这样如果求积分 $\int u(x)v'(x)\mathrm{d}x$ 有困难,而求积分 $\int v(x)u'(x)\mathrm{d}x$ 比较容易,就可以通过分部积分公式化难为易.

在应用分部积分公式时,恰当选取 u 和 v 是关键. 选取 u 和 v 一般考虑下面两点:

(1) v 要容易求得;

(2) 积分$\int v(x)u'(x)\mathrm{d}x$要比积分$\int u(x)v'(x)\mathrm{d}x$容易计算.

例 15　求不定积分$\int x\sin x\mathrm{d}x$.

解　我们将积分$\int x\sin x\mathrm{d}x$改写为$-\int x(\cos x)'\mathrm{d}x$.

取$u=x, v=\cos x$,因此

$$\int x\sin x\mathrm{d}x=-\left(x\cos x-\int x'\cdot\cos x\mathrm{d}x\right)=-x\cos x+\sin x+C.$$

在例 15 中积分$\int\cos x\mathrm{d}x$比积分$\int x\sin x\mathrm{d}x$容易计算.

例 16　求不定积分$\int x\ln x\mathrm{d}x$.

解　取$u=\ln x, \mathrm{d}v=x\mathrm{d}x$,则

$$\begin{aligned}\int x\ln x\mathrm{d}x&=\int\ln x\cdot\left(\frac{x^2}{2}\right)'\mathrm{d}x=\frac{x^2}{2}\cdot\ln x-\int\frac{x^2}{2}\cdot(\ln x)'\mathrm{d}x\\&=\frac{1}{2}x^2\ln x-\frac{1}{2}\int x\mathrm{d}x=\frac{1}{2}x^2\left(\ln x-\frac{1}{2}\right)+C.\end{aligned}$$

从第二章导数的例子,我们知道初等函数的导数是初等函数,但是初等函数的原函数却不一定是初等函数. 例如,$\int e^{x^2}\mathrm{d}x$,$\int\frac{\sin x}{x}\mathrm{d}x$等无法用初等函数表示.

3.2　定积分

作为某种无限和的极限,定积分在几何学、物理学、经济学等领域有着广泛的实际背景. 我们从微积分研究的经典问题——求曲边梯形的面积开始,引入定积分的概念,进而讨论定积分的性质、计算方法以及定积分的一些应用,另外还将介绍沟通微分学与积分学的微积分基本定理,从而使微积分成为一个统一体.

一、定积分的概念

设函数$f(x)$在区间$[a,b]$上连续,且是非负的. 我们希望求出由曲线$y=$

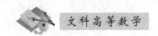

$f(x)$与直线 $x=a, x=b$ 以及 x 轴所围成的图形的面积 S(图 3-2-1).

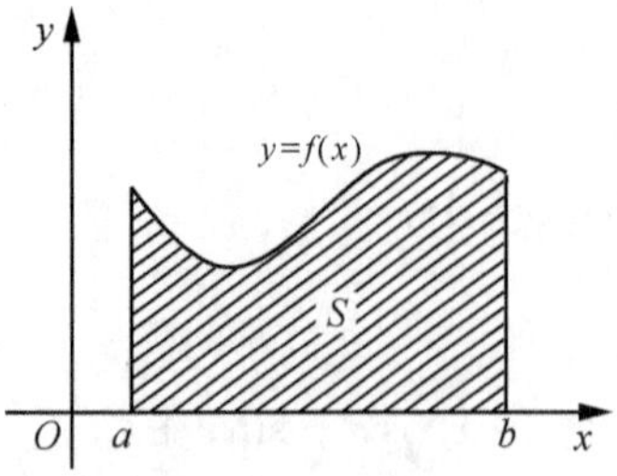

图 3-2-1

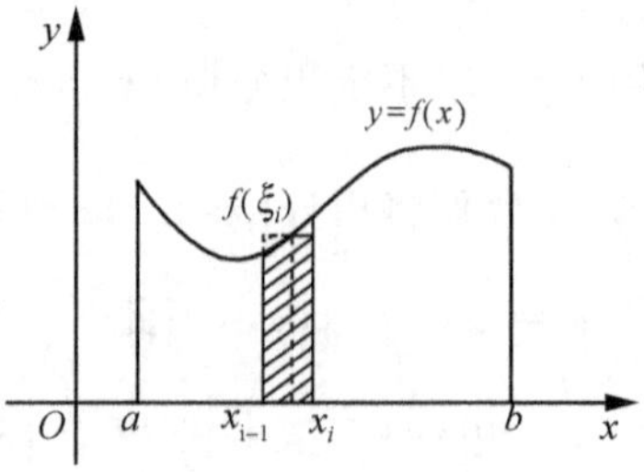

图 3-2-2

图 3-2-1 所示的图形称为曲边梯形,求曲边梯形的面积困难在于它的一边是弯曲的,所以无法用初等数学的方法来求. 这时微积分就显示出巨大的威力.

在区间$[a,b]$上任取 $n-1$ 个分点:$a=x_0<x_1<\cdots<x_{n-1}<x_n=b$,这些分点把区间$[a,b]$分成 n 个小区间. 第 i 个小区间$[x_{i-1}, x_i]$的长度记为 $\Delta x_i=x_i-x_{i-1}(i=1,2,\cdots,n)$,过每个分点作平行于 y 轴的直线,这些直线把曲边梯形分成 n 个小曲边梯形,记第 i 个小曲边梯形的面积为 $\Delta S_i(i=1,2,\cdots,n)$. 在每个小区间$[x_{i-1}, x_i]$上任取一点 ξ_i,过点 ξ_i 作平行于 y 轴的直线,交曲线 $y=f(x)$ 于点$P_i(\xi_i, f(\xi_i))$. 过 P_i 作平行于x 轴的直线,与直线 $x=x_{i-1}, x=x_i$ 以及 x 轴围成一个小矩形,如图 3-2-2 中的阴影部分所示,这个小矩形的面积为 $f(\xi_i)\Delta x_i$,易见,

$$\Delta S_i \approx f(\xi_i)\Delta x_i.$$

把这 n 个小矩形的面积加起来,就得到曲边梯形面积 S 的一个近似值

$$S_n=\sum_{i=1}^{n}\Delta S_i \approx \sum_{i=1}^{n} f(\xi_i)\Delta x_i.$$

当小区间的长度 Δx_i 越来越小时,S_n 就和 S 越来越接近. 如果当小区间的长度 Δx_i 无限缩小,也即$\{\Delta x_1, \Delta x_2, \cdots, \Delta x_n\}$的最大值 λ 无限缩小时,S_n 的极限存在,我们认为这个极限就是曲边梯形的面积 S,即

$$S=\lim_{\lambda \to 0}\sum_{i=1}^{n} f(\xi_i)\Delta x_i.$$

这样我们就找到了计算曲边梯形面积的一种方法. 在上面的方法中我们把求面积分成五个步骤:

(1) 分割,即把区间任意分割成 n 个小区间;

(2) 替代,在每一个小区间上用小矩形替代小曲边梯形;

(3) 求积,求出小矩形的面积;

(4) 求和,求出小矩形面积的和 S_n;

(5) 取极限,求出 S_n 的极限 S.

这就是定积分的基本思想.将这种思想加以抽象,就得到定积分的定义.

定义 2.2.1　设函数 $f(x)$ 在区间 $[a,b]$ 上有界,在区间 $[a,b]$ 上任意插入 $n-1$ 个分点

$$a=x_0<x_1<\cdots<x_{n-1}<x_n=b.$$

这些分点把区间 $[a,b]$ 分成 n 个小区间 $[x_{i-1},x_i]$,其长度为 $\Delta x_i=x_i-x_{i-1}(i=1,2,\cdots,n)$,在每个小区间 $[x_{i-1},x_i]$ 上任意取一点 ξ_i,并作函数值 $f(\xi_i)$ 与小区间长度 Δx_i 的乘积 $f(\xi_i)\Delta x_i$ 的和:

$$S_n=\sum_{i=1}^{n}f(\xi_i)\Delta x_i.$$

记 $\lambda=\max\{\Delta x_1,\Delta x_2,\cdots,\Delta x_n\}$,当 $\lambda\to 0$ 时,如果和 S_n 有极限 S,并且极限 S 与区间 $[a,b]$ 的分法以及 ξ_i 的取法无关,则称此极限 S 为函数 $f(x)$ 在区间 $[a,b]$ 上的**定积分**,并称函数 $f(x)$ 在区间 $[a,b]$ 上**可积**,记作

$$\int_a^b f(x)\mathrm{d}x.$$

即

$$\int_a^b f(x)\mathrm{d}x=\lim_{\lambda\to 0}\sum_{i=1}^{n}f(\xi_i)\Delta x_i.$$

其中 $\int$ 称为**积分号**,x 称为**积分变量**,$f(x)$ 称为**被积函数**,$f(x)\mathrm{d}x$ 称为**被积表达式**,a 称为**积分下限**,b 称为**积分上限**,$[a,b]$ 称为**积分区间**,和式 $\sum_{i=1}^{n}f(\xi_i)\Delta x_i$ 称为**积分和**.

定积分是一种无限和式的极限,它是一个数值,这个值仅仅与被积函数 $f(x)$ 和积分区间 $[a,b]$ 有关,而与积分变量 x 的记法无关,即

$$\int_a^b f(x)\mathrm{d}x=\int_a^b f(t)\mathrm{d}t=\int_a^b f(u)\mathrm{d}u.$$

根据定积分的定义,上述曲边梯形的面积 $S=\int_a^b f(x)\mathrm{d}x$.

二、定积分的几何意义

我们知道,当被积函数 $f(x)\geqslant 0$ 时,定积分 $\int_a^b f(x)\mathrm{d}x$ 表示由曲线 $y=f(x)$ 与直线 $x=a,x=b$ 以及 x 轴所围成图形的面积(图 3-2-3).

如果 $f(x)\leqslant 0$,则积分和式中的 $f(\xi_i)\leqslant 0$,这时第 i 个小矩形的面积为

$$-f(\xi_i)\Delta x_i(i=1,2,\cdots,n).$$

再经过求和取极限的步骤,得到曲边梯形的面积为

$$S=-\int_a^b f(x)\mathrm{d}x.$$

即定积分 $\int_a^b f(x)\mathrm{d}x$ 在几何上代表曲边梯形面积的负值(图 3-2-4).

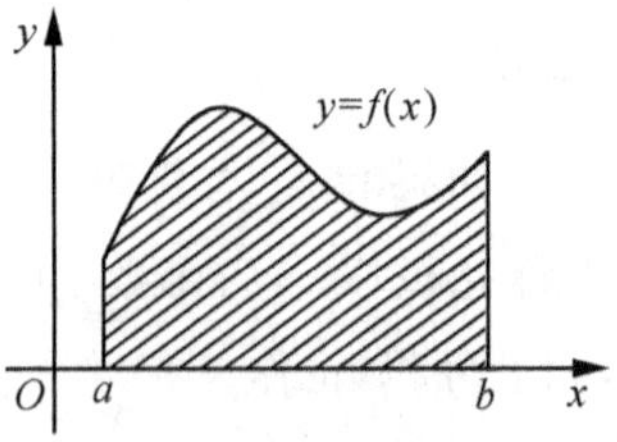

图 3-2-3

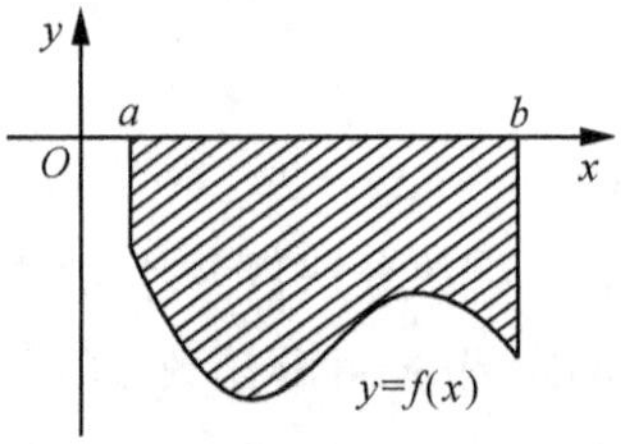

图 3-2-4

根据上述两种情况我们有:定积分 $\int_a^b f(x)\mathrm{d}x$ 在几何上表示由曲线 $y=f(x)$,直线 $x=a,x=b$ 以及 x 轴所围成的几块曲边梯形中,在 x 轴上方的各块面积之和,减去在 x 轴下方的各块面积之和. 例如,对于图 3-2-5 中的函数 $f(x)$,就有

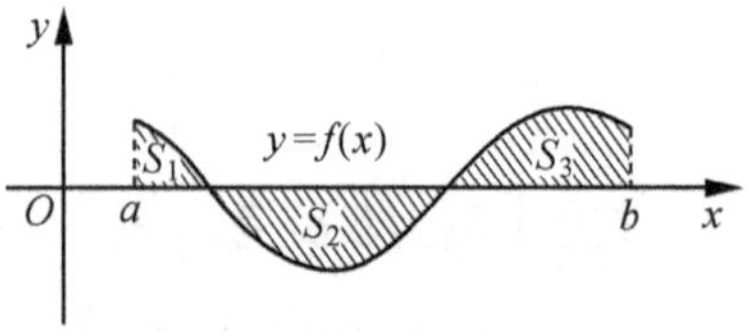

图 3-2-5

$$\int_a^b f(x)\mathrm{d}x=S_1-S_2+S_3.$$

三、定积分的存在性

定理 3.2.1 如果函数 $f(x)$ 在区间 $[a,b]$ 上连续,则定积分 $\int_a^b f(x)\mathrm{d}x$

存在.

例 1　求定积分$\int_0^1 x^2 \mathrm{d}x$.

解　因为函数 $f(x)=x^2$ 在区间$[0,1]$上连续，由定理 3.2.1 可知定积分$\int_0^1 x^2 \mathrm{d}x$ 存在. 如图 3-2-6 所示，由定义 3.2.1，我们取区间$[0,1]$上的分点：

$$\frac{1}{n}, \frac{2}{n}, \cdots, \frac{n-1}{n}.$$

这些分点把区间$[0,1]$分成 n 个相等的小区间，每个小区间的长度为$\frac{1}{n}$，在第 i 个小区间$\left[\frac{i-1}{n}, \frac{i}{n}\right]$中取 $\xi_i=\frac{i-1}{n}$. 以小区间为底，以 ξ_i^2 为高作小矩形($i=1,2,3,\cdots,n$). 这些小矩形的底边长都是$\frac{1}{n}$. 所有这些小矩形面积的总和(图 3-2-6 中阴影部分)记为 S_n，则

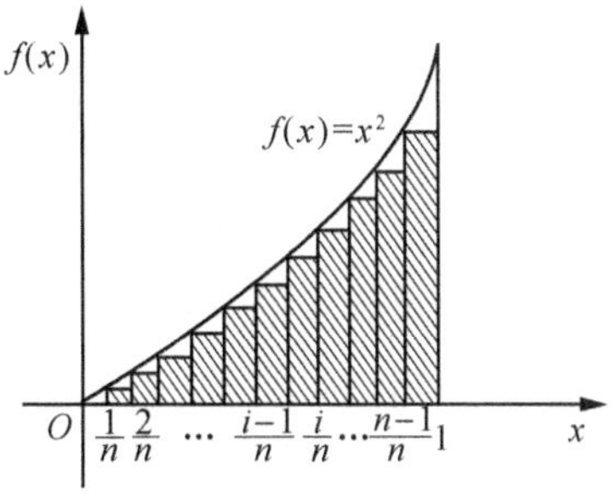

图 3-2-6

$$\begin{aligned} S_n &= 0 \cdot \frac{1}{n} + \left(\frac{1}{n}\right)^2 \cdot \frac{1}{n} + \left(\frac{2}{n}\right)^2 \cdot \frac{1}{n} + \cdots + \left(\frac{n-1}{n}\right)^2 \cdot \frac{1}{n} \\ &= \frac{1^2+2^2+\cdots+(n-1)^2}{n^3} = \frac{(n-1)n(2n-1)}{6n^3} \\ &= \frac{1}{3} + \left(\frac{1}{6n^2} - \frac{1}{2n}\right). \end{aligned}$$

当 $n \to \infty$ 时，此时小区间的长度都趋于零，所以有

$$\int_0^1 x^2 \mathrm{d}x = \lim_{n\to\infty} S_n = \lim_{n\to\infty}\left[\frac{1}{3} + \left(\frac{1}{6n^2} - \frac{1}{2n}\right)\right] = \frac{1}{3}.$$

例 1 中定积分的被积函数是非常简单的函数 $y=x^2$，但计算已经比较复杂. 按定义求定积分，计算时要求和，还要求极限，一般来说是非常困难的. 所以直接从定义出发求定积分是行不通的，还需要寻找更有效的计算方法. 经过长期的研究，这个方法被牛顿和莱布尼兹找到了，我们将在下一节中学习.

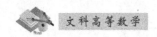

3.3 微积分基本公式

一、微积分基本公式

从第二节的例 1 我们已经看到直接从定义出发求定积分是十分困难的，为了找到更好的求定积分的方法，我们先来讨论距离和速度的问题.

设物体 A 沿着一条直线运动，我们用 $s(t)$ 表示 t 时刻物体 A 离开初始位置的距离，$v(t)$ 表示 t 时刻物体 A 的速度. 通过第二章的讨论，我们知道速度 $v(t)$ 是距离 $s(t)$ 的导数，即 $v(t)=s'(t)$，而 $s(t)$ 是 $v(t)$ 的原函数. 现在我们讨论一个相反的问题，如果知道了速度函数 $v(t)$，如何求出物体 A 在时间段 $[a,b]$ 内走过的路程.

先看最简单的情况，当 $t\in[a,b]$ 时，$v(t)=c$（常数），即物体 A 在时间段 $[a,b]$ 内做匀速运动，这时物体 A 在时间段 $[a,b]$ 内走过的路程 $l=c\times(b-a)$. 我们画出速度函数 $v(t)$ 的图形，容易看出图 3-3-1 中矩形的底是 $b-a$，高是 c，矩形的面积是 $c\times(b-a)$，正好就是物体 A 在时间段 $[a,b]$ 内走过的路程 l.

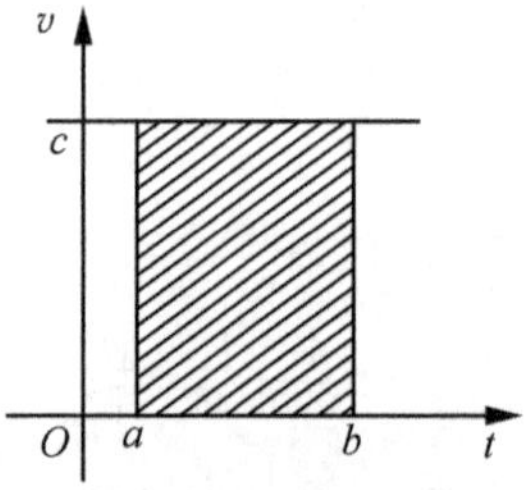

图 3-3-1

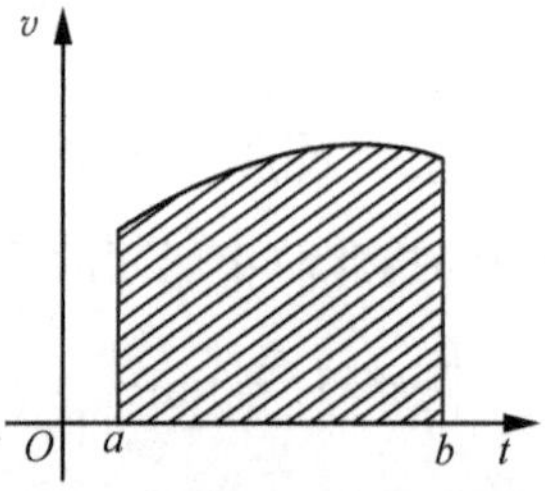

图 3-3-2

当物体 A 在时间段 $[a,b]$ 内不再做匀速运动时，我们用第二节中的方法，将 $[a,b]$ 分成许多小区间，在每个小区间上，物体的运动近似为匀速运动，求出 A 在这些小区间内走过的路程后相加，最后让这些小区间的长度趋于 0，取极限，就得到 A 在时间段 $[a,b]$ 内走过的路程就是曲边梯形的面积，也就是 $v(t)$ 在区间 $[a,b]$ 上的定积分 $\int_a^b v(t)\mathrm{d}t$. 另一方面，$s(t)$ 表示 t 时刻物体 A 离开初始位置走

过的路程，所以 A 在时间段 $[a,b]$ 内走过的路程 $l=s(b)-s(a)$. 于是

$$\int_a^b v(t)\mathrm{d}t=s(b)-s(a),$$

即 $v(t)$ 在区间 $[a,b]$ 上的定积分等于它的原函数 $s(t)$ 在区间端点处函数值的差.

牛顿和莱布尼兹最先发现了函数的定积分和它的原函数之间的联系，从而找到了定积分的计算办法. 这就是下面的微积分基本定理. 这个定理是牛顿和莱布尼兹对数学的最大贡献之一.

定理 3.3.1（微积分基本定理）　设函数 $f(x)$ 在区间 $[a,b]$ 上连续，函数 $F(x)$ 是函数 $f(x)$ 的一个原函数，则

$$\int_a^b f(x)\mathrm{d}x=F(b)-F(a).$$

上式也可写成

$$\int_a^b f(x)\mathrm{d}x=F(x)\Big|_a^b=[F(x)]_a^b.$$

上述公式也称为**牛顿-莱布尼兹公式**.

有了上面的定理，我们可以通过求被积函数的原函数来计算定积分.

例 1　求定积分 $\int_0^1 x^2\mathrm{d}x$.

解　由于 $\frac{1}{3}x^3$ 是被积函数 x^2 的一个原函数，所以

$$\int_0^1 x^2\mathrm{d}x=\frac{1}{3}x^3\Big|_0^1=\frac{1}{3}\cdot 1^3-\frac{1}{3}\cdot 0^3=\frac{1}{3}.$$

和第二节例 1 的解法相比较，本例中所用的方法要简便得多.

例 2　求定积分 $\int_0^1 x\mathrm{e}^{x^2}\mathrm{d}x$.

解　由第一节中例 11 知 $\frac{1}{2}\mathrm{e}^{x^2}$ 是被积函数 $x\mathrm{e}^{x^2}$ 的一个原函数，所以

$$\int_0^1 x\mathrm{e}^{x^2}\mathrm{d}x=\frac{1}{2}\mathrm{e}^{x^2}\Big|_0^1=\frac{1}{2}\mathrm{e}-\frac{1}{2}.$$

二、定积分的性质

根据定积分的定义，记号 $\int_a^b f(x)\mathrm{d}x$ 只有当 $a<b$ 时才有意义，而当 $a\geqslant b$ 时

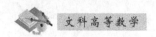

无意义.为了使用上的方便,我们给出定积分的两个约定:

(1) $\int_a^b f(x)\mathrm{d}x = -\int_b^a f(x)\mathrm{d}x$;

(2) $\int_a^a f(x)\mathrm{d}x = 0$.

我们假定函数 $f(x)$ 和 $g(x)$ 是区间 $[a,b]$ 上的连续函数,$k(k\neq 0)$ 是常数.定积分有下列基本性质:

设函数 $f(x)$ 和 $g(x)$ 在区间 $[a,b]$ 上可积.

(1) $\int_a^b kf(x)\mathrm{d}x = k\int_a^b f(x)\mathrm{d}x (k\in \mathbf{R})$;

(2) $\int_a^b [f(x)\pm g(x)]\mathrm{d}x = \int_a^b f(x)\mathrm{d}x \pm \int_a^b g(x)\mathrm{d}x$;

(3) 如果在区间 $[a,b]$ 上 $f(x)\equiv 1$,则 $\int_a^b 1\mathrm{d}x = \int_a^b \mathrm{d}x = b-a$;

(4) (可加性) 设 $a<c<b$,则 $\int_a^b f(x)\mathrm{d}x = \int_a^c f(x)\mathrm{d}x + \int_c^b f(x)\mathrm{d}x$;

(5) 如果在区间 $[a,b]$ 上有 $f(x)\leqslant g(x)$,则

$$\int_a^b f(x)\mathrm{d}x \leqslant \int_a^b g(x)\mathrm{d}x;$$

(6) 设函数 $f(x)$ 在区间 $[a,b]$ 上的最大值、最小值分别为 M 和 m,则

$$m(b-a)\leqslant \int_a^b f(x)\mathrm{d}x \leqslant M(b-a).$$

例 3 求定积分 $\int_0^{\frac{\pi}{2}} 2\sin x\mathrm{d}x$.

解 $\int_0^{\frac{\pi}{2}} 2\sin x\mathrm{d}x = 2\int_0^{\frac{\pi}{2}} \sin x\mathrm{d}x = -2\cos x\Big|_0^{\frac{\pi}{2}}$

$$= -2\left(\cos\frac{\pi}{2} - \cos 0\right) = 2.$$

例 4 求定积分 $\int_0^{\pi}(x+\sin x)\mathrm{d}x$.

解 $\int_0^{\pi}(x+\sin x)\mathrm{d}x = \int_0^{\pi} x\mathrm{d}x + \int_0^{\pi}\sin x\mathrm{d}x = \frac{1}{2}x^2\Big|_0^{\pi} - \cos x\Big|_0^{\pi} = \frac{1}{2}\pi^2 + 2$.

例 5 求定积分 $\int_{-1}^{1}|x|\mathrm{d}x$.

解　因为 $|x|=\begin{cases}x, & x\geqslant 0,\\ -x, & x<0,\end{cases}$

所以由定积分的可加性得

$$\begin{aligned}\int_{-1}^{1}|x|\mathrm{d}x&=\int_{-1}^{0}|x|\mathrm{d}x+\int_{0}^{1}|x|\mathrm{d}x=\int_{-1}^{0}(-x)\mathrm{d}x+\int_{0}^{1}x\mathrm{d}x\\&=-\int_{-1}^{0}x\mathrm{d}x+\int_{0}^{1}x\mathrm{d}x=-\frac{1}{2}x^2\Big|_{-1}^{0}+\frac{1}{2}x^2\Big|_{0}^{1}=1.\end{aligned}$$

例 6　比较定积分 $\int_1^2 x^2\mathrm{d}x$ 与定积分 $\int_1^2 x^3\mathrm{d}x$ 的大小.

解　因为在区间 $[1,2]$ 上有 $x^2\leqslant x^3$，所以由定积分的性质 (5) 知

$$\int_1^2 x^2\mathrm{d}x\leqslant\int_1^2 x^3\mathrm{d}x.$$

而在区间 $[1,2]$ 上除一点 $x=1$ 外 $x^2<x^3$，所以

$$\int_1^2 x^2\mathrm{d}x<\int_1^2 x^3\mathrm{d}x.$$

例 7　估计定积分 $\int_1^2\frac{1}{x^2+1}\mathrm{d}x$ 的范围.

解　因为函数 $f(x)=\frac{1}{x^2+1}$ 在区间 $[1,2]$ 上的最大值为 $\frac{1}{2}$，最小值为 $\frac{1}{5}$，

所以由定积分的性质 (6) 知

$$\frac{1}{5}(2-1)\leqslant\int_1^2\frac{1}{x^2+1}\mathrm{d}x\leqslant\frac{1}{2}(2-1),$$

即

$$\frac{1}{5}\leqslant\int_1^2\frac{1}{x^2+1}\mathrm{d}x\leqslant\frac{1}{2}.$$

三、定积分的计算

和不定积分一样，定积分的计算也有换元法和分部积分法.

1. 定积分的换元法

定理 3.3.2（定积分的换元法）　设函数 $f(x)$ 在区间 $[a,b]$ 上连续. 如果 $x=\varphi(u)$ 满足：

(1) $\varphi(\alpha)=a, \varphi(\beta)=b$;

(2) $\varphi(u)$ 在 α 和 β 之间具有连续的导数，且 $a \leqslant \varphi(u) \leqslant b$.
则有

$$\int_a^b f(x)\mathrm{d}x = \int_\alpha^\beta f[\varphi(u)]\varphi'(u)\mathrm{d}u.$$

定积分的换元法和不定积分的第二类换元法类似，其不同点是在定积分的换元法中不必将变换元 u 用 $x=\varphi(u)$ 的反函数 $\varphi^{-1}(x)$ 代回，因为在变换的过程中积分的上下限已改变. 因此，用换元法计算定积分时，要注意积分限的相应变换.

例 8 求定积分 $\int_0^1 x\mathrm{e}^{x^2}\mathrm{d}x$.

解 $\int_0^1 x\mathrm{e}^{x^2}\mathrm{d}x = \frac{1}{2}\int_0^1 \mathrm{e}^{x^2}\mathrm{d}(x^2)$.

设 $u=x^2$，当 $x=0$ 时，$u=0$；当 $x=1$ 时，$u=1$.
因此

$$\int_0^1 x\mathrm{e}^{x^2}\mathrm{d}x = \frac{1}{2}\int_0^1 \mathrm{e}^u\mathrm{d}u = \frac{1}{2}\mathrm{e}^u\Big|_0^1 = \frac{1}{2}(\mathrm{e}-1).$$

例 9 求定积分 $\int_0^{\frac{\pi}{4}} 2\sin x\cos x\mathrm{d}x$.

解 $\int_0^{\frac{\pi}{4}} 2\sin x\cos x\mathrm{d}x = \int_0^{\frac{\pi}{4}} \sin 2x\mathrm{d}x = \frac{1}{2}\int_0^{\frac{\pi}{4}} \sin 2x\mathrm{d}(2x)$.

设 $u=2x$，当 $x=0$ 时，$u=0$；当 $x=\frac{\pi}{4}$ 时，$u=\frac{\pi}{2}$.

因此

$$\int_0^{\frac{\pi}{4}} 2\sin x\cos x\mathrm{d}x = \frac{1}{2}\int_0^{\frac{\pi}{2}} \sin u\mathrm{d}u = -\frac{1}{2}\cos u\Big|_0^{\frac{\pi}{2}} = \frac{1}{2}.$$

例 10 求定积分 $\int_0^R \sqrt{R^2-x^2}\mathrm{d}x\,(R>0)$.

解 设 $x=R\sin u$，当 $x=0$ 时，$u=0$；当 $x=R$ 时，$u=\frac{\pi}{2}$.

因此 $$\int_0^R \sqrt{R^2-x^2}\mathrm{d}x = R^2\int_0^{\frac{\pi}{2}} \cos^2 u\mathrm{d}u = \frac{R^2}{2}\int_0^{\frac{\pi}{2}}(1+\cos 2u)\mathrm{d}u$$

$$= \frac{R^2}{2}\left[u+\frac{1}{2}\sin 2u\right]_0^{\frac{\pi}{2}} = \frac{\pi R^2}{4}.$$

由定积分的几何意义可知，例 10 中的定积分表示$\frac{1}{4}$圆 $x^2+y^2\leqslant R^2$ 的面积. 因此，我们利用积分的方法得到圆 $x^2+y^2\leqslant R^2$ 的面积：πR^2.

2. 定积分的分部积分法

定理 3.3.3(定积分的分部积分法)　设函数 $u(x)$ 和函数 $v(x)$ 在区间 $[a,b]$ 上具有连续导数，则有

$$\int_a^b u(x)v'(x)\mathrm{d}x=u(x)v(x)\big|_a^b-\int_a^b u'(x)v(x)\mathrm{d}x.$$

用类似于第一节中处理不定积分的分部积分的方法计算定积分.

例 11　求定积分$\int_1^{\mathrm{e}}\ln x\mathrm{d}x$.

解　$$\int_1^{\mathrm{e}}\ln x\mathrm{d}x=x\ln x\big|_1^{\mathrm{e}}-\int_1^{\mathrm{e}}x\mathrm{d}(\ln x)$$
$$=\mathrm{e}-\int_1^{\mathrm{e}}x\cdot\frac{1}{x}\mathrm{d}x=\mathrm{e}-x\big|_1^{\mathrm{e}}=1.$$

例 12　求定积分$\int_0^1 x\mathrm{e}^x\mathrm{d}x$.

解　$$\int_0^1 x\mathrm{e}^x\mathrm{d}x=\int_0^1 x\cdot(\mathrm{e}^x)'\mathrm{d}x=x\mathrm{e}^x\big|_0^1-\int_0^1 x'\cdot\mathrm{e}^x\mathrm{d}x$$
$$=\mathrm{e}-\mathrm{e}^x\big|_0^1=1.$$

四、无限区间上的广义积分

定义 3.3.1　设函数 $y=f(x)$ 在 $[a,+\infty)$ 上连续，取 $b>a$，如果极限

$$\lim_{b\to+\infty}\int_a^b f(x)\mathrm{d}x$$

存在，则称该极限值为函数 $y=f(x)$ 在 $[a,+\infty)$ 上的**广义积分**，记为 $\int_a^{+\infty}f(x)\mathrm{d}x$，并称广义积分$\int_a^{+\infty}f(x)\mathrm{d}x$ **收敛**.

如果极限

$$\lim_{b\to+\infty}\int_a^b f(x)\mathrm{d}x$$

不存在，则称广义积分$\int_a^{+\infty}f(x)\mathrm{d}x$ **发散**.

类似地,可以定义$\int_{-\infty}^{b} f(x)\mathrm{d}x = \lim\limits_{a\to-\infty}\int_{a}^{b} f(x)\mathrm{d}x$.

$\int_{-\infty}^{+\infty} f(x)\mathrm{d}x$ 定义为$\int_{-\infty}^{a} f(x)\mathrm{d}x$ 和$\int_{a}^{+\infty} f(x)\mathrm{d}x$($a$ 为任一实数) 的和.

例 13 计算广义积分$\int_{1}^{+\infty} \mathrm{e}^{-x}\mathrm{d}x$.

解 根据广义积分的定义有

$$\int_{1}^{+\infty} \mathrm{e}^{-x}\mathrm{d}x = \lim_{b\to+\infty}\int_{1}^{b} \mathrm{e}^{-x}\mathrm{d}x = -\lim_{b\to+\infty} \mathrm{e}^{-x}\Big|_{1}^{b} = -\lim_{b\to+\infty}(\mathrm{e}^{-b}-\mathrm{e}^{-1}) = \mathrm{e}^{-1}.$$

例 14 计算广义积分$\int_{-\infty}^{+\infty} x\mathrm{e}^{-x^2}\mathrm{d}x$.

解 因为对任意固定的常数 a,有

$$\int_{a}^{+\infty} x\mathrm{e}^{-x^2}\mathrm{d}x = \lim_{b\to+\infty}\int_{a}^{b} x\mathrm{e}^{-x^2}\mathrm{d}x = \lim_{b\to+\infty}\left[-\frac{1}{2}\mathrm{e}^{-x^2}\right]_{a}^{b} = \frac{1}{2}\mathrm{e}^{-a^2},$$

$$\int_{-\infty}^{a} x\mathrm{e}^{-x^2}\mathrm{d}x = \lim_{b\to-\infty}\int_{b}^{a} x\mathrm{e}^{-x^2}\mathrm{d}x = \lim_{b\to-\infty}\left[-\frac{1}{2}\mathrm{e}^{-x^2}\right]_{b}^{a} = -\frac{1}{2}\mathrm{e}^{-a^2},$$

这两个积分都收敛,所以

$$\int_{-\infty}^{+\infty} x\mathrm{e}^{-x^2}\mathrm{d}x = \int_{-\infty}^{a} x\mathrm{e}^{-x^2}\mathrm{d}x + \int_{a}^{+\infty} x\mathrm{e}^{-x^2}\mathrm{d}x = 0.$$

3.4 定积分的应用

定积分是求某种总量的数学模型,在实际问题中有着十分广泛的应用.

一、平面图形的面积

由定积分的几何意义可知,用定积分可以求平面图形的面积.

由曲线 $y=f(x)$,直线 $x=a$,$x=b(a<b)$ 及 x 轴所围图形(图 3-4-1) 的面积

$$S = \int_{a}^{b} |f(x)|\mathrm{d}x.$$

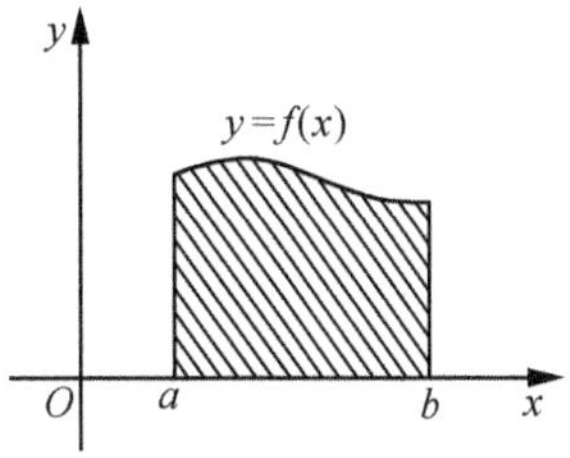

图 3-4-1

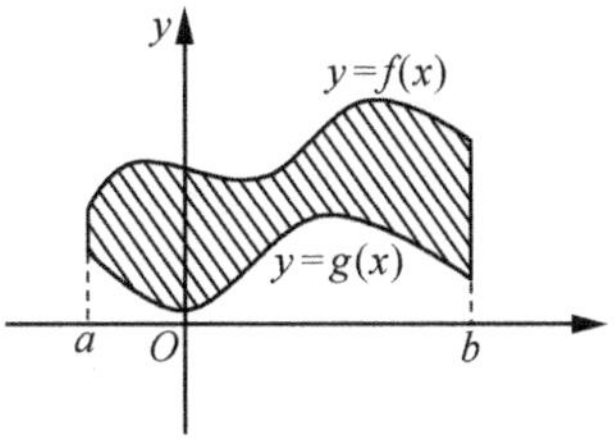

图 3-4-2

一般地，由曲线 $y=f(x)$，曲线 $y=g(x)$ 以及直线 $x=a$，$x=b(a<b)$ 所围图形（图 3-4-2）的面积

$$S=\int_a^b |f(x)-g(x)|\mathrm{d}x.$$

例 1　求抛物线 $y=x^2$ 和直线 $y=x$ 所围图形的面积（图 3-4-3）.

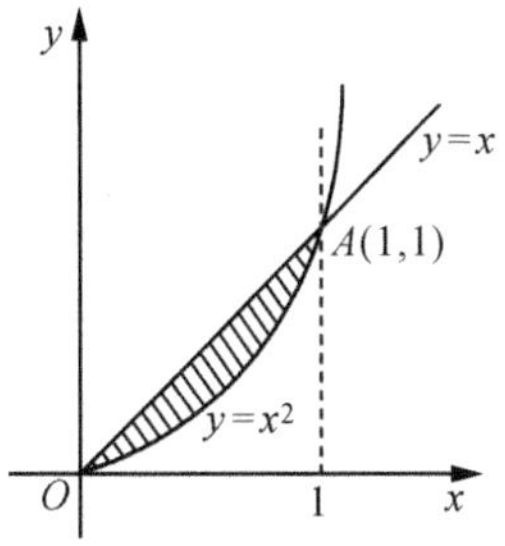

图 3-4-3

解　用定积分求平面图形的面积时要解决两个问题：一是确定积分限，二是确定被积函数. 为了确定积分限，我们考察两曲线的交点，也即考察方程组

$$\begin{cases} y=x^2, \\ y=x. \end{cases}$$

解方程组得到曲线的两个交点 $O(0,0)$ 和 $A(1,1)$，O 点的横坐标 0 是积分下限，A 点的横坐标 1 是积分上限.

因此，所求面积

$$S=\int_0^1 |x-x^2|\mathrm{d}x=\int_0^1(x-x^2)\mathrm{d}x=\frac{1}{6}.$$

例 2　求抛物线 $y=x^2$ 与抛物线 $x=y^2$ 所围图形的面积.

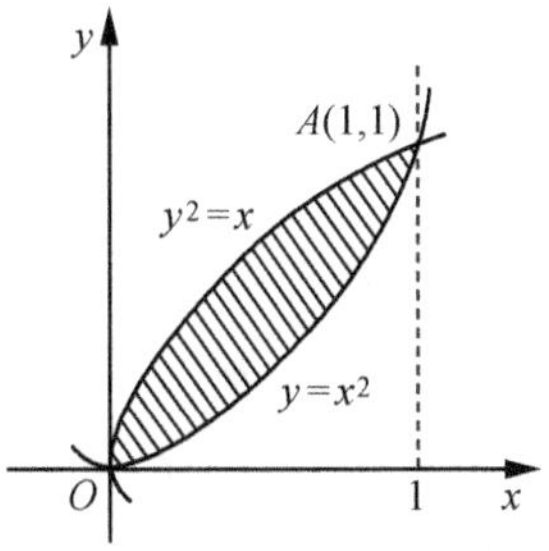

图 3-4-4

解　两条抛物线的交点为 $O(0,0)$ 和 $A(1,1)$，由图 3-4-4 可知 O 点的横坐标 0 是积分下限，A 点的横坐标 1 是积分上限.

因此，所求面积

$$S=\int_0^1 |\sqrt{x}-x^2|\mathrm{d}x$$

$$= \int_0^1 (\sqrt{x} - x^2)\mathrm{d}x = \frac{1}{3}.$$

例 3 求椭圆$\frac{x^2}{a^2} + \frac{y^2}{b^2} = 1(a > 0, b > 0)$ 所围图形的面积.

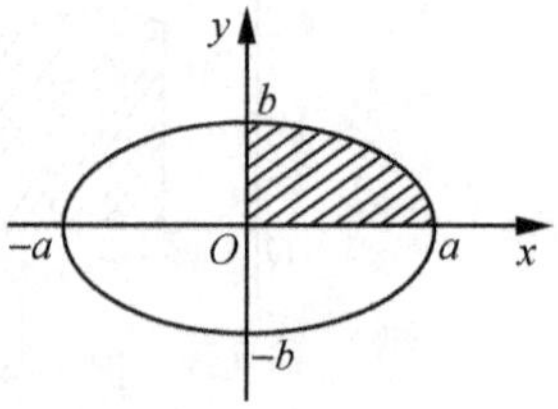

图 3-4-5

解 记椭圆$\frac{x^2}{a^2} + \frac{y^2}{b^2} = 1$ 所围图形的面积为 S，由椭圆的对称性，只要求出椭圆位于第一象限部分（图 3-4-5 中的阴影部分）的面积 S_1. 在第一象限，椭圆的方程为

$$y = \frac{b}{a}\sqrt{a^2 - x^2}.$$

因此，椭圆位于第一象限部分的面积

$$S_1 = \int_0^a \left| \frac{b}{a}\sqrt{a^2 - x^2} \right| \mathrm{d}x$$

$$= \int_0^a \frac{b}{a}\sqrt{a^2 - x^2}\mathrm{d}x = \frac{b}{a}\int_0^a \sqrt{a^2 - x^2}\mathrm{d}x.$$

由定积分的几何意义可知

$$\int_0^a \sqrt{a^2 - x^2}\mathrm{d}x = \frac{1}{4}\pi a^2,$$

于是

$$S_1 = \int_0^a \frac{b}{a}\sqrt{a^2 - x^2}\mathrm{d}x = \frac{b}{a} \cdot \frac{1}{4}\pi a^2 = \frac{1}{4}\pi ab.$$

所以椭圆$\frac{x^2}{a^2} + \frac{y^2}{b^2} = 1$ 所围图形的面积为 $S = 4S_1 = \pi ab$.

二、旋转体的体积

定义 3.4.1 一个平面图形绕该平面内一直线旋转一周所成的立体称为**旋转体**，该直线称为**旋转轴**.

由曲线 $y = f(x)$，直线 $x = a, x = b(a < b)$ 及 x 轴所围成的曲边梯形绕 x 轴旋转一周形成一个旋转体（图 3-4-6），该旋转体的体积为

$$V = \int_a^b \pi[f(x)]^2 \mathrm{d}x.$$

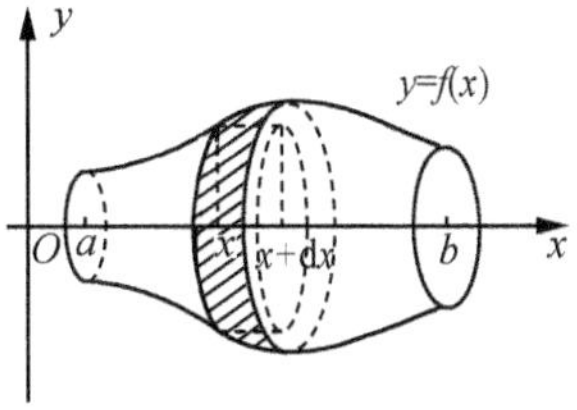

图 3-4-6

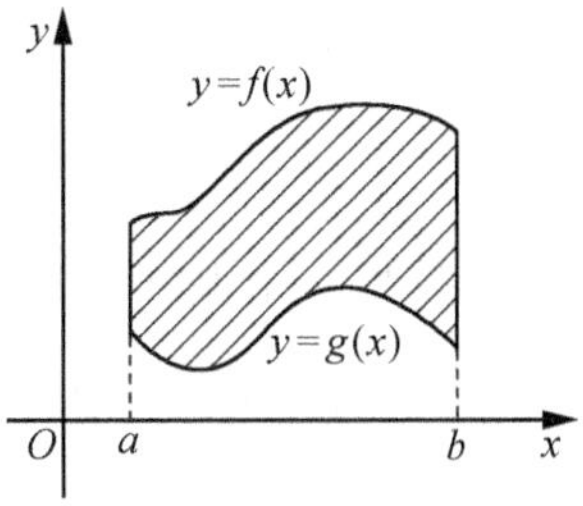

图 3-4-7

一般地，由曲线 $y=f(x)$，$y=g(x)[f(x)>g(x)]$，直线 $x=a$，$x=b(a<b)$ 所围成的图形（图 3-4-7）绕 x 轴旋转一周形成一个旋转体，该旋转体的体积为

$$V=\int_a^b \pi[f^2(x)-g^2(x)]\mathrm{d}x.$$

例 4　求高为 h、底面半径为 r 的圆锥体的体积.

解　该圆锥体可以看成由直线 $y=\frac{r}{h}x$，$x=h$ 及 x 轴所围直角三角形绕 x 轴旋转一周所成的旋转体（图 3-4-8），由旋转体体积公式知其体积为

$$V=\int_0^h \pi\left(\frac{rx}{h}\right)^2\mathrm{d}x=\frac{\pi r^2}{h^2}\int_0^h x^2\mathrm{d}x$$

$$=\frac{\pi r^2}{3h^2}x^3\Big|_0^h=\frac{1}{3}\pi r^2 h.$$

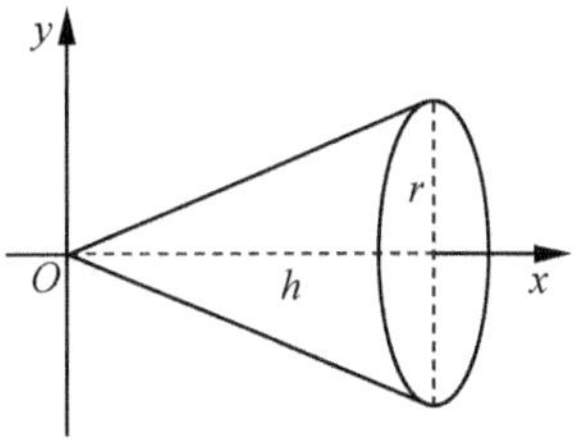

图 3-4-8

因此，圆锥体的体积 $V=\frac{1}{3}\pi r^2 h$.

例 5　求椭圆 $\frac{x^2}{a^2}+\frac{y^2}{b^2}=1$ 绕 x 轴旋转所成的旋转椭球体的体积 V.

解　旋转椭球体可以看作是上半椭圆 $y=\frac{b}{a}\sqrt{a^2-x^2}$ 及 x 轴所围成的图形绕 x 轴旋转所成的，因此旋转椭球体的体积为

$$V=\int_{-a}^{a}\pi\left(\frac{b}{a}\sqrt{a^2-x^2}\right)^2\mathrm{d}x$$

$$=\pi\frac{b^2}{a^2}\left[a^2x-\frac{1}{3}x^3\right]_{-a}^{a}=\frac{4}{3}\pi ab^2.$$

因此，旋转椭球体的体积 $V=\frac{4}{3}\pi ab^2$.

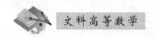

令 $a=b=R$,就得到球 $x^2+y^2+z^2\leqslant R^2$ 的体积公式为

$$V=\frac{4}{3}\pi R^3.$$

例 6 呼吸是一个循环过程,从吸入空气到呼出空气历时 5 s,流入最大速度约为 0.5 L/s,因此可以构造空气流入肺部的速度模型为 $f(t)=\frac{1}{2}\sin\frac{2\pi t}{5}$,求时刻 t 吸入肺内空气的体积.

解 时刻 t 吸入肺内空气的体积为

$$V(t)=\int_0^t \frac{1}{2}\sin\frac{2\pi x}{5}\mathrm{d}x.$$

设 $u=\frac{2\pi x}{5}$,则 $\mathrm{d}x=\frac{5}{2\pi}\mathrm{d}u$. 当 $x=0$ 时,$u=0$;当 $x=t$ 时,$u=\frac{2\pi t}{5}$.

代入 $V(t)$ 的表达式得

$$V(t)=\frac{5}{4\pi}\int_0^{\frac{2\pi t}{5}}\sin u\mathrm{d}u=\frac{5}{4\pi}\left(1-\cos\frac{2\pi t}{5}\right).$$

因此,时刻 t 吸入肺内空气的体积为 $V(t)=\frac{5}{4\pi}\left(1-\cos\frac{2\pi t}{5}\right)$(L).

例 7 如图 3-4-9,设有半径为 R,长度为 L 的一段血管,左端为相对动脉端,血压为 P_1. 右端为相对静脉端,血压为 P_2($P_1>P_2$).

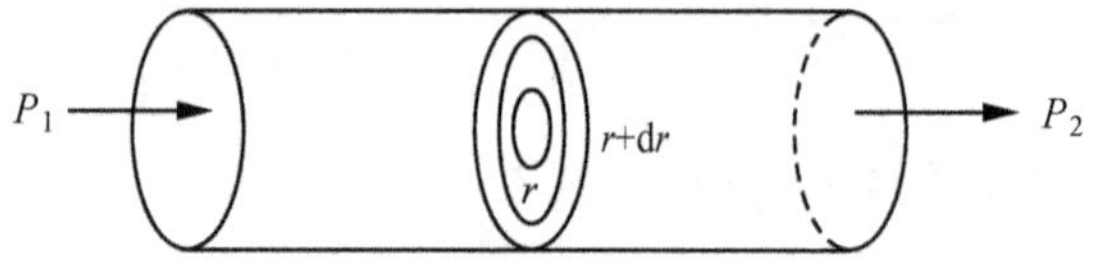

图 3-4-9

研究人员经实验得知,在通常情况下,血液的流速为

$$v(r)=\frac{P_1-P_2}{4\eta L}(R^2-r^2).$$

其中 η 为血液的黏滞系数. 取血管的一个横截面,求单位时间内通过血管横截面的血流量 Q.

解 在单位时间内,通过环面的血流量 $\mathrm{d}Q$ 近似地为

$$\mathrm{d}Q=v(r)\cdot 2\pi r\mathrm{d}r=2\pi rv(r)\mathrm{d}r.$$

从而单位时间内通过该横截面的血流量为

$$Q=\int_0^R v(r)\cdot 2\pi r\mathrm{d}r=2\pi\int_0^R rv(r)\mathrm{d}r.$$

于是

$$\begin{aligned}Q&=2\pi\int_0^R \frac{P_1-P_2}{4\eta L}(R^2-r^2)r\mathrm{d}r\\&=\pi\cdot\frac{P_1-P_2}{4\eta L}\left[R^2r^2-\frac{1}{2}r^4\right]_0^R=\frac{\pi(P_1-P_2)}{8\eta L}R^4.\end{aligned}$$

三、其他应用

1. 投资策略、广告策略或销售策略的确定

投资策略、广告策略或销售策略的确定常常需要根据一些量化的数据来进行.如果数据中涉及变化率的问题,定积分就有可能帮助我们来完成相应的决策.

例 8　某公司每月的销售额为 a 元,平均利润是销售额的 14%.以往的统计数据表明,在不超过两个月的促销活动期间,月销售额的变化率近似地服从函数 $f(t)=a\mathrm{e}^{0.01t}$(t 的单位为周).现公司需决定是否举行一次为期两个月,总成本为$\frac{a}{2}$元的促销活动.按照公司的规定,若新增销售额产生的利润大于活动总成本的 80%,则决定进行.试确定该公司是否进行这次促销活动.若进行这次促销活动,请预评估一下活动的收益.

解　促销活动期间(两个月,即 8 周)的总销售额为

$$\int_0^8 a\mathrm{e}^{0.01t}\mathrm{d}t=\frac{a}{0.01}\mathrm{e}^{0.01t}\Big|_0^8\approx 8.329a,$$

于是新增销售额产生的利润为

$$(8.329a-2a)\cdot 14\%\approx 0.886a>80\%\cdot\frac{a}{2}.$$

因此,该公司要进行这次促销活动.这次促销活动新增的利润为

$$0.886a-\frac{a}{2}=0.386a.$$

2. 最大利润问题

例 9　某煤矿投资 3500 万元建成,开工后,在时刻 t 的追加成本(总成本对

时间的变化率)和增加收益(总收益对时间的变化率)分别为

$$C'(t)=8+3\sqrt{t}\text{(单位:百万元/年)},$$

$$R'(t)=24-\sqrt{t}\text{(单位:百万元/年)}.$$

试问该煤矿何时停止开采可获最大利润,最大利润是多少?

解 根据函数取极值的必要条件知,当 $R'(t)=C'(t)$ 时,可获得最大利润,即

$$8+3\sqrt{t}=24-\sqrt{t},$$

解得

$$t=16.$$

又

$$\left.\frac{\mathrm{d}(R'-C')}{\mathrm{d}t}\right|_{t=16}=\left.\left(-\frac{1}{2\sqrt{t}}-\frac{3}{2\sqrt{t}}\right)\right|_{t=16}=-\frac{1}{2}<0,$$

故当 $t=16$ 时可获最大利润,即最佳终止时间为 16 年.

最大利润为

$$L=\int_0^{16}[R'(t)-C'(t)]\mathrm{d}t-35=\int_0^{16}\left[(24-\sqrt{t})-(8+3\sqrt{t})\right]\mathrm{d}t-35$$

$$=\left[16t-\frac{8}{3}t^{\frac{3}{2}}\right]_0^{16}-35=\frac{151}{3}\text{(百万元)}.$$

3. 消费者剩余与生产者剩余

根据微观经济学理论,一种商品的需求量(或购买量)Q 由多种因素决定,如该商品的价格,购买者的收入,购买者的偏好,与之密切相关的其他商品的价格等.在其他条件不变的情况下,需求函数 $Q=f(P)$ 是价格 P 的递减函数,即当价格上升时需求量下降,当价格下降时需求量上升;而供给函数 $Q=g(P)$ 则是价格 P 的递增函数,即当价格上升时供给量增加,当价格下降时供给量下降.

例 10 设某商品从时刻 0 到时刻 t 的销售量为 $y=kt,k>0,t\in[0,T]$,欲在 T 时刻将数量为 A 的该商品售出,求:(1) t 时刻的商品剩余量,并确定常数 k;(2) 在时间段$[0,T]$上的平均剩余量.

解 (1) 在 t 时刻的商品剩余量为

$$z(t)=A-kt,t\in[0,T].$$

在 T 时刻将数量为 A 的该商品售出,所以

$$A-kT=0,$$

得
$$k=\frac{A}{T}.$$

（2）在时间段$[0,T]$上的平均剩余量为

$$\frac{\int_0^T z(t)\,\mathrm{d}t}{T}=\frac{\int_0^T\left(A-\frac{A}{T}t\right)\mathrm{d}t}{T}=\frac{A}{2}.$$

习　题　三

1. 求下列不定积分：

（1）$\int x^4\,\mathrm{d}x$；　　（2）$\int \frac{x^2}{\sqrt[4]{x}}\mathrm{d}x$；

（3）$\int \cos x\,\mathrm{d}x$；　　（4）$\int 3^x\,\mathrm{d}x$；

（5）$\int 3^x e^x\,\mathrm{d}x$；　　（6）$\int (\sin x+2e^x)\,\mathrm{d}x$；

（7）$\int (x-1)^2\,\mathrm{d}x$；　　（8）$\int x(x^2+1)^2\,\mathrm{d}x$；

（9）$\int (2^x+e^x)^2\,\mathrm{d}x$.

2. 用换元法求下列不定积分：

（1）$\int \cos 3x\,\mathrm{d}x$；　　（2）$\int \frac{\mathrm{d}x}{(2x-3)^4}$；

（3）$\int e^{2x+1}\,\mathrm{d}x$；　　（4）$\int \frac{3x\,\mathrm{d}x}{x^2+5}$；

（5）$\int e^{-\frac{1}{2}x}\,\mathrm{d}x$；　　（6）$\int x\sin x^2\,\mathrm{d}x$；

（7）$\int x^2 e^{x^3}\,\mathrm{d}x$；　　（8）$\int \cot x\,\mathrm{d}x$；

（9）$\int \sin^2 x\cos x\,\mathrm{d}x$；　　（10）$\int \frac{x\,\mathrm{d}x}{(x^2+1)^3}$；

（11）$\int x\sqrt{x^2+4}\,\mathrm{d}x$；　　（12）$\int \frac{x}{\sqrt{x^2+2}}\mathrm{d}x$；

(13) $\int \frac{\ln x+1}{x}\mathrm{d}x$;　　(14) $\int \cos x \mathrm{e}^{\sin x}\mathrm{d}x$.

3. 用分部积分法求下列不定积分：

(1) $\int x\cos x\mathrm{d}x$;　　(2) $\int x\mathrm{e}^{x}\mathrm{d}x$;

(3) $\int \ln x\mathrm{d}x$;　　(4) $\int x\ln 2x\mathrm{d}x$;

(5) $\int x\sin x\cos x\mathrm{d}x$;　　(6) $\int x^{2}\cos x\mathrm{d}x$.

4. 利用定积分的几何意义求下列定积分：

(1) $\int_{0}^{2} x\mathrm{d}x$;　　(2) $\int_{-2}^{2} |x|\mathrm{d}x$;

(3) $\int_{0}^{1} \sqrt{1-x^{2}}\mathrm{d}x$.

5. 求下列定积分：

(1) $\int_{1}^{2} x^{3}\mathrm{d}x$;　　(2) $\int_{2}^{4} \frac{1}{x^{2}}\mathrm{d}x$;

(3) $\int_{1}^{2} \mathrm{e}^{2x}\mathrm{d}x$;　　(4) $\int_{0}^{\frac{\pi}{4}} \tan x\mathrm{d}x$;

(5) $\int_{0}^{1} (2x+1)^{3}\mathrm{d}x$;　　(6) $\int_{0}^{1} (2^{x}+\mathrm{e}^{x})^{2}\mathrm{d}x$;

(7) $\int_{1}^{\mathrm{e}} \left(x+\frac{1}{x}\right)\mathrm{d}x$;　　(8) $\int_{0}^{\frac{\pi}{2}} \sin^{2}x\cos x\mathrm{d}x$;

(9) $\int_{0}^{1} 2x\sqrt{1+x^{2}}\mathrm{d}x$;　　(10) $\int_{1}^{\mathrm{e}} \frac{\ln x}{x}\mathrm{d}x$;

(11) $\int_{1}^{\mathrm{e}} x\ln x\mathrm{d}x$;　　(12) $\int_{0}^{1} (2x-1)^{10}\mathrm{d}x$;

(13) $\int_{0}^{2} x\mathrm{e}^{-x^{2}}\mathrm{d}x$;　　(14) $\int_{0}^{1} \left(\mathrm{e}^{x}+\frac{1}{\sqrt{1+x}}\right)\mathrm{d}x$;

(15) $\int_{0}^{\frac{\pi}{2}} x\sin 2x\mathrm{d}x$.

6. 讨论下列广义积分的敛散性，若收敛，求其值：

(1) $\int_{2}^{+\infty} x\mathrm{e}^{-x^{2}}\mathrm{d}x$;　　(2) $\int_{1}^{+\infty} \frac{1}{x^{3}}\mathrm{d}x$.

7. 设 $a>0$，利用换元积分法证明：

(1) 当 $f(x)$ 为奇函数时，$\int_{-a}^{a}f(x)\mathrm{d}x=0$；

(2) 当 $f(x)$ 为偶函数时，$\int_{-a}^{a}f(x)\mathrm{d}x=2\int_{0}^{a}f(x)\mathrm{d}x$.

8. 求由直线 $y=x$ 与直线 $y^2=x$ 所围封闭图形的面积.

9. 求由曲线 $y=\cos x$，曲线 $y=\sin x$ 和 y 轴在区间 $\left[0,\frac{\pi}{4}\right]$ 上所围成的图形的面积.

10. 求由直线 $y=-x$ 和曲线 $y=2-x^2$ 所围成的图形的面积.

11. 求由曲线 $y=x^2$ 与直线 $x=1$，$y=0$ 所围图形绕 x 轴旋转所成的旋转体的体积.

12. 求由直线 $x+y=1$，$x=3$ 和 $y=0$ 所围图形绕 x 轴旋转所成的旋转体的体积.

13*. 呼吸是一个循环过程，从吸入空气到呼出空气历时 5 s，流入最大速度约为 0.5 L/s，因此可以构造空气流入肺部速度模型为 $f(t)=\frac{1}{2}\sin\frac{2\pi t}{5}$，求时刻 $t=3$ 时吸入肺内空气的体积.

14*. 某工厂投资 40 万元建成一条新的生产线，生产某产品，在时刻 x 的追加成本（总成本对时间的变化率）和增加利润（总收益对时间的变化率）分别为

$$C'(x)=x^2-6x+6\text{（单位：百万元/年）},$$

$$R'(x)=54-4x\text{（单位：百万元/年）}.$$

试确定该产品的最大利润.

第四章

概率论和数理统计初步

概率论和数理统计是研究随机现象的统计规律的一门学科.随着大数据时代的到来,概率论和数理统计的理论和方法被广泛应用于自然科学、社会科学、教育科学、管理科学、军事科学和工农业生产的各个部门,可以说凡是有数据的门类,都不同程度地应用到了概率论和数理统计提供的模型和方法.概率论和数理统计已成为近代数学甚至是近代科学的一个重要组成部分.

4.1 事件与概率

一、随机现象和随机试验

人们在生产实践和科学实验中,发现所观察到的现象大体分为两类:一类是**确定性现象**,这类现象在它发生之前,就能断定它的结果.例如,早晨,太阳必然从东方升起;苹果,不抓住必然往下掉.另一类是**不确定性现象**,它有多于一种的可能结果,在它发生之前不能确定到底会出现哪一种结果,带有不确定性,我们称这种现象为**随机现象**.例如,某地区的年平均气温;打靶时,弹着点离靶心的距离.

随机现象就一次观察而言,没有什么规律,但是经过“大数次”的观察,就会发现结果还是遵循某些规律的.例如,我们做个试验:一个盒子里有 10 个大小相同的球,5 个是白色的,5 个是黑色的,搅匀后从中任意摸出一球.可能摸到白球，也可能摸到黑球，好像没有什么规律．但如果我们从盒子里反复多次摸球（每次取出一球，记录球的颜色之后仍将球放回盒子里并搅匀），那么总可以观察到这样的事实：当次数 n 相当大时，出现白球的次数 n_1 和出现黑球的次数 n_2 是很接近的，$n_1(n_2)$ 大致等于 n 的一半．这就是一种规律性的东西．我们把这种规律称为**统计规律**．概率论和数理统计是研究随机现象发生规律性的一门科学．

为了研究随机现象的统计规律，需要建立模型来描述随机现象，我们给出随机试验的定义．

定义 4.1.1　一个试验如果满足下列条件：

(1) 试验可以在相同的情形下重复进行；

(2) 试验的所有可能结果是明确可知道的，并且不止一个；

(3) 每次试验总是恰好出现这些可能结果中的一个，但在一次试验之前不能肯定这次试验会出现哪一个结果．

则称这样的试验为一个**随机试验**，简称为**试验**．

随机试验的每一个可能的结果，称为**基本事件**．因为随机试验的所有可能的结果是确知的，从而所有基本事件也是确知的．

定义 4.1.2　随机试验的所有基本事件的全体，称为随机试验的**样本空间**，通常用字母 Ω 表示．Ω 中的点，即基本事件也称为**样本点**，常用 ω 表示．

例 1　抛一枚硬币两次，观察其出现正面还是反面．记 $\omega_1=\{$正面，正面$\}$，$\omega_2=\{$正面，反面$\}$，$\omega_3=\{$反面，正面$\}$，$\omega_4=\{$反面，反面$\}$，则样本空间为 $\Omega=\{\omega_1,\omega_2,\omega_3,\omega_4\}$．

例 2　某电话交换站在单位时间内收到的用户呼叫次数可以是 $0,1,2,\cdots$，则样本空间为 $\Omega=\{0,1,2,3,\cdots\}$．

例 3　打靶时，弹着点离靶心的距离可以是任一正实数，所以样本空间为 $\Omega=[0,+\infty)$．

从上面三个例子中我们看到，样本空间中的样本点的个数可以是有限多个，也可以是无限多个．

在随机试验中，我们有时对某种事件或某些事件感兴趣．

定义 4.1.3　随机试验中的某些基本事件所构成的集合，称为随机试验的

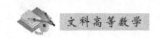

随机事件,用大写字母 A,B 和 C 等表示.

我们知道样本空间 Ω 包含了全部基本事件,而随机事件是由具有某些特征的基本事件所组成的,所以从集合论的观点来看,**一个随机事件是样本空间 Ω 的一个子集**.

又因为样本空间 Ω 包含了全部基本事件,所以在任何一次试验中,Ω 一定发生,称其为**必然事件**,今后用 Ω 来代表必然事件;空集 $\varnothing$ 也是 Ω 的子集,在任何一次试验中都不可能有事件 ω 属于 $\varnothing$,也就是说 $\varnothing$ 永远不可能发生,称 $\varnothing$ 为**不可能事件**. 例如,"5 件产品中有 6 件不合格产品"就是不可能事件. 必然事件和不可能事件虽然不是随机事件,但为了研究问题的方便,把它们看作特殊的随机事件.

二、随机事件的关系和运算

一个随机试验的样本空间 Ω 中,可以有许多随机事件. 我们希望通过对简单事件规律的研究去了解复杂事件的规律,为此,需要研究事件之间的关系及运算.

1. 事件的包含关系和相等关系

定义 4.1.4 设随机试验 E 的样本空间为 Ω,A 和 B 是随机试验 E 的两个事件.

(1) 如果事件 A 发生必然导致事件 B 发生,则称**事件 B 包含事件 A**,记为 $A\subset B$.

(2) 如果事件 $A\subset B$ 且事件 $B\subset A$,则称**事件 A 和事件 B 相等**,记为 $A=B$.

我们借助于维恩图对这两种关系给出直观的说明,图 4-1-1 中的长方形表示样本空间 Ω,长方形中的每一点表示样本点,圆 A 和圆 B 表示事件 A 和事件 B. 圆 A 在圆 B 的内部表示事件 B 包含事件 A.

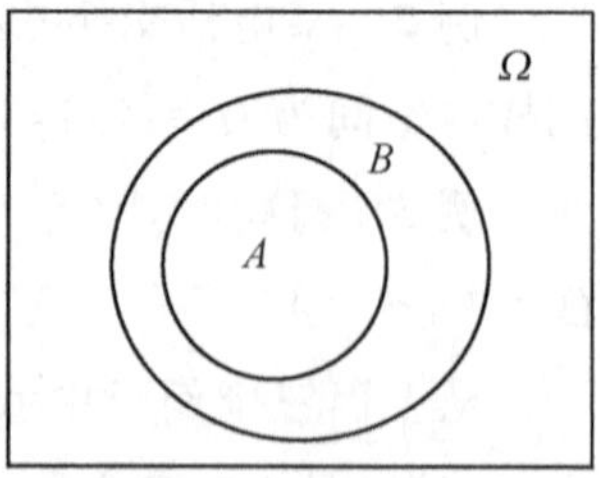

图 4-1-1

例如,例 1 中,设事件 A 为"有一次出现正面",事件 B 为"至少有一次出现正面",则 $A\subset B$. 打靶时,设事件 A 为"打中靶",事件 B 为"至少打中靶一次",则 $A=B$.

我们约定，对任一事件 A，有 $\varnothing \subset A$.

2. 事件的和、差与交

定义 4.1.5　设随机试验 E 的样本空间为 Ω，A，B，$A_i(i=1,2,\cdots,n)$ 是随机试验 E 的一些事件.

(1) 事件 $\{x \mid x\in A$ 或 $x\in B\}$ 称为**事件 A 与事件 B 的和**，记为 $A\cup B$. 当且仅当事件 A 和事件 B 中至少有一个发生时，事件 $A\cup B$ 才发生. 图 4-1-2 中的阴影部分表示事件 $A\cup B$.

类似地，称 $A_1\cup A_2\cup\cdots\cup A_n$ 为 n 个事件 $A_1,A_2,\cdots,A_n$ 的和，简记为 $\bigcup\limits_{i=1}^{n}A_i$.

(2) 事件 $\{x \mid x\in A$ 且 $x\in B\}$ 称为**事件 A 与事件 B 的交**，记为 $A\cap B$. 当且仅当事件 A 和事件 B 同时发生时，事件 $A\cap B$ 才发生. 图 4-1-3 中的阴影部分表示事件 $A\cap B$.

类似地，称 $A_1\cap A_2\cap\cdots\cap A_n$ 为 n 个事件 $A_1,A_2,\cdots,A_n$ 的交，简记为 $\bigcap\limits_{i=1}^{n}A_i$.

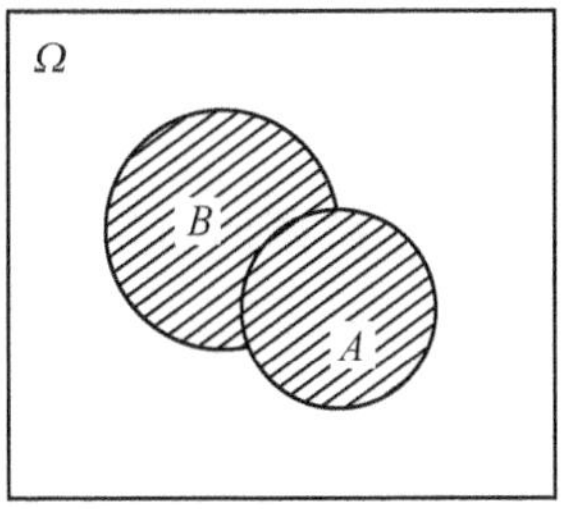

图 4-1-2

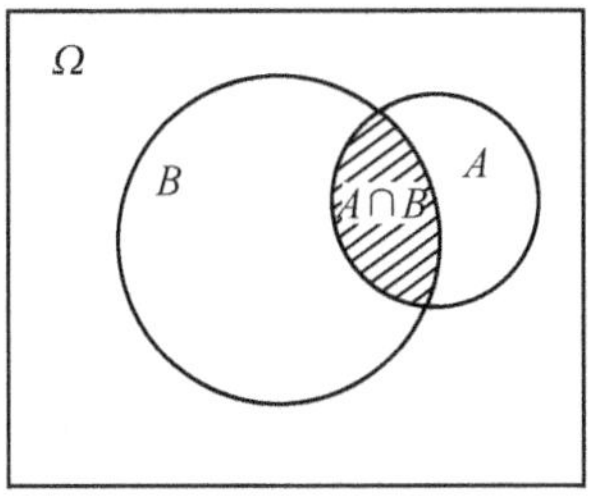

图 4-1-3

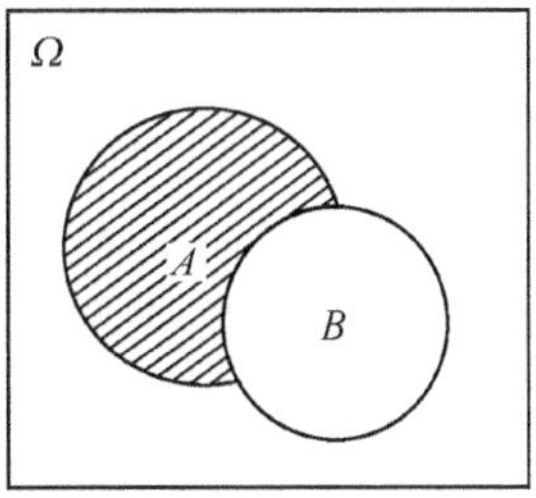

图 4-1-4

(3) 事件 $\{x \mid x\in A$ 且 $x\notin B\}$ 称为**事件 A 与事件 B 的差**. 记为 $A-B$. 当且仅当事件 A 发生而事件 B 不发生时，事件 $A-B$ 才发生. 图 4-1-4 中的阴影部分表示事件 $A-B$.

3. 事件的互不相容关系与对立事件

定义 4.1.6　设随机试验 E 的样本空间为 Ω，A 和 B 是随机试验 E 的两个事件.

(1) 如果事件 A 和事件 B 不能同时发生，即 $A\cap B=\varnothing$，则称**事件 A 与事件 B 为互不相容事件**. 图 4-1-5 中的事件 A 和事件 B 就是两个互不相容事件.

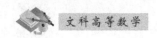

基本事件是两两互不相容事件.

(2) 设 A 是一个事件,不包含 A 中事件的所有事件,即事件 $\Omega - A$,称为**事件 A 的对立事件**,记为$\overline{A}$. 图 4-1-6 中的阴影部分表示事件$\overline{A}$.

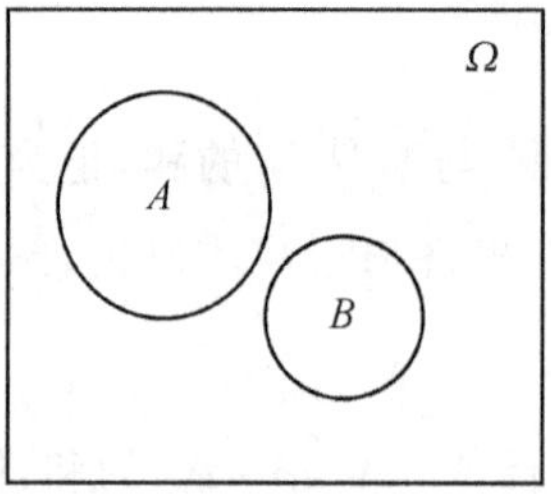

图 4-1-5

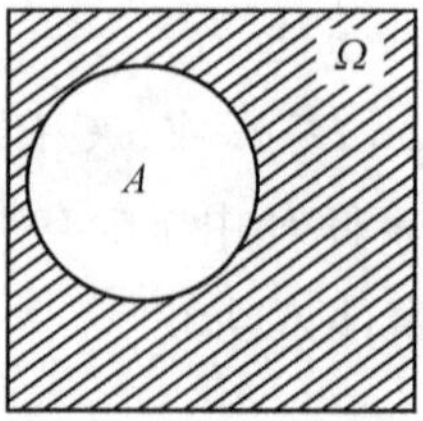

图 4-1-6

容易知道,在一次随机试验中,如果事件 A 发生,则事件$\overline{A}$一定不发生;反之,如果事件$\overline{A}$发生,则事件 A 一定不会发生. 所以事件 A 和事件$\overline{A}$有且只有一个发生. 因而有 $A \cap \overline{A} = \varnothing, A \cup \overline{A} = \Omega$.

显然有$\overline{\overline{A}} = A$.

例 4 将一枚硬币抛掷两次,用 0 表示出现反面,1 表示出现正面.

(1) 求样本空间;

(2) 设事件 A 为"至少出现一次正面",事件 B 为"第二次抛掷的结果为出现反面",求事件 A 和事件 B;

(3) 求 $A \cup B, A \cap B, A - B, B - A, \overline{A}, \overline{B}, \overline{A} \cap \overline{B}, \overline{A \cup B}$.

解 (1) 样本空间为 $\Omega = \{(0,0),(0,1),(1,0),(1,1)\}$;

(2) $A = \{(0,1),(1,0),(1,1)\}, B = \{(1,0),(0,0)\}$;

(3) $A \cup B = \{(0,0),(0,1),(1,0),(1,1)\}$,

$A \cap B = \{(1,0)\}$,

$A - B = \{(0,1),(1,1)\}$,

$B - A = \{(0,0)\}$,

$\overline{A} = \{(0,0)\}$,

$\overline{B} = \{(0,1),(1,1)\}$,

$\overline{A} \cap \overline{B} = \varnothing$,

$\overline{A \cup B} = \varnothing$.

4. 随机事件的运算规律

(1) 交换律　$A\cup B=B\cup A;A\cap B=B\cap A.$

(2) 结合律　$A\cup(B\cup C)=(A\cup B)\cup C;$

$A\cap(B\cap C)=(A\cap B)\cap C.$

(3) 分配律　$A\cup(B\cap C)=(A\cup B)\cap(A\cup C);$

$A\cap(B\cup C)=(A\cap B)\cup(A\cap C).$

(4) 对偶律　$\overline{A\cup B}=\overline{A}\cap\overline{B};\overline{A\cap B}=\overline{A}\cup\overline{B}.$

三、概率和频率

对于随机事件，我们主要关心它发生的可能性有多大，以便对所关心的问题做出决策. 例如，只有知道了一个企业的产品在市场上销售好（坏）的可能性有多大，我们才可以对企业的生产做出正确的决策.

对于一个随机事件来说，它发生的可能性的大小是由它自身决定的，是客观存在的. 一个重要的问题是，对于一个随机事件 A，如何确定它发生的可能性的大小？我们考虑两个随机事件 A 和 B，进行 n 次随机试验，事件 A 发生的次数记为 n_A，事件 B 发生的次数记为 n_B. 如果事件 A 发生的可能性比事件 B 发生的可能性大，那么可以预测一般情况下，有 $n_A>n_B$. 我们一般考察它们与 n 的比值，则有

$$\frac{n_A}{n}>\frac{n_B}{n}.$$

我们称比值 $\frac{n_A}{n}$ 为 n 次随机试验中事件 A 发生的**频率**，记为 $f_n(A)$.

频率有下述性质：

(1) 非负性，即 $f_n(A)\geqslant 0$；

(2) 规范性，即必然事件 Ω 的频率 $f_n(\Omega)=1$；

(3) 可加性，即如果事件 A 和事件 B 是互不相容的两个事件，则

$$f_n(A\cup B)=f_n(A)+f_n(B).$$

研究发现，当 n 相当大时，频率 $f_n(A)$ 就会与某个常数非常“靠近”，这个常数就代表着事件 A 发生可能性的大小，即概率 $P(A)$. 例如，历史上有许多人做

过抛硬币的试验，下面(表 4-1-1)是其中的一些试验数据：

表 4-1-1

试验者	抛掷次数	出现正面的次数	频率
蒲　丰	4040	2048	0.5069
皮尔逊	12000	6019	0.5016
皮尔逊	24000	12012	0.5005

按常识，抛一枚均匀硬币，出现正面和出现反面的可能性是相同的. 从上面这些数据可以看出，多次抛硬币时，出现正面的频率稳定在 0.5 左右. 这说明当实验次数 n 较大时，可以用频率 $f_n(A)$ 作为概率 $P(A)$ 的一个近似. 这样，一方面，我们有了一种求概率的方法，即通过计算 n 较大时的频率 $f_n(A)$ 来估计概率 $P(A)$；另一方面，启发我们，概率也应具有和频率相同的性质.

定义 4.1.7　设 E 是随机试验，Ω 是样本空间，对每一个事件 A 赋予一个实数 $P(A)$，如果集合函数 $P(\cdot)$ 满足：

(1) 非负性，即 $P(A)\geqslant 0$；

(2) 规范性，即必然事件 Ω 的概率 $P(\Omega)=1$；

(3) 可列可加性，即设 $A_1,A_2,\cdots,A_n,\cdots$ 是两两互不相容的事件，即当 $i\neq j$ 时 $A_i\cap A_j=\varnothing(i,j=1,2,\cdots)$，则有

$$P(A_1\cup A_2\cup\cdots\cup A_n\cup\cdots)=P(A_1)+P(A_2)+\cdots+P(A_n)+\cdots.$$

称实数 $P(A)$ 为事件 A 的**概率**.

概率具有下列性质：

(1) $P(\varnothing)=0$.

(2) 对任一事件 A，有 $P(A)\leqslant 1$.

在概率计算中，可加性是很重要的性质，可以证明有限个互不相容的事件也满足可加性.

(3) (加法法则)　设 $A_1,A_2,\cdots,A_n$ 是随机试验 E 的两两互不相容的有限个事件，则

$$P(A_1\cup A_2\cup\cdots\cup A_n)=P(A_1)+P(A_2)+\cdots+P(A_n).$$

(4) 如果事件 A 和事件 B 满足 $A\supset B$，则 $P(A-B)=P(A)-P(B)$.

(5) $P(\overline{A})=1-P(A)$.

下面介绍两种最常见，也是最简单的概率模型：古典概型和几何概型.

四、古典概型

定义 4.1.8　如果随机试验 E 满足下列两个性质：

(1) 随机试验 E 只包含有限个基本事件，不妨设为 n 个，并记为 $\omega_1,\omega_2,\cdots,\omega_n$；

(2) 每个基本事件发生的可能性相同，即 $P(\omega_1)=P(\omega_2)=\cdots=P(\omega_n)$.

则称随机试验 E 为**古典型随机试验**，相关概率问题称为**古典概型**.

古典概型的一些概念具有直观、容易理解的特点，有着广泛的应用. 古典概型在日常生活中经常遇到，如抛骰子、乐透型彩票等；在学校教学中也经常遇到，如教师从高等数学试题库中随机抽取一份试题进行期末考试.

古典概型 E 的样本空间为 $\Omega=\{\omega_1,\omega_2,\cdots,\omega_n\}$，因此，由概率的可加性知

$$P(\omega_1)+P(\omega_2)+\cdots+P(\omega_n)=P(\Omega)=1.$$

又因为

$$P(\omega_1)=P(\omega_2)=\cdots=P(\omega_n),$$

所以

$$P(\omega_1)=P(\omega_2)=\cdots=P(\omega_n)=\frac{1}{n}.$$

因此，我们有如下定理：

定理 4.1.1　设古典概型 E 有 n 个基本事件，随机事件 A 包含 k 个基本事件，则随机事件 A 的概率为

$$P(A)=\frac{k}{n}=\frac{A\text{ 中包含的基本事件数}}{\text{样本空间中基本事件的总数}}.$$

上式就是古典概型中事件 A 的概率的计算公式.

例 5　抛掷一颗均匀的骰子，只可能出现 1 点，2 点，…，6 点这 6 种情况，即样本空间为 $\Omega=\{1,2,3,4,5,6\}$. 而且由于骰子是均匀的，每种情况出现的可能性都相同，所以这是一个古典概型问题. 每一个基本事件的概率均为 $\frac{1}{6}$.

例 6　掷一枚硬币，求出现正面的概率.

解　记 ω_1 为出现正面，ω_2 为出现反面，样本空间为 $\Omega=\{\omega_1,\omega_2\}$. 记事件 A 为"出现正面"，则事件 $A=\{\omega_1\}$，事件 A 中包含的基本事件数等于 1，而样本

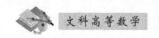

空间中基本事件总数等于 2,所以事件 A 的概率为

$$P(A)=\frac{1}{2}=0.5,$$

即出现正面的概率为 0.5.

例 7 一个盒子里有 10 个相同的球,其中 6 个红球、2 个黄球、2 个绿球,搅匀后从中任意摸取一球,求摸出红球的概率.

解 不妨将盒子中的球编号:6 个红球的号码为 $N_1,N_2,\cdots,N_6$;2 个黄球的号码为 N_7,N_8;2 个绿球的号码为 N_9,N_{10}. 则样本空间为 $\Omega=\{N_1,N_2,\cdots,N_{10}\}$. 故样本空间中基本事件总数 $n=10$.

令 A 表示事件"摸出的是红球",则事件 $A=\{N_1,N_2,\cdots,N_6\}$,即事件 A 中含有 6 个基本事件. 因此,事件 A 的概率

$$P(A)=\frac{6}{10}=0.6,$$

即摸出红球的概率为 0.6.

例 8 某厂生产了一批零件,总数为 N,其中有 M 个零件是次品,现从这批零件中任取 S 件,求其中恰有 T 件次品的概率.

解 设事件 A 表示随机事件"从这批零件中任取 S 件,恰有 T 件次品",基本事件总数为 C_N^S,事件 A 中含有 $C_M^T C_{N-M}^{S-T}$ 个基本事件,因此事件 A 的概率

$$P(A)=\frac{C_M^T C_{N-M}^{S-T}}{C_N^S}.$$

即从这批零件中任取 S 件,其中恰有 T 件次品的概率为 $\frac{C_M^T C_{N-M}^{S-T}}{C_N^S}$.

古典概型问题中基本事件的等概率性是很重要的,在讨论古典概型问题时首先必须仔细地验证基本事件的概率是否相等,否则就会出错.

例如,掷两枚均匀的硬币,可能出现两正面、一正一反和两反面三种情况,如果记 ω_1 为事件"两正面",ω_2 为事件"一正一反",ω_3 为事件"两反面",则样本空间 $\Omega=\{\omega_1,\omega_2,\omega_3\}$. 因为事件 ω_1,ω_2 和 ω_3 不是等可能的[从例 6 可以知道 $P(\omega_1)=P(\omega_3)=0.25,P(\omega_2)=0.5$],所以这样描述问题就不是古典概型了.

五、几何概率

上述古典概型是一种特殊情形的概率问题,要求随机试验包含有限个基本

事件.对于随机试验包含无限个基本事件的情形,上述的方法是无法处理的.现在我们将古典概型的定义进行推广,使得概率的新定义能适用于随机试验的基本事件是无穷多个的情形.

我们在一个面积为 S_Ω 的区域 Ω 中等可能地任意投点(图 4-1-7).这里"等可能"的确切含义是这样的:设在区域 Ω 中任意一个小区域 A,如果它的面积为 S_A,则点落在 A 中的可能性的大小与面积 S_A 成正比,而与 A 的形状无关.如果"点落入小区域 A 中"这一随机事件仍然记作 A,则在区域 Ω 内任意投掷一点而落在区域 A 内的概率定义为

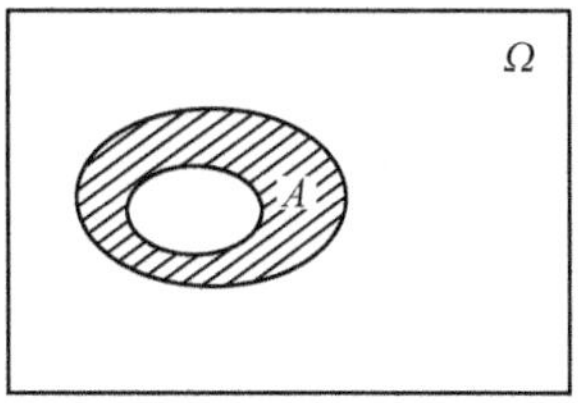

图 4-1-7

$$P(A)=\frac{S_A}{S_\Omega}.$$

称这一类随机试验为几何型的,其概率通常称为几何概率.

定义 4.1.9(几何概型)　如果随机试验 E 满足:

(1) 样本空间 Ω 无限;

(2) 任意一点落在子区域内是等可能的.

则称随机试验 E 为**几何概型随机试验**,相关概率问题称为**几何概型**.

定理 4.1.2　设随机试验 E 是几何型的,其样本空间中的所有基本事件可以用一个有界区域 Ω 来描述,事件 A 所包含的基本事件可用其中一部分区域 A 来表示,则事件 A 发生的概率为

$$P(A)=\frac{S_A}{S_\Omega}.$$

其中 S_Ω 和 S_A 表示区域 Ω 和 A 的面积.

一般地,如果随机试验的基本事件有无穷多个,且可以用某种数量特征来表示其总和(如果在一个线段上投点,那么数量特征是长度,定理 4.1.2 中的面积应改为长度),我们都可以用几何的方法来处理其概率问题.

和古典概型相比较,几何概率问题中虽然还要求基本事件是等概率的,但是基本事件的数量放宽到无穷多个了.

例 9　在一个单位正方形(边长为 1 m)中均匀投点,求点落入图 4-1-8 中扇形区域(阴影部分)A 中的概率.

解 记正方形区域为Ω，显然其面积$S_\Omega=1\ \text{m}^2$. 由于扇形区域A是半径为1 m，圆心角为$\frac{\pi}{2}$的扇形，所以扇形区域A的面积为$S_A=\frac{\pi}{4}\ \text{m}^2$. 因此，点落入扇形区域$A$中的概率为

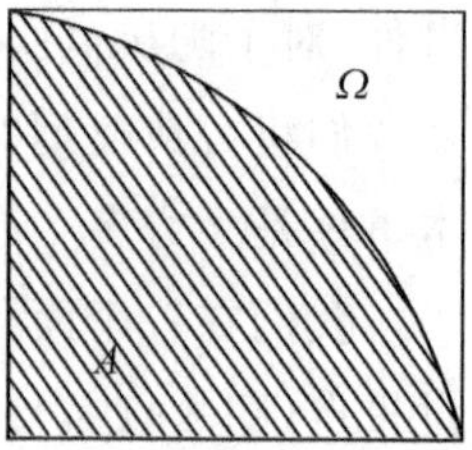

图 4-1-8

$$P(A)=\frac{S_A}{S_\Omega}=\frac{\frac{\pi}{4}}{1}=\frac{\pi}{4}.$$

例9计算非常简单，但从例9中我们可以得到计算π的一种方法. 前面我们讲过，当试验次数n很大时，频率可以作为概率的近似值，我们在图4-1-8中的正方形内均匀投点，记落在区域A中点的数目为n_A，当投点的数目n很大时，

$$\pi\approx 4\times\frac{n_A}{n}=\frac{4n_A}{n}.$$

这种计算π的方法称为随机模拟方法，又称为蒙特卡洛(Monte-Carlo)方法. 现在随着电子计算机的广泛使用，蒙特卡洛方法得到了迅速的发展和广泛的应用.

例10 甲、乙两人约定在下午4:00到5:00之间在某处会面，并约定先到者应等候另一个人15分钟，过时即离去. 求甲、乙两人会面的概率.

解 以x和y分别表示甲、乙两人到达约会地点的时间，则两人能够会面的条件是

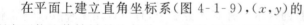

$$|x-y|\leqslant 15.$$

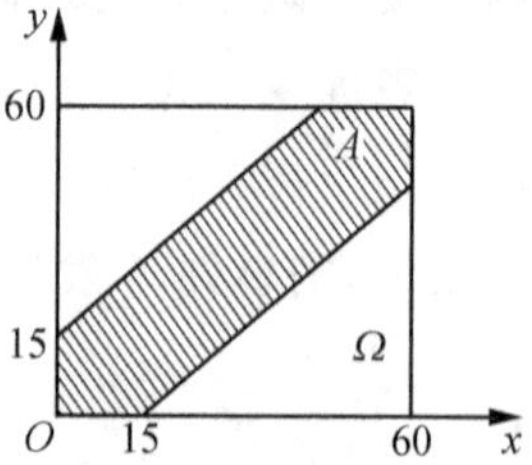

图 4-1-9

在平面上建立直角坐标系(图4-1-9)，(x,y)的所有可能取值结果是边长为60的正方形，而可能会面的时间由图4-1-9中阴影部分表示(记图4-1-9中阴影部分区域为A). 这是一个几何概型问题，正方形的面积为$S_\Omega=60^2=3600$，区域A的面积为$S_A=60^2-45^2=1575$，所以甲和乙两人会面的概率为

$$P(A)=\frac{S_A}{S_\Omega}=\frac{1575}{3600}=\frac{7}{16}.$$

利用几何概型，我们来计算图 4-1-10 中事件 A 与事件 B 和的概率. 显然，事件 $A\cap B$ 由图 4-1-10 中 A,B 的公共部分表示，所以

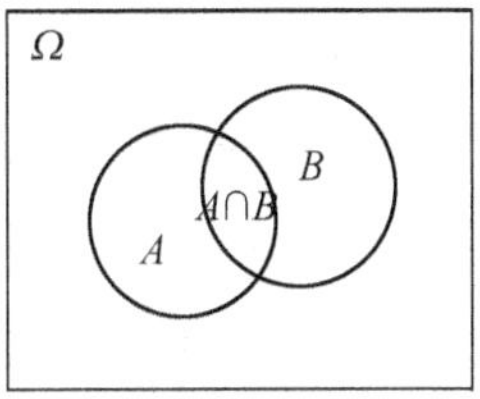

图 4-1-10

$$P(A\cup B)=\frac{S_A+S_B-S_{A\cap B}}{S_\Omega}=\frac{S_A}{S_\Omega}+\frac{S_B}{S_\Omega}-\frac{S_{A\cap B}}{S_\Omega}$$
$$=P(A)+P(B)-P(A\cap B).$$

这是概率论中的一个常用公式，称之为**广义加法法则**.

定理 4.1.3(广义加法法则)　设事件 A 和事件 B 是随机试验 E 的两个事件，则

$$P(A\cup B)=P(A)+P(B)-P(A\cap B).$$

如果事件 A 和事件 B 是两两互不相容的，则定理 4.1.3 就是概率的加法法则.

例 11　某班级有男生 30 人，女生 20 人，来自江苏的有 20 人，其中男生 15 人，女生 5 人. 现随机选出一人参加评估考试，求选出的是男生或者是来自江苏的概率.

解　记事件 $A=\{$选出的学生是男生$\}$，事件 $B=\{$选出的学生来自江苏$\}$，则

$$P(A)=\frac{30}{50}=0.6,P(B)=\frac{20}{50}=0.4,P(A\cap B)=\frac{15}{50}=0.3,$$

所以选出的是男生或者是来自江苏的概率为

$$P(A\cup B)=P(A)+P(B)-P(A\cap B)$$
$$=0.6+0.4-0.3=0.7.$$

4.2　条件概率和独立性

一、条件概率

在实际问题中，常常要讨论在事件 B 已经发生的条件下，另一个事件 A 发生的概率. 这就是条件概率.

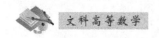

考虑如下问题：抛一枚均匀硬币两次，观察出现正面还是反面. 记 $\omega_1=\{$正面，正面$\}$，$\omega_2=\{$正面，反面$\}$，$\omega_3=\{$反面，正面$\}$，$\omega_4=\{$反面，反面$\}$，则样本空间为 $\Omega=\{\omega_1,\omega_2,\omega_3,\omega_4\}$，那么在已知有一次出现正面的条件下，两次出现相同面(即同为正面或反面)的概率是多大？

记两次出现相同面的随机事件为 A，则 $A=\{$(正面，正面)，(反面，反面)$\}=\{\omega_1,\omega_4\}$；至少有一次出现正面的随机事件为 B，则 $B=\{$(正面，正面)，(正面，反面)，(反面，正面)$\}=\{\omega_1,\omega_2,\omega_3\}$. 由于硬币是均匀的，故此为古典概型，则有 $P(A)=\frac{2}{4}=\frac{1}{2}$，$P(B)=\frac{3}{4}$.

现在我们要讨论在事件 B 已经发生的条件下，事件 A 发生的概率. 此时的样本空间缩小为 B，其基本事件数为 3，比原来的基本事件数 4 少 1. 在事件 B 发生的条件下，事件 A 要发生，表明事件 A 和事件 B 要同时发生，针对上面问题即基本事件 $\omega_1=$(正面，正面)出现，因此事件 B 发生的条件下事件 A 发生的概率为$\frac{1}{3}$. 我们把这种事件 B 发生的条件下事件 A 发生的概率称为条件概率，记为 $P(A|B)$. 由 $P(A|B)=\frac{1}{3}=\frac{\frac{1}{4}}{\frac{3}{4}}=\frac{P(A\cap B)}{P(B)}$，我们有下面的定义：

定义 4.2.1 设事件 A 和事件 B 是随机试验 E 的两个事件，且 $P(B)>0$，称

$$\frac{P(A\cap B)}{P(B)}$$

为在事件 B 发生的条件下事件 A 发生的**条件概率**，简称为事件 A 对事件 B 的**条件概率**，记为 $P(A|B)$.

容易验证条件概率符合概率定义中的三个条件，即

(1) 对于每一个事件 A，有 $P(A|B)\geqslant 0$；

(2) 对于必然事件 Ω，有 $P(\Omega|B)=1$；

(3) 如果 $A_1,A_2,\cdots,A_n,\cdots$ 是两两互不相容的事件，则

$P((A_1|B)\cup(A_2|B)\cup\cdots\cup(A_n|B)\cup\cdots)=P(A_1|B)+P(A_2|B)+\cdots+P(A_n|B)+\cdots$.

因此，条件概率也具有概率的一些重要性质. 例如，对于任意事件 A_1，A_2，有

$$P(A_1 \cup A_2 | B)=P(A_1 | B)+P(A_2 | B)-P(A_1 \cap A_2 | B).$$

例 1　某班级有男生 30 人，女生 20 人，来自江苏的有 20 人，其中男生 15 人、女生 5 人. 现随机选出一人参加评估考试. 记事件 A 为选出男生，事件 B 为选出的学生来自江苏，求条件概率 $P(A|B)$.

解　由于总人数为 50，所以 $P(B)=\frac{20}{50}=0.4$；

来自江苏的男生为 15 人，所以 $P(A\cap B)=\frac{15}{50}=0.3$.

因此，条件概率 $P(A|B)=\frac{P(A\cap B)}{P(B)}=\frac{0.3}{0.4}=0.75$.

例 2　一袋中装有 4 个球，其中 3 个红球、1 个黑球，从袋中取球两次，每次取一个球，作不放回抽样. 设事件 B 为“第一次取到的是红球”，事件 A 为“第二次取到的是红球”，求条件概率 $P(A|B)$.

解　我们不妨将球编号，1，2，3 号为红球，4 号为黑球，以 (i,j) 表示第一次、第二次分别取到第 i 号球和第 j 号球，则样本空间为

$\Omega=\{(1,2),(1,3),(1,4),(2,1),(2,3),(2,4),(3,1),(3,2),(3,4),(4,1),(4,2),(4,3)\}$，

$B=\{(1,2),(1,3),(1,4),(2,1),(2,3),(2,4),(3,1),(3,2),(3,4)\}$，

$A=\{(1,2),(1,3),(2,1),(2,3),(3,1),(3,2),(4,1),(4,2),(4,3)\}$，

$A\cap B=\{(1,2),(1,3),(2,1),(2,3),(3,1),(3,2)\}$.

所以 $P(B)=\frac{9}{12}=0.75$，$P(A\cap B)=\frac{6}{12}=0.5$.

因此，条件概率 $P(A|B)=\frac{P(A\cap B)}{P(B)}=\frac{0.5}{0.75}\approx 0.67$.

例 3　某种动物活到 5 岁的概率为 0.7，活到 8 岁的概率为 0.56，求现年为 5 岁的该种动物活到 8 岁的概率.

解　设 A 表示这种动物活到 5 岁以上的事件，B 表示这种动物活到 8 岁以上的事件. 由题设，

$$P(A)=0.7,\ P(B)=0.56，且\ B\subset A，$$

所以 $P(A\cap B)=P(B)$.

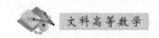

因此，现年为 5 岁的该种动物活到 8 岁的概率为

$$P(B|A)=\frac{P(A\cap B)}{P(A)}=\frac{P(B)}{P(A)}=\frac{0.56}{0.7}=0.8.$$

二、乘法法则

由条件概率的定义，可以得到乘法法则：

定理 4.2.1（乘法法则） 设事件 A 和事件 B 是随机试验 E 的两个事件，且 $P(B)>0$，则

$$P(A\cap B)=P(A|B)P(B).$$

乘法法则可以推广到多个事件的情形. 例如，设事件 A,B,C 是随机试验 E 的三个事件，且 $P(A\cap B)>0$，则

$$P(A\cap B\cap C)=P(A)P(B|A)P(C|A\cap B).$$

例 4 在 100 件产品中有 10 件次品，每次从其中抽取一件产品，取出的产品不再放回去，求：

(1) 第二次才取得合格品的概率；

(2) 第三次才取得合格品的概率.

解 设事件 A 表示第一次取出的产品是次品，事件 B 表示第二次取出的产品也是次品，事件 C 表示第二次取出的产品是合格品，事件 D 表示第三次取出的产品是合格品.

由题设，

$$P(A)=\frac{10}{100}=\frac{1}{10},$$

$$P(B|A)=\frac{9}{99}=\frac{1}{11},$$

$$P(C|A)=\frac{90}{99}=\frac{10}{11},$$

$$P(D|A\cap B)=\frac{90}{98}=\frac{45}{49}.$$

所以，第二次才取得合格品的概率为

$$P(A\cap C)=P(A)P(C|A)$$

$$=\frac{1}{10}\times\frac{10}{11}\approx 0.0909;$$

第三次才取得合格品的概率为

$$P(A\cap B\cap D)=P(A)P(B|A)P(D|A\cap B)$$

$$=\frac{1}{10}\times\frac{1}{11}\times\frac{45}{49}\approx 0.0083.$$

从上面的例子可以看出，一般情况下，一个事件的发生会对另外一些事件发生的概率产生影响，所以一般情况下，$P(A|B)\neq P(A)$.

三、随机事件的独立性

由条件概率知：$P(A|\Omega)=\frac{P(A\cap\Omega)}{P(\Omega)}=\frac{P(A)}{P(\Omega)}=P(A)$，说明事件 A 的概率也可以看成是必然事件 Ω 发生的条件下的条件概率. 由于必然事件一定发生，故不影响其他随机事件的发生，所以等式 $P(A|\Omega)=P(A)$ 表明了事件 Ω 不影响事件 A 发生的概率.

若一个随机事件 A 发生的概率不受另一个随机事件 B 发生与否的影响，则说事件 A 和事件 B 相互独立. 用公式表示为：在 $P(B)>0$ 的条件下，有 $P(A|B)=P(A)$成立.

定义 4.2.2　设事件 A 和事件 B 是随机试验 E 的两个事件且 $P(B)>0$，如果 $P(A|B)=P(A)$，则称事件 A 和事件 B **相互独立**.

由乘法法则可得：

定理 4.2.2　事件 A 和事件 B 相互独立的充要条件是 $P(A\cap B)=P(A)P(B)$.

定理 4.2.3　如果事件 A 和事件 B 相互独立，则事件 A 与事件$\overline{B}$，事件$\overline{A}$与事件 B，事件$\overline{A}$与事件$\overline{B}$也相互独立.

例 5　在 100 件产品中有 5 件次品，现采用有放回抽样，即每次从中取出一件观察后再放回，然后进行下一次抽样.

(1) 求在第一次抽到次品的条件下，第二次抽到次品的概率；

(2) 求在第一次抽到正品的条件下，第二次抽到次品的概率；

(3) 求第二次抽到次品的概率；

(4) 事件“第一次抽到次品”与事件“第二次抽到次品”是否相互独立？

解 设 A,B 分别表示第一、第二次抽到次品的事件,则 $\overline{A}$ 表示第一次抽到正品的事件. 根据题设,

$$P(A)=\frac{5}{100}=\frac{1}{20},$$

$$P(\overline{A})=1-P(A)=\frac{19}{20}.$$

因为是有放回抽样,所以在第二次抽样时,第一次抽取的样品已经放回到产品中,在 100 件产品中仍然有 5 件是次品,所以不管第一次抽到次品还是正品,第二次抽到次品的概率都是一样的,即有

(1) $P(B|A)=\frac{5}{100}=\frac{1}{20}$,

即在第一次抽到次品的条件下,第二次抽到次品的概率为$\frac{1}{20}$.

(2) $P(B|\overline{A})=\frac{5}{100}=\frac{1}{20}$,

即在第一次抽到正品的条件下,第二次抽到次品的概率为$\frac{1}{20}$.

(3) $P(B)=\frac{5}{100}=\frac{1}{20}$,

即第二次抽到次品的概率为$\frac{1}{20}$.

(4) 因为 $P(B)=P(B|A)$,所以事件 A 和事件 B 相互独立,即事件“第一次抽到次品”与事件“第二次抽到次品”相互独立.

例 6 在 100 件产品中有 5 件次品,现采用不放回抽样,求:

(1) 在第一次抽到次品的条件下,第二次抽到次品的概率;

(2) 在第一次抽到正品的条件下,第二次抽到次品的概率.

解 设 A,B 分别表示第一、第二次抽到次品的事件,则 $\overline{A}$ 表示第一次抽到正品的事件.

(1) 因为第一次抽到次品,第二次抽样时,剩下的 99 件产品中有 4 件是次品,所以

$$P(B|A)=\frac{4}{99},$$

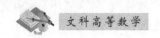

即在第一次抽到次品的条件下，第二次抽到次品的概率为$\frac{4}{99}$.

(2) 因为第一次抽到正品，第二次抽样时，剩下的 99 件产品中有 5 件是次品，所以

$$P(B|\overline{A})=\frac{5}{99},$$

即在第一次抽到正品的条件下，第二次抽到次品的概率为$\frac{5}{99}$.

由上例自然想到问题：在 100 件产品中有 5 件产品，如果采用不放回抽样，第二次抽到次品的概率是多少？对于这个问题，我们将在下面的全概率公式中给出回答.

四*、全概率公式

在实际问题中，常常遇到一个较为复杂的事件 B 伴随着一些简单事件 $A_i(i=1,2,\cdots,n)$之一发生而发生的情形. 这时，要求事件 B 的概率，可以将其分解为一些简单事件 A_i 的组合，然后利用概率的加法公式和乘法公式，就可以求出事件 B 的概率，这就是下面要讨论的全概率公式.

定义 4.2.3　设 Ω 是一个随机试验 E 的样本空间，$A_i(i=1,2,\cdots,n)$是 Ω 的一组两两互不相容的 n 个事件，且 $A_1\cup A_2\cup\cdots\cup A_n=\Omega$，称 $A_i(i=1,2,\cdots,n)$为随机试验 E 的一个**完备事件组**.

例如，将一枚硬币抛掷两次，用 0 表示出现反面，1 表示出现正面，则样本空间为 $\Omega=\{(0,0),(0,1),(1,0),(1,1)\}$. 设 $A_1=\{(0,0),(0,1)\}$，$A_2=\{(1,0)\}$，$A_3=\{(1,1)\}$，则事件 A_1，A_2，A_3 就是一个完备事件组. 特别地，事件 A_1 和事件 $\overline{A_1}$是一个完备事件组.

显然，如果 $A_i(i=1,2,\cdots,n)$是随机试验 E 的一个完备事件组，则

$$P(A_1)+P(A_2)+\cdots+P(A_n)=1.$$

于是，事件 A 可以分解成

$$A=(A\cap A_1)\cup(A\cap A_2)\cup\cdots\cup(A\cap A_n),$$

这样就可以得到**全概率公式**.

定理 4.2.4(全概率公式)　设 $A_i(i=1,2,\cdots,n)$为随机试验 E 的一个完备

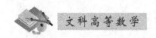

事件组，A 是随机试验 E 的一个事件，则

$$P(A)=P(A_1)P(A|A_1)+P(A_2)P(A|A_2)+\cdots+P(A_n)P(A|A_n).$$

例 7　求例 6 中第二次抽出次品的概率.

解　设 A,B 分别表示第一、第二次抽到次品的事件，则 $\overline{A}$ 表示第一次抽到正品的事件，因此事件 A 和事件$\overline{A}$构成一个完备事件组.

根据题设

$$P(A)=\frac{5}{100}=\frac{1}{20},P(\overline{A})=\frac{19}{20}.$$

在例 6 中我们已经求出了

$$P(B|A)=\frac{4}{99},P(B|\overline{A})=\frac{5}{99}.$$

根据全概率公式，有

$$\begin{aligned}P(B)&=P(A)P(B|A)+P(\overline{A})P(B|\overline{A})\\&=\frac{1}{20}\times\frac{4}{99}+\frac{19}{20}\times\frac{5}{99}=0.05.\end{aligned}$$

即第二次抽出次品的概率为 0.05.

例 8　用抽签的方法决定一张电影票分给 10 个同学中的哪一个，求：

(1) 第一个抽的同学抽得电影票的概率；

(2) 第二个抽的同学抽得电影票的概率.

解　10 张签中只有一张签代表得到电影票. 记事件 A 为“第一个抽的同学抽得电影票”，事件 B 为“第二个抽的同学抽得电影票”.

(1) 第一个同学抽时共有 10 张签，其中一张可以得到电影票，所以

$$P(A)=\frac{1}{10},$$

即第一个抽的同学抽得电影票的概率为$\frac{1}{10}$.

(2)第二个同学抽时有 9 张签，如果事件 A 发生，则这 9 张签中没有一张签可以得到电影票；如果事件 A 不发生，则这 9 张签中有一张签可以得到电影票. 因为事件 A 和事件$\overline{A}$是一个完备事件组，所以根据全概率公式有

$$\begin{aligned}P(B)&=P(A)P(B|A)+P(\overline{A})P(B|\overline{A})\\&=\frac{1}{10}\times0+\left(1-\frac{1}{10}\right)\times\frac{1}{9}=\frac{1}{10}.\end{aligned}$$

即第二个抽的同学抽得电影票的概率为$\frac{1}{10}$.

全概率公式将一个复杂事件分解为各种情况下的较简单的事件进行计算，这种处理问题的方法在数学中经常用到.

4.3 随机变量及其分布

在第一节和第二节中，我们研究了随机事件及其概率，在某些例子中，随机事件和实数之间存在着某种客观的联系，如打靶时弹着点和它与靶心的距离相联系；另一些例子中随机事件和实数之间虽然没有“自然”的联系，如掷一枚硬币出现的是正面或反面，但可以约定 1 代表正面，0 代表反面，这样就在随机事件和实数之间建立了联系. 这种联系把试验的结果与实数对应起来，即建立了对应关系 X，使每一个基本事件 ω 都有一个实数 X 与之对应. 变量 X 的取值，在每次试验之前是不能确定的，其取值依赖于试验结果，我们称这种变量为随机变量.

一、随机变量

定义 4.3.1 设 Ω 是随机试验 E 的样本空间，如果对于 Ω 中的每一个基本事件 ω，都有唯一的实数 $X=X(\omega)$ 与之对应，并且满足对于任意给定的实数 x，事件 $\{X\leqslant x\}$ 都是有概率的，则称 X 为一个**随机变量**. 常用大写英文字母 $X, Y, Z, \cdots$ 表示随机变量.

例 1(基本事件为数值) 在打靶的试验中，我们用 ω_s 表示基本事件“弹着点和它与靶心的距离等于 s”，用 X 表示打靶时弹着点和它与靶心的距离这一随机变量，可以写出表达式

$$X(\omega_s)=s.$$

例 2(基本事件不为数值) 在掷一枚硬币的试验中，用 ω_1 表示基本事件“出现正面”，ω_2 表示基本事件“出现反面”，并约定 1 代表正面，0 代表反面，用 X 表示随机变量，则有

$$X(\omega_1)=1, X(\omega_2)=0.$$

事件 ω_1 的概率可以表示为 $P(X=1)=\frac{1}{2}$，事件 ω_2 的概率可以表示为 $P(X=0)=\frac{1}{2}$.

例 3 用随机变量表示往区间[0,1]上投点的随机现象. 样本空间 $\Omega=[0,1]$，基本事件为 0 到 1 之间的数值，可以用这些数值作为随机变量的取值. 用随机变量 X 表示落在区间[0,1]上的点的坐标，则随机投点的随机现象的样本点与随机变量 X 的取值就建立了一一对应关系，因而就可用随机变量 X 表示该投点的随机现象.

从上面的例子可以看出，一个随机现象可以用一个随机变量来表示，其中的关键在于如何将样本空间的点与随机变量取值间建立某种对应关系. 因此，实质上随机变量建立了样本空间的点与实数值间的一种对应关系.

上面的例子给出了两类常见的随机变量的类型：只取有限个或至多可列个值的**离散型随机变量**，以及取值在某个区间的**连续型随机变量**.

二、离散型随机变量

定义 4.3.2 如果随机变量 X 的所有可能取值是有限多个或可数多个，则称 X 是**离散型随机变量**.

对于离散型随机变量，我们要搞清楚它的统计规律，只知道它可能取的值是远远不够的，更重要的是知道它取每一个可能值的概率.

例 4 掷一枚硬币，用 X 表示出现正面的次数. 由于出现正面的次数只能是 0 或者 1，所以 X 是离散型随机变量. 我们已经知道

$$P(X=1)=\frac{1}{2}, P(X=0)=\frac{1}{2}.$$

习惯上我们写成下列表格的形式：

X	0	1
P	$\frac{1}{2}$	$\frac{1}{2}$

称为随机变量 X 的概率分布.

定义 4.3.3　设离散型随机变量 X 的所有可能取值为 $x_1, x_2, \cdots, x_n, \cdots$，取这些值的相应的概率为 $p_1, p_2, \cdots, p_n, \cdots$，称 $P(X=x_i)=p_i(i=1,2,\cdots,n,\cdots)$ 为随机变量 X 的**概率分布或分布律(分布列)**.

分布律可以写成表格形式：

X	x_1	x_2	$\cdots$	x_n	$\cdots$
$P(X=x_i)$	p_1	p_2	$\cdots$	p_n	$\cdots$

由概率的性质可知，$\{p_i\}$具有下列两条性质：

(1) 非负性：$p_i \geqslant 0(i=1,2,\cdots)$；

(2) 和为 1：$\sum\limits_{i=1}^{\infty} p_i = 1$.

例 5　掷两枚均匀硬币，用 X 表示出现正面的次数，写出随机变量 X 的分布律.

解　随机变量 X 的值只能是 0，1，2，所以 X 是离散型随机变量.

用 0 表示出现反面，1 表示出现正面，则样本空间为

$$\Omega=\{(0,0),(0,1),(1,0),(1,1)\}.$$

因为硬币是均匀的，所以每个基本事件出现的概率都是$\frac{1}{4}$.

随机事件 $X=0$ 只含有一个样本点(0,0)，所以

$$P(X=0)=\frac{1}{4};$$

随机事件 $X=1$ 含有两个样本点(1,0)和(0,1)，所以

$$P(X=1)=\frac{2}{4}=\frac{1}{2};$$

随机事件 $X=2$ 含有一个样本点(1,1)，所以

$$P(X=2)=\frac{1}{4}.$$

所以随机变量 X 的分布律为

X	0	1	2
$P(X=x_i)$	$\frac{1}{4}$	$\frac{1}{2}$	$\frac{1}{4}$

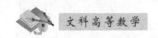

例6 一个盒子里有10个大小相同的球，其中3个是白色的，3个是红色的，2个是黄色的，还有2个是蓝色的. 我们给颜色编号，1表示白色，2表示红色，3表示黄色，4表示蓝色. 用X表示搅匀后从中任意摸出一球的颜色，写出随机变量X的分布律.

解 易知随机变量X的分布律是

$$P(X=1)=0.3, P(X=2)=0.3,$$
$$P(X=3)=0.2, P(X=4)=0.2.$$

因此，随机变量X的分布律为

X	1	2	3	4
$P(X=x_i)$	0.3	0.3	0.2	0.2

三、分布函数

离散型随机变量只能取有限个或可数个值，这是一个很大的限制. 在许多随机现象中出现的一些变量，如某地的气温、森林中树木的高度、打靶试验中弹着点与靶心的距离等，它们的取值可以充满某个区间，这种随机变量就不是离散型随机变量. 对于这类非离散型随机变量，我们无法将它们的取值一一列出，所以也不能用分布律来描述它们的统计规律. 研究非离散型随机变量需要新的工具，这个工具就是分布函数.

我们要了解一片森林中树木的生长情况，只要知道对于任一正数x，高度小于x的树有多少就可以了. 这种思想给我们以启发，要了解一个随机变量X的分布情况，就需要对于任一实数x，知道随机变量X小于等于x这一随机事件的概率，即知道

$$P(X\leqslant x).$$

由于对给定的随机变量X，$P(X\leqslant x)$是一个确定的数，这样就建立了x和$P(X\leqslant x)$的对应关系. 换句话说，我们建立了函数

$$F(x)=P(X\leqslant x).$$

这个函数就称为随机变量X的分布函数.

定义 4.3.4 设X是一个随机变量，x是任意实数，函数

$$F(x)=P(X\leqslant x)$$

称为随机变量 X 的**分布函数**.

分布函数 $F(x)$ 具有下列性质：

(1) 有界性：$0\leqslant F(x)\leqslant 1$；

(2) 单调性：$F(x)$ 是 x 的单调增加函数，即如果 $x_1<x_2$，则 $F(x_1)\leqslant F(x_2)$；

(3) $\lim\limits_{x\to-\infty}F(x)=0$，$\lim\limits_{x\to+\infty}F(x)=1$.

例 7 写出例 5 中随机变量 X 的分布函数.

解 由于 X 只能取 0,1,2 三个值.

当 $x<0$ 时，$F(x)=P(X\leqslant x)=0$；

当 $0\leqslant x<1$ 时，X 只能取到 0 一个值，所以

$$F(x)=P(X\leqslant x)=P(X=0)=\frac{1}{4};$$

当 $1\leqslant x<2$ 时，X 只能取到 0 和 1 两个值，所以

$$F(x)=P(X\leqslant x)=P(X=0)+P(X=1)=\frac{3}{4};$$

当 $x\geqslant 2$ 时，X 可以取到所有值，所以

$$F(x)=P(X\leqslant x)=1.$$

所以随机变量 X 的分布函数为

$$F(x)=\begin{cases}0, & x<0,\\ \dfrac{1}{4}, & 0\leqslant x<1,\\ \dfrac{3}{4}, & 1\leqslant x<2,\\ 1, & x\geqslant 2.\end{cases}$$

例 8 等可能地在区间 $[a,b]$ 上投点，如果投下的点的坐标为 $\omega(a\leqslant\omega\leqslant b)$，设

$$X(\omega)=\omega(a\leqslant\omega\leqslant b),$$

则 X 是一个随机变量，写出随机变量 X 的分布函数.

解 由于是等可能地在区间 $[a,b]$ 上投点，所以点投在区间 $[a,b]$ 外的概率为 0.

当 $x<a$ 时，$F(x)=0$；

当 $a\leqslant x<b$ 时，点落在区间 $[a,x]$ 上的概率用几何概型计算得

$$F(x)=P(X\leqslant x)=P(a\leqslant X\leqslant x)$$
$$=\frac{x-a}{b-a};$$

当 $x\geqslant b$ 时，$F(x)=P(X\leqslant x)=P(a\leqslant X\leqslant b)=1$.

于是随机变量 X 的分布函数为

$$F(x)=\begin{cases}0, & x<a,\\ \dfrac{x-a}{b-a}, & a\leqslant x<b,\\ 1, & x\geqslant b.\end{cases}$$

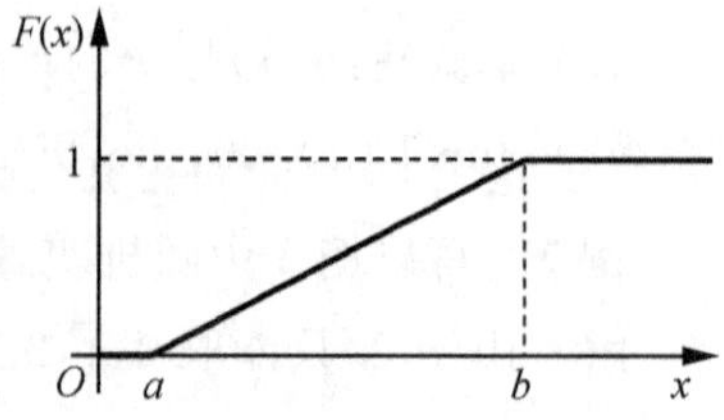

图 4-3-1

这个函数的图形见图 4-3-1，它是一个连续函数.

四、连续型随机变量

有了分布函数这个工具，我们可以研究另一类十分重要而且常见的随机变量——连续型随机变量.

1. 连续型随机变量

定义 4.3.5 设 X 是一个随机变量，函数 $F(x)$ 是它的分布函数，如果存在函数 $p(x)\geqslant 0$，使对任意的 x，有

$$F(x)=\int_{-\infty}^{x}p(y)\mathrm{d}y,$$

则称 X 为**连续型随机变量**，$F(x)$ 为**连续型分布函数**，$p(x)$ 为 X 的**概率密度函数**或**概率函数**.

概率密度函数 $p(x)$ 具有下列性质：

(1) 非负性：$p(x)\geqslant 0$；

(2) 正则性：$\int_{-\infty}^{+\infty}p(x)\mathrm{d}x=1$；

(3) 如果连续型随机变量 X 的概率密度函数为 $p(x)$，则对任意的 x_1,x_2 $(x_1\leqslant x_2)$，有

$$P(x_1<X\leqslant x_2)=P(X\leqslant x_2)-P(X\leqslant x_1)$$
$$=F(x_2)-F(x_1)=\int_{x_1}^{x_2}p(x)\mathrm{d}x.$$

这一结果有简单的几何意义：随机变量 X 落在 $(x_1, x_2]$ 上的概率恰好等于在区间 $(x_1, x_2]$ 上由曲线 $y=p(x)$，直线 $x=x_1$，$x=x_2$ 以及 x 轴所围成的曲边梯形的面积(图 4-3-2). 同时容易看到，如果 $x_1=x_2$，则积分 $\int_{x_1}^{x_2} p(x)\mathrm{d}x$ 为零，即**连续型随机变量 X 取单点的概率为零.**

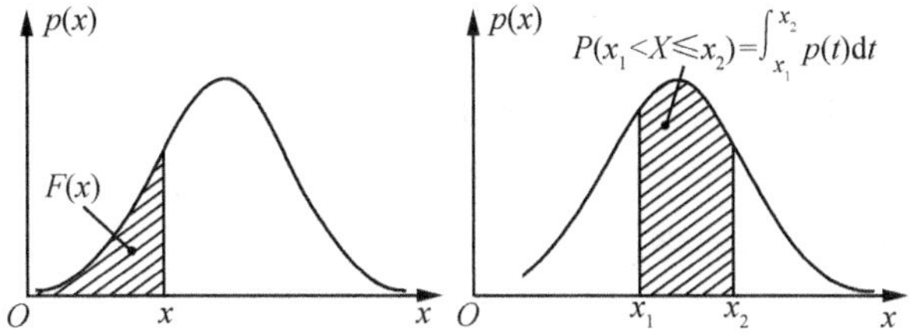

图 4-3-2

例 9　设随机变量 X 的概率密度函数为

$$p(x)=\begin{cases} ax^2, & 0\leqslant x\leqslant 1, \\ 0, & \text{其他}. \end{cases}$$

它的分布函数为 $F(x)$. 求：(1) 常数 a；(2) $F\left(\frac{1}{2}\right)-F\left(\frac{1}{3}\right)$.

解　(1) 由概率密度函数的性质(2)可知，

$$\int_{-\infty}^{+\infty} p(x)\mathrm{d}x = 1,$$

而

$$\int_{-\infty}^{+\infty} p(x)\mathrm{d}x = \int_{-\infty}^{0} p(x)\mathrm{d}x + \int_{0}^{1} p(x)\mathrm{d}x + \int_{1}^{+\infty} p(x)\mathrm{d}x$$

$$= \int_{0}^{1} p(x)\mathrm{d}x = \int_{0}^{1} ax^2\mathrm{d}x = \frac{1}{3}a,$$

因此 $\frac{1}{3}a=1$，即 $a=3$.

(2) 由概率密度函数的性质(3)可知，

$$F\left(\frac{1}{2}\right)-F\left(\frac{1}{3}\right)=\int_{\frac{1}{3}}^{\frac{1}{2}} p(x)\mathrm{d}x = \int_{\frac{1}{3}}^{\frac{1}{2}} 3x^2\mathrm{d}x \approx 0.08796.$$

2. 几种常见的连续型随机变量

(1) 均匀分布.

设随机变量 X 的概率密度函数为

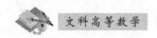

$$p(x)=\begin{cases}\dfrac{1}{b-a}, & a\leqslant x\leqslant b,\\ 0, & \text{其他},\end{cases}$$

称随机变量 X 在区间 $[a,b]$ 上服从**均匀分布**，记为 $X\sim U(a,b)$.

例 8 中的随机变量 X 在区间 $[a,b]$ 上服从均匀分布.

例 10 已知某市 1 路公共汽车每 10 分钟一班，设 X 表示乘客在站台的候车时间，求乘客候车时间不超过 6 分钟的概率.

解 由题知，X 是一个连续型随机变量，且在 $[0,10]$ 内均匀取值，即 $X\sim U(0,10)$，故 X 的概率密度为

$$p(x)=\begin{cases}\dfrac{1}{10}, & 0\leqslant x\leqslant 10,\\ 0, & \text{其他}.\end{cases}$$

所以乘客候车时间不超过 6 分钟的概率为

$$P(0<X\leqslant 6)=\int_0^6 \frac{1}{10}\mathrm{d}x=0.6.$$

(2) 指数分布.

设随机变量 X 的概率密度函数为

$$p(x)=\begin{cases}\lambda \mathrm{e}^{-\lambda x}, & x\geqslant 0,\\ 0, & x<0\end{cases}\quad(\lambda>0),$$

称随机变量 X 服从**指数分布**，其中 λ 为参数，记为 $X\sim \mathrm{e}(\lambda)$.

例 11 设某种灯泡的使用寿命 X(单位:h)服从指数分布，其概率密度函数为

$$p(x)=\begin{cases}0.01\mathrm{e}^{-0.01x+1}, & x\geqslant 100,\\ 0, & x<100,\end{cases}$$

求这种灯泡使用寿命超过 500 h 的概率.

解 因为

$$P(X\leqslant 500)=\int_0^{500} p(x)\mathrm{d}x=\int_{100}^{500}0.01\mathrm{e}^{-0.01x+1}\mathrm{d}x=1-\mathrm{e}^{-4},$$

所以，这种灯泡的使用寿命超过 500 h 的概率为

$$P(X>500)=1-P(X\leqslant 500)=1-(1-\mathrm{e}^{-4})\approx 0.0183.$$

(3) 正态分布.

设随机变量 X 的概率密度函数为

$$p(x)=\frac{1}{\sqrt{2\pi}\,\sigma}e^{-\frac{(x-\mu)^2}{2\sigma^2}}\ (-\infty<x<+\infty),$$

其中 μ,σ 是常数,且 $\sigma>0$,则称 X 服从参数为 μ,σ^2 的正态分布,记为 $X\sim N(\mu,\sigma^2)$.

正态分布对应的分布函数为

$$F(x)=\frac{1}{\sqrt{2\pi}\,\sigma}\int_{-\infty}^{x}e^{-\frac{(y-\mu)^2}{2\sigma^2}}\mathrm{d}y.$$

正态分布中的参数 μ,σ^2 决定了正态分布概率密度函数的形状.从图 4-3-3 中可以看出概率密度函数的曲线关于直线 $x=\mu$ 对称且在 $x=\mu$ 处达到最高.参数 σ 的大小决定概率密度函数图形的"胖""瘦".σ 大,则图形"胖";σ 小,则图形"瘦"(图 4-3-3,$\sigma_1<\sigma_2<\sigma_3$).

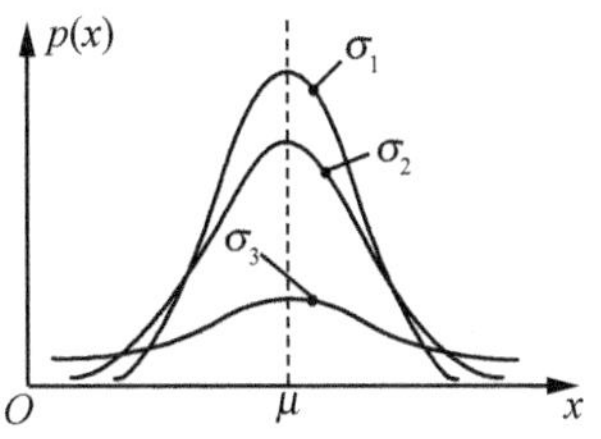

图 4-3-3

在现实世界里,有大量的随机变量服从或近似服从正态分布,如测量误差,弹着点与靶心的距离,成人的身高和体重,海浪的高度,某地区的日用水量等,都近似地服从正态分布.

当正态分布 $N(\mu,\sigma^2)$ 中的参数 $\mu=0,\sigma^2=1$ 时,称该正态分布为**标准正态分布**,记为 $N(0,1)$,其概率密度函数和分布函数分别用 $\varphi(x)$,$\Phi(x)$表示,即

$$\varphi(x)=\frac{1}{\sqrt{2\pi}}e^{-\frac{x^2}{2}},-\infty<x<+\infty,$$

$$\Phi(x)=\int_{-\infty}^{x}\varphi(y)\mathrm{d}y=\frac{1}{\sqrt{2\pi}}\int_{-\infty}^{x}e^{-\frac{y^2}{2}}\mathrm{d}y.$$

由于概率密度函数 $\varphi(x)$关于直线 $x=0$ 对称(图 4-3-4),所以标准正态分布的分布函数有如下性质:

对于 $x>0$,有 $\Phi(-x)=1-\Phi(x)$.

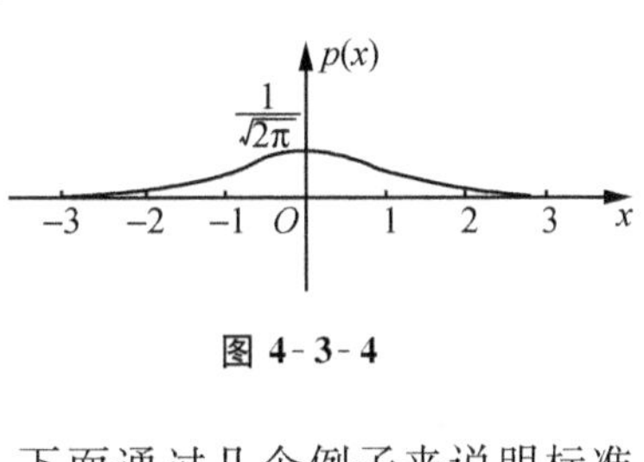

图 4-3-4

为了使用方便,人们已编制了正态分布函数 $\Phi(x)$的函数表(见附表:标准正态分布表),下面通过几个例子来说明标准正态分布表的使用方法.

例 12　设随机变量 $X\sim N(0,1)$,求:(1) $\Phi(2)$;(2) $P(X<1.96)$;(3) $P(|X|<1.96)$.

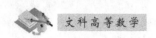

解 (1) 查标准正态分布表，在表左边的第一列内找到数值 2.0，数值 2.0 所在行与表中 0.00 所在列的交叉处查到的数 0.9772 就是 $\Phi(2)$的值，即

$$\Phi(2)=0.9772.$$

(2) 由于 $P(X<1.96)=\Phi(1.96)$，在标准正态分布表中 1.9 所在行和 0.06 所在列的交叉处查到数 0.975，于是

$$P(X<1.96)=\Phi(1.96)=0.975.$$

(3) $$\begin{aligned}P(|X|<1.96)&=P(-1.96<X<1.96)\\&=P(X<1.96)-P(X\leqslant-1.96)\\&=\Phi(1.96)-\Phi(-1.96)=2\Phi(1.96)-1\\&=2\times0.975-1=0.95.\end{aligned}$$

一般正态分布 $N(\mu,\sigma^2)$与标准正态分布 $N(0,1)$有如下的关系：

定理 4.3.1 设随机变量 $X\sim N(\mu,\sigma^2)$，则$\frac{X-\mu}{\sigma}\sim N(0,1)$.

例 13 设随机变量 $X\sim N(1,4)$，求：(1) $P(X>-3)$；(2) $P(|X-1|<2)$.

解 因为随机变量 $X\sim N(1,4)$，所以 $Y=\frac{X-1}{2}\sim N(0,1)$. 于是有

(1) $$\begin{aligned}P(X>-3)&=1-P(X\leqslant-3)=1-P\left(\frac{X-1}{2}\leqslant\frac{-3-1}{2}\right)\\&=1-\Phi(-2)=\Phi(2)=0.9772.\end{aligned}$$

(2) $$\begin{aligned}P(|X-1|<2)&=P(-2<X-1<2)=P\left(-1<\frac{X-1}{2}<1\right)\\&=\Phi(1)-\Phi(-1)=2\Phi(1)-1\\&=2\times0.8413-1=0.6826.\end{aligned}$$

正态分布在教育科学研究中占有十分重要的位置，我们可以利用正态分布来分析学生成绩排名，分析某分数段内学生数或所占比例，分析试卷质量等.

例 14 某高校上学期学生英语成绩 X 服从正态分布 $N(42,36)$，如果一学生得 48 分，求约有多少学生成绩超过该学生.

解 由英语成绩 $X\sim N(42,36)$，得 $Y=\frac{X-42}{6}\sim N(0,1)$，因此

$$P(X>48)=P(Y>1)=1-P(Y\leqslant1)=1-\Phi(1)\approx0.16.$$

即约有 16%的学生的成绩超过 48 分，因而约有 16%的学生成绩超过该

学生.

例 15　某高校上学期学生的高等数学成绩 X 服从正态分布 $N(78,49)$，物理学院有 200 名学生，从理论上计算物理学院高等数学成绩在[90,100]，[80,90)，[70,80)，[60,70)，[0,60)等各分数段内的学生人数.

解　该校上学期高等数学成绩位于各分数段内的概率 p_k 分别为

$$P(90\leqslant X\leqslant 100)=\Phi\left(\frac{100-78}{7}\right)-\Phi\left(\frac{90-78}{7}\right)\approx\Phi(3.14)-\Phi(1.71)=0.0428,$$

$$P(80\leqslant X<90)\approx\Phi(1.71)-\Phi(0.29)=0.3423,$$

$$P(70\leqslant X<80)\approx\Phi(0.29)-\Phi(-1.14)=0.4870,$$

$$P(60\leqslant X<70)\approx\Phi(-1.14)-\Phi(-2.57)=0.1220,$$

$$P(0\leqslant X<60)\approx\Phi(-2.57)-\Phi(-11.1)=0.0051.$$

所以物理学院高等数学成绩属于各分数段的频数 $200\times p_k$ 分别为

$$8.56,68.46,97.4,24.4,1.02.$$

因此，物理学院高等数学成绩在各分数段内的学生人数大约分别为 9，69，97，24，1.

正态分布的概念是由德国的数学家和天文学家 Moivre 于 1733 年首次提出的，后由德国数学家高斯(Gauss)率先将其应用于天文学的研究. 高斯的工作对后世的影响极大，因此正态分布也称“高斯分布”. 高斯是一个伟大的数学家，为纪念其杰出的贡献，德国10 马克的钞票上就印有高斯的头像，还印有正态分布的概率密度曲线.

4.4　随机变量的数学期望与方差

随机变量的概率分布给出了随机变量在概率意义下的最完整的描述，但是在实际应用上有时并不方便. 这就像在股票市场上，众多的股票价格让人难以看清市场的走势，于是人们定义出能反映市场总体行情的市场指数，如上证指数、道琼斯指数等. 所以我们也希望有一些反映随机变量总体情况的数字指标，我们称这样的数字指标为随机变量的数字特征. 下面介绍两个最重要的数字特征：数学期望和方差.

一、数学期望

1. 数学期望的定义

我们先看一个例子.

例 1 甲和乙两射击选手进行射击训练，已知他们在 100 次射击中命中环数与次数记录如下：

甲：

环数	8	9	10
次数	30	10	60

乙：

环数	8	9	10
次数	20	50	30

问如何判定甲和乙两射击选手的技术优劣？

解 从上面的成绩很难立即看出结果，我们可以从他们平均命中的环数来比较他们的技术.

甲平均命中的环数为

$$\frac{8\times30+9\times10+10\times60}{100}=8\times0.3+9\times0.1+10\times0.6=9.3(\text{环})；$$

乙平均命中的环数为

$$\frac{8\times20+9\times50+10\times30}{100}=8\times0.2+9\times0.5+10\times0.3=9.1(\text{环}).$$

比较他们平均命中的环数，可以认为甲的技术比乙好.

例 1 中 0.3,0.1,0.6 等是事件$\{X=k\}(k=8,9,10)$的频率，这里 X 是命中的环数. 当射击次数很大时，$\{X=k\}$的频率接近它的概率 p_k，平均命中的环数可以用

$$\sum_{k=0}^{10} kp_k$$

来计算，称之为 X 的数学期望.

定义 4.4.1 设离散型随机变量 X 的分布律为

$$P(X=x_k)=p_k, k=1,2,\cdots,$$

如果级数

$$\sum_{k=1}^{\infty} |x_k| p_k$$

收敛，则称级数 $\sum_{k=1}^{\infty} x_k p_k$ 的和为**离散型随机变量 X 的数学期望**，简称**期望**，又称为**均值**，记为 $E(X)$.

例 2　计算第三节例 5 中离散型随机变量 X 的数学期望 $E(x)$.

解　随机变量 X 的分布律为

X	0	1	2
P	$\frac{1}{4}$	$\frac{1}{2}$	$\frac{1}{4}$

所以随机变量 X 的数学期望为

$$E(X)=0\times\frac{1}{4}+1\times\frac{1}{2}+2\times\frac{1}{4}=1.$$

定义 4.4.2　设 X 是连续型随机变量，它的概率密度函数是 $p(x)$，如果积分

$$\int_{-\infty}^{+\infty} |x| p(x)\mathrm{d}x$$

收敛，则称积分 $\int_{-\infty}^{+\infty} xp(x)\mathrm{d}x$ 的值为**连续型随机变量 X 的数学期望**，记为 $E(X)$.

例 3　设随机变量 X 在区间 $[a,b]$ 上服从均匀分布，求随机变量 X 的数学期望 $E(x)$.

解　随机变量 X 的概率密度函数为

$$p(x)=\begin{cases}\frac{1}{b-a}, & a\leqslant x\leqslant b,\\ 0, & \text{其他}.\end{cases}$$

所以，随机变量 X 的数学期望

$$E(X)=\int_{-\infty}^{+\infty} xp(x)\mathrm{d}x=\int_{-\infty}^{a} xp(x)\mathrm{d}x+\int_{a}^{b} xp(x)\mathrm{d}x+\int_{b}^{+\infty} xp(x)\mathrm{d}x$$

$$=\int_{a}^{b}\frac{x}{b-a}\mathrm{d}x=\frac{x^2}{2(b-a)}\bigg|_{a}^{b}=\frac{a+b}{2}.$$

对于正态分布和指数分布有：

定理 4.4.1　如果随机变量 $X\sim N(\mu,\sigma^2)$，则 $E(X)=\mu$.

定理 4.4.2 如果随机变量 $X\sim e(\lambda)(\lambda>0)$，则 $E(X)=\dfrac{1}{\lambda}$.

2. 数学期望的性质

数学期望具有如下性质：

(1) 设 C 是常数，则 $E(C)=C$；

(2) 设 X 是随机变量，C 是常数，则 $E(CX)=CE(X)$；

(3) 设 X 和 Y 是两个随机变量，则 $E(X+Y)=E(X)+E(Y)$.

3*. 随机变量函数的数学期望

已知随机变量 X 的分布，$Y=g(X)$ 是随机变量 X 的函数，如何求随机变量 $Y=g(X)$ 的数学期望？

定理 4.4.3 设 Y 是随机变量 X 的函数 $Y=g(X)$，$g(\cdot)$ 是连续函数.

(1) 如果 X 是离散型随机变量，它的分布律为 $P(X=x_k)=p_k(k=1,2,\cdots)$，且级数

$$\sum_{k=1}^{\infty}|g(x_k)|p_k$$

收敛，则有

$$E(Y)=E[g(X)]=\sum_{k=1}^{\infty}g(x_k)p_k.$$

(2) 如果 X 是连续型随机变量，它的概率密度为 $p(x)\geqslant 0$，且积分

$$\int_{-\infty}^{+\infty}|g(x)|p(x)\mathrm{d}x$$

收敛，则有

$$E(Y)=E[g(X)]=\int_{-\infty}^{+\infty}g(x)p(x)\mathrm{d}x.$$

例 4 设随机变量 X 在区间 $[a,b]$ 上服从均匀分布，$Y=2X^2$，求随机变量 Y 的数学期望 $E(Y)$.

解 随机变量 X 的概率密度函数为

$$p(x)=\begin{cases}\dfrac{1}{b-a}, & a\leqslant x\leqslant b,\\ 0, & \text{其他}.\end{cases}$$

所以，随机变量 Y 的数学期望

$$E(Y)=\int_{-\infty}^{+\infty}2x^2p(x)\mathrm{d}x$$
$$=\int_{-\infty}^{a}2x^2p(x)\mathrm{d}x+\int_{a}^{b}2x^2p(x)\mathrm{d}x+\int_{b}^{+\infty}2x^2p(x)\mathrm{d}x$$
$$=2\int_{a}^{b}\frac{x^2}{b-a}\mathrm{d}x=\frac{2(a^2+ab+b^2)}{3}.$$

二、方差

1. 方差的定义

随机变量的数学期望反映了它的平均值,但有时只知道平均值还是不够的.例如,甲、乙两个学生的五次测验成绩如下：

甲：

成绩	78	80	82
次数	1	3	1

乙：

成绩	75	80	90
次数	2	2	1

问谁的成绩好？为了比较两人的成绩,计算他们的平均成绩：

$$\text{甲的平均成绩}=\frac{78\times1+80\times3+82\times1}{5}=80,$$

$$\text{乙的平均成绩}=\frac{75\times2+80\times2+90\times1}{5}=80.$$

两人的平均成绩相同,似乎他们的成绩一样好.但是仔细分析会发现甲的成绩比较稳定,而乙的成绩起伏较大,这就是他们的差别.描述这种差别的量就是方差.

定义 4.4.3 设 X 是随机变量,如果 $E\{[X-E(X)]^2\}$ 存在,则称 $E\{[X-E(X)]^2\}$ 为随机变量 X 的**方差**,记为 $D(X)$,即 $D(X)=E\{[X-E(x)]^2\}$.随机变量 X 的方差 $D(X)$ 的算术平方根 $\sqrt{D(X)}$,称为**标准差**,记为 $\sigma(X)$.

定理 4.4.4(*方差计算公式*) $D(X)=E(X^2)-[E(X)]^2$.

例 5 设随机变量 X 的分布律如下：

X	0	1
P	$1-p$	p

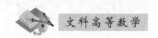

求数学期望 $E(X)$ 和方差 $D(X)$.

解 数学期望

$$E(X)=0\times(1-p)+1\times p=p,$$
$$E(X^2)=0^2\times(1-p)+1^2\times p=p,$$

从而,方差

$$D(X)=E(X^2)-[E(X)]^2=p-p^2.$$

例 6 设随机变量 X 在区间 $[a,b]$ 上服从均匀分布,求随机变量 X 的方差 $D(X)$.

解 例 3 已经求出

$$E(X)=\frac{a+b}{2},$$

又 $$E(X^2)=\int_{-\infty}^{+\infty}x^2p(x)\mathrm{d}x=\int_a^b\frac{x^2}{b-a}\mathrm{d}x=\frac{a^2+ab+b^2}{3},$$

从而

$$D(X)=E(X^2)-[E(X)]^2=\frac{a^2+ab+b^2}{3}-\left(\frac{a+b}{2}\right)^2=\frac{(b-a)^2}{12}.$$

对于正态分布和指数分布有如下定理:

定理 4.4.5 如果随机变量 $X\sim N(\mu,\sigma^2)$,则 $D(X)=\sigma^2$.

定理 4.4.6 如果随机变量 $X\sim \mathrm{e}(\lambda)(\lambda>0)$,则 $D(X)=\frac{1}{\lambda^2}$.

2. 方差的性质

方差具有如下性质:

(1) $D(X)\geqslant 0$;

(2) 设 C 是常数,则 $D(C)=0$;

(3) 设 X 是随机变量,C 是常数,则 $D(CX)=C^2D(X)$;

(4) 设 X 和 Y 是两个互相独立的随机变量,则 $D(X+Y)=D(X)+D(Y)$.

例 7 设随机变量 X 的数学期望 $E(X)$ 和方差 $D(X)$ 都存在,求随机变量 $Y=\frac{X-E(X)}{\sigma(X)}$ 的数学期望 $E(Y)$ 和方差 $D(Y)$.

解 由数学期望和方差的性质有

$$E(Y)=E\left[\frac{X-E(X)}{\sigma(X)}\right]=\frac{1}{\sigma(X)}E[X-E(X)]$$

$$=\frac{1}{\sigma(X)}\{E(X)-E[E(X)]\}=\frac{1}{\sigma(X)}[E(X)-E(X)]=0,$$

$$D(Y)=D\left[\frac{X-E(X)}{\sigma(X)}\right]=\frac{1}{[\sigma(X)]^2}D[X-E(X)]$$

$$=\frac{1}{D(X)}\{D(X)-D[E(X)]\}=\frac{1}{D(X)}[D(X)-0]=1.$$

4.5　统计初步和数据整理

前面介绍了概率论的基本内容，在这一节中我们将介绍统计学的基本知识. 什么是统计学？统计学是研究如何有效地收集、整理和分析数据，以对所考察的问题做出推断或预测，直到为采取一定的决策和行动提供依据和建议的一门学科. 统计学是一门古老而又年轻的学科. 例如，为了征兵和收税的早期的人口统计，甚至在公元前就出现了. 但是，近代统计学主要是从 20 世纪初开始发展的. 其主要特征是运用概率论的知识进行统计推断，即从所研究的全部对象中抽取部分个体，并通过对这部分个体的观察和分析，对全部对象的有关问题做出推断. 统计学的应用范围很广，在农业、工业、工程技术、自然科学、经济学、管理学、社会学、医学等领域都有着广泛的应用.

一、统计的基本概念

1. 总体

在统计问题中，把研究对象的全体叫总体，而其中的每一个对象叫个体. 在实际应用中，我们总是把对总体的研究归结为对表征它的随机变量的研究. 因此，所研究问题通常都伴随着概率和随机变量的理论和方法.

定义 4.5.1　把研究对象的全体组成的集合称为**总体**，组成总体的每个元素称为**个体**.

例如，我们要研究某企业生产的一批手机液晶屏的平均使用寿命，则这一批液晶屏的全体就组成一个总体，其中每一个液晶屏就是一个个体. 再例如，我们要研究某大学一年级新生的身高情况，这时一年级新生的全体就是总体，每个新生就是一个个体.

在实际问题中，我们所研究的往往是总体中个体的某种数值指标. 例如，液晶屏的使用寿命指标 X，它是一个随机变量. 如果我们主要关心的只是这个数值指标 X，就将这个指标的所有可能取值的全体看作总体. 这样就将总体和随机变量联系起来. 如果随机变量 X 的分布函数是 $F(x)$，我们也称这一总体为具有分布函数 $F(x)$的总体.

2. 样本

刻画总体随机变量的分布规律，正是统计中要研究的关键问题之一. 随机变量的分布情况研究清楚了，就可以用该随机变量的分布进行估计和统计推断，并进行统计决策. 由于研究问题的不同，有时我们可以只关心随机变量的某些数字特征，所以寻找数字特征的估计量就很重要. 因此，统计中的工作重点因问题的不同而不同.

如何找到总体数量特征的变化规律？一种办法是将总体中的每个个体进行测量，得到相应的数值，然后利用全部数值对总体进行推断. 这种获得数据的方法叫普查. 该方法有很大的局限性，当总体包含的个体数相当大时，由于调查工作量大而难以采用；当总体中个体数有无穷多或对个体的调查具有破坏性时，普查的方法就不能应用. 另一种办法是只抽取总体中的部分个体进行测量，利用该部分数据对总体进行推断. 这种获得数据的方法叫抽查，它是统计中常用的方法. 因此，统计中的关键问题是如何用部分数据进行统计推断.

定义 4.5.2 将从总体中抽出的部分个体称为**样本**或**子样**，样本中所含个体的数目称为**样本容量**.

统计中使用得最多的是独立同分布的**简单随机样本**，这种简单随机样本是采用随机抽样法获得的. 该方法具有如下特点：抽取哪些个体事先是不知道的，且总体中的每个个体均有机会被选中.

例如，设总体中只包含 4 个个体，用数字 1，2，3，4 来表示，从中按随机抽样的方法来获得容量为 2 的简单随机样本.

抽取 1 个个体后，放回到总体中，然后再抽取第 2 个个体，直到满足要求为止，这种抽样方法叫作**有放回的抽样方法**. 可以通过有放回的抽样方法来获得容量为 2 的简单随机样本 X_1，X_2. 该样本的所有可能取值为(1,1)，(1,2)，(1,3)，(1,4)，(2,1)，(2,2)，(2,3)，(2,4)，(3,1)，(3,2)，(3,3)，(3,4)，(4,1)，(4,2)，(4,3)，(4,4). 通常用(x_1，x_2)来表示这 16 个值中的某一个，若某次获得的样本值为(3,1)，即此时的 $x_1=3$，$x_2=1$.

由此可以看出，样本 X_1，X_2，…，X_n 是随机变量，抽样值 x_1，x_2，…，x_n 是该随机变量的取值，利用样本 X_1，X_2，…，X_n 进行研究，就可以了解抽样值的各种可能取值情况.

统计中将利用样本来推断总体的性质. 为充分利用样本的信息，常常需要对样本进行某种加工. 称不含未知参数的样本函数 $T(X_1,X_2,\cdots,X_n)$ 为**统计量**，这里的函数 $T(\cdot)$ 是已知的，一旦样本 X_1，X_2，…，X_n 的值取定，统计量的值就可以计算出来了.

统计推断的类别很多，主要有两类：一类是估计(点估计与区间估计)，另一类是假设检验. 估计问题里，估计量就是统计量；在假设检验问题中，其否定域就是用统计量来表达的. 把样本看成随机变量，统计量就是随机变量，其分布称为**抽样分布**.

二、数据的整理和分析

在实际工作中，为了研究某个问题，常常会遇到大量的数据. 例如，为了了解职工的月收入情况，就要通过抽样的方法收集大量的数据. 再例如，为了了解某种社会情况进行民意调查也会遇到大量数据. 因此，整理好这些数据，并从中找出规律性的东西，以便为决策提供依据是十分重要的.

1. 频数与频率分布表

对于通过随机抽样获得的数据或收集来的统计数据，如果不经过整理，很难看出有什么规律，所以我们常常要根据这些数据的变化情况，按照一定的方法进行分类整理，以便找出其中的规律. 数据的频数或频率分布表就是常用的方法之一.

下面通过一个例子来说明获得频数分布的方法.

例 1　从某高校一次高等数学统一测试的成绩中随机抽取 30 个学生的成

绩如下：

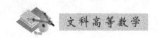

85 90 77 71 96 68 61 83 74 80 95 87 88 76 73

83 63 81 94 82 78 88 76 82 77 79 91 72 71 66

现在我们对数据做如下加工整理：

(1) 找出数据的最大值和最小值，确定整个区间，并计算全距 R. 最大值 $=96$，最小值 $=61$，故整个区间为 $[61,96]$，因此全距

$$R=\text{最大值}-\text{最小值}=96-61=35.$$

全距 R 反映了数据波动的幅度.

(2) 确定分组个数 k 和决定组距 $\left(d=\dfrac{\text{全距}}{\text{组数}}=\dfrac{R}{k}\right)$.

为了找出数据的分布情况，我们对数据进行分组，分组的个数一般根据数据量的多少来确定，当数据量在 30 左右时，可分为 5～6 个组. 随着数据量 n 的增加，分组的数目也逐步增加，一般 k 在 5 到 15 之间. 如果 n 很大，k 也可以取到 20. 如何确定分组的个数 k 没有严格的规定，一个可供参考的计算公式 (Sturges 公式) 是

$$k=1+3.222\lg n.$$

实际的分组数可以是比上面公式计算出的 k 大些或小些的整数.

在本例中 $n=30$，我们取 $k=6$. 组数确定之后便可以决定组距，一般采用等距分组. 本例中组距为

$$d=\frac{R}{k}=\frac{35}{6}\approx 6.$$

(3) 确定各组区间的上限和下限.

在确定各组的上、下限时，应使得最低一组区间包含最小值，最高一组区间包含最大值. 另外，要使得每一个数据只能落在一个组区间中，特别是当数据落在两个组区间的分界点处时，要明确规定该数据属于较高的组区间还是属于较低的组区间. 有一种确定各组的上、下限的简单办法是使得组区间的上、下限的数值比原始数据的精确度提高一位.

(4) 统计组频数.

数出落入各个组区间的数据个数，这个数就称为各组的组频数. 将各组的组频数记入表 4-5-1.

(5) 计算组频率.

将每组的组频数除以数据总数得到每组的组频率，即

$$组频率=\frac{组频数}{数据总数}.$$

它表示各组组频数占总数据个数的比例. 把组频率也记在表 4-5-1 中.

表 4-5-1

组号	组区间	组频数	组频率
1	60.5—66.5	3	0.1
2	66.5—72.5	4	0.133
3	72.5—78.5	7	0.233
4	78.5—84.5	7	0.233
5	84.5—90.5	5	0.166
6	90.5—96.5	4	0.133
总计		30	1

2. 直方图

直方图是一种能够非常直观地将数据整理结果表示出来的方法. 在平面坐标上，以横轴 x 表示所考察的变量，纵轴 y 表示频数，以表 4-5-1 为例，在横轴上标出 6 个等长的区间，在纵轴上标出频数，以区间组距为底边，各组的组频数为高作矩形，就得到了频数直方图. 表 4-5-1 中数据的频数直方图见图 4-5-1.

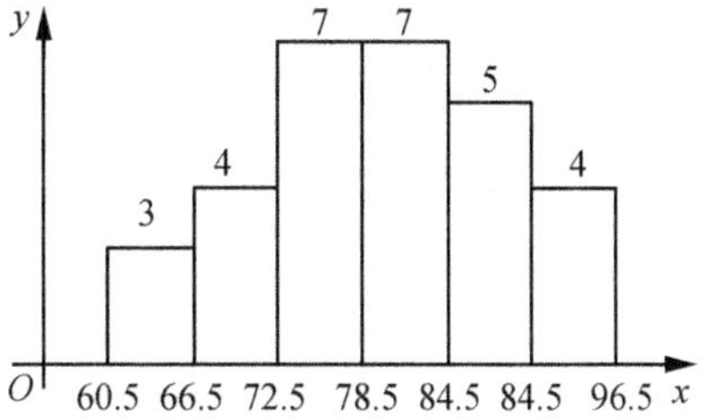

图 4-5-1

如果纵轴取为频率，按上面方法作出的直方图叫作频率直方图.

从表 4-5-1 和图 4-5-1 我们还可以获得更多的信息. 例如，学生的成绩大多集中在80 分左右，直方图从中间向两边基本对称地降低. 如果数据量大些，对称性还会更好一些. 从这里也可以看出学生的成绩分布通常是一个正态分布.

3. 经验分布

在前面概率论的讨论中我们总是假设随机变量的分布是已经知道的，但是在实际工作中总体 X 的分布往往是未知的，是要我们去探求的. 这里讲述的经验分布可以作为总体分布的一个近似.

定义 4.5.3 设 $x_1,x_2,\cdots,x_n$ 是取自分布函数为 $F(x)$ 的总体的一个样本的观察值. 把样本的观察值由小到大进行排列,得到

$$x_{(1)}\leqslant x_{(2)}\leqslant\cdots\leqslant x_{(n)},$$

则

$$F_n(x)=\begin{cases}0, & x\leqslant x_{(1)},\\ \dfrac{k}{n}, & x_{(i)}<x\leqslant x_{(i+1)}, \quad i=1,2,\cdots,n-1.\\ 1, & x>x_{(n)},\end{cases}$$

称 $F_n(x)$ 为**经验分布函数**. 当 n 比较大时, $F_n(x)$ 是总体分布函数 $F(x)$ 的一个良好的近似. 在图 4-5-2 中我们画出容量为 100 的某个样本的经验分布函数 $F_{100}(x)$ 和相应总体的分布函数 $F(x)$.

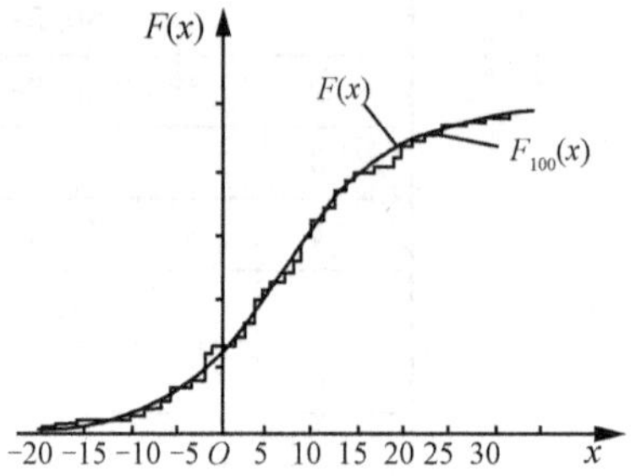

图 4-5-2

4. 常用统计量:样本均值和样本方差

数学期望和方差是描述随机变量的重要指标,我们希望从样本的信息中给出总体期望和方差的估计.

定义 4.5.4 设 $X_1,X_2,\cdots,X_n$ 是取自总体 X 的一个容量为 n 的样本,称 $\overline{X}=\frac{1}{n}\sum_{i=1}^{n}X_i$ 为**样本均值**,称 $S^2=\frac{1}{n-1}\sum_{i=1}^{n}(X_i-\overline{X})^2$ 为**样本方差**,称 $S=\sqrt{\frac{1}{n-1}\sum_{i=1}^{n}(X_i-\overline{X})^2}$ 为**样本标准差**.

我们可以用样本均值和样本方差来估计总体的数学期望和方差. 如果 $x_1,x_2,\cdots,x_n$ 是样本 $X_1,X_2,\cdots,X_n$ 的一个观察值,则观察值 $x_1,x_2,\cdots,x_n$ 的样本均值和样本方差分别为

$$\overline{x}=\frac{1}{n}\sum_{i=1}^{n}x_i$$

和

$$s^2=\frac{1}{n-1}\sum_{i=1}^{n}(x_i-\overline{x})^2,$$

它们就是总体 X 的数学期望和方差的一个估计值.

例 2　从某高校一年级男生中任意抽取 12 名，测得他们的身高如下(单位:cm)：

171，165，174，175，168，164，173，178，168，170，172，173.

估计该年级男生的平均身高，并估计其方差和标准差.

解　该年级男生的平均身高为

$$\bar{x}=\frac{171+165+174+175+168+164+173+178+168+170+172+173}{12}\approx 170.92,$$

其方差为

$$s^2=\frac{(171-170.92)^2+(165-170.92)^2+(174-170.92)^2+\cdots+(173-170.92)^2}{11}$$

$$\approx 16.99,$$

其标准差为 $s\approx 4.12$.

即该年级男生的平均身高约是 170.92 cm，男生身高的方差约是 16.99，标准差约是 4.12.

样本均值和样本方差的计算公式比较复杂，特别是当数据比较多时，计算很烦琐. 我们可以借助具有统计功能的计算器进行统计计算，使用时只要进入计算器的统计状态，按照规定输入数据，计算器就能自动计算出 $\bar{x}$ 和 s(或 s^2).

4.6 回归分析

一、回归的概念

自然界中有许多现象之间存在着相互依赖、相互制约的关系. 这些关系有两类：一类是函数关系，即变量之间有着确定的联系. 另一类是相关关系，如子女的身高和父母的身高，居民的平均收入水平和某种商品的销售量，身高和脚印的长度等. 这些变量相互联系着，但是这种联系又不能由一个法则或函数来确定. 例如，一般来说，父母身材高的，子女的身材也高一些，但是父母的身高与子女的身高并不存在一种确定的函数关系，仅呈现出某种趋势. 这种变量之间呈现的非确定性的关系就是**相关关系**.

相关关系表示变量 y(因变量)的变化和另一个变量 x(自变量)的取值有

关，但关系是不确定的. 于是人们希望通过对 x 和 y 的一组观察值 $(x_i, y_i)(i=1,2,\cdots,n)$ 的分析找出对它们之间关系的一种描述，这种方法就是**回归分析**.

"回归"一词最早出自英国生物统计学家高尔顿(Galton). 他在研究人类身高的遗传问题时分析了子女身高和父母平均身高的关系. 高尔顿通过大量观察数据，得到了父亲身高 x 与子女身高的估计值 $\hat{y}$ 之间的数学关系式为

$$\hat{y}=0.516x+85.6742(\text{cm}).$$

由此高尔顿发现很高(很矮)的双亲的子女们一般高于(矮于)平均值，但不像他们的双亲那么高(矮)，因此子女的身高将"回归"到平均身高而不是更趋极端，这也是"回归"一词的最初含义.

一般来说，回归分析是通过规定因变量和自变量来确定变量之间的因果关系，建立回归模型，并根据实测数据来求解模型的各个参数，然后评价回归模型是否能够很好地拟合实测数据. 如果能够很好地拟合，则可以根据自变量做进一步预测.

回归分析方法被广泛地用于解释市场占有率、销售额、品牌偏好及市场营销效果等. 回归分析有一元线性回归分析和多元线性回归分析. 本节我们只介绍一元线性回归分析.

二、一元线性回归

设有变量 x 和 y 的一组观察值 $(x_i, y_i)(i=1,2,\cdots,n)$. 我们在平面上画出这些点 $P_i(x_i, y_i)(i=1,2,\cdots,n)$，发现这些点集中在一条直线的附近(图 4-6-1).

我们知道直线的方程可以写成

$$y=a+bx,$$

对于每一个 x_i 可以计算出

$$\hat{y}_i=a+bx_i.$$

由于 P_i 不一定在直线上，所以一般 $\hat{y}_i$ 不等于 y_i. 记

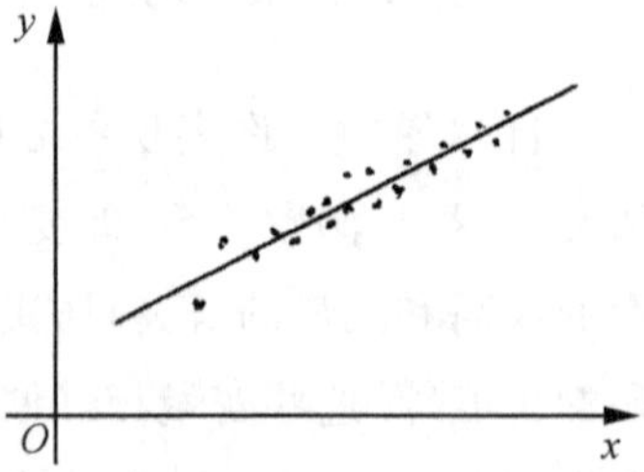

图 4-6-1

$$y_i=a+bx_i+\varepsilon_i,$$

即

$$\varepsilon_i=y_i-(a+bx_i).$$

易见 $|\varepsilon_i|$ 表示点 P_i 到直线 $y=a+bx$ 的垂直距离. 显然 $|\varepsilon_i|$ 的大小与 a 和 b 的取值有关,我们希望选取适当的 a 和 b,使得

$$Q(a,b)=\sum_{i=1}^{n}\varepsilon_i^2=\sum_{i=1}^{n}[y_i-(a+bx_i)]^2$$

达到最小.

利用微积分的知识,使 $Q(a,b)$ 达到最小的 a 和 b 满足下列线性方程组:

$$\begin{cases} na+(\sum_{i=1}^{n}x_i)b=\sum_{i=1}^{n}y_i, \\ (\sum_{i=1}^{n}x_i)a+(\sum_{i=1}^{n}x_i^2)b=\sum_{i=1}^{n}x_iy_i, \end{cases}$$

称该方程组为**正规方程组**. 从中解出使 $Q(a,b)$ 达到最小的 a 和 b,记为 a^* 和 b^*,则方程

$$y=a^*+b^*x$$

称为 y 关于 x 的**经验回归方程**,简称为**回归方程**.

利用回归方程我们可以对某些现象进行预测.

例 1 某农科所为了试验某种有机综合肥料的用量对谷物产量的影响进行了科学试验,得到以下数据:

肥料的用量	15	20	25	30	35	40	45
谷物产量	330	345	365	405	445	490	455

求回归方程并预测肥料的用量为 42 时谷物的产量.

解 列表计算正规方程组中的系数:

i	x_i	y_i	x_i^2	x_iy_i
1	15	330	225	4950
2	20	345	400	6900
3	25	365	625	9125
4	30	405	900	12150
5	35	445	1225	15575
6	40	490	1600	19600
7	45	455	2025	20475
总计	210	2835	7000	88775

其正规方程组为

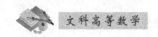

$$\begin{cases}7a+210b=2835,\\210a+7000b=88775,\end{cases}$$

解出 $a^*\approx 245.36, b^*\approx 5.3214$.

于是回归方程为

$$y=245.36+5.3214x.$$

将 $x=42$ 代入回归方程，可以得到谷物产量的预测值为 468.86.

习 题 四

1. 写出下列随机试验的样本空间 Ω：

(1) 一个口袋里装有 14 个相同的小球，其中 5 个红球、6 个白球、3 个黑球，从中随机摸取一球，观察球的颜色；

(2) 10 件产品中有 3 件是次品，每次从中取 1 件，取出后不再放回，直到 3 件次品全部取出为止，观察抽取次数.

2. 设 A,B 和 C 为随机试验 E 的三个事件，将下列事件用 A,B 和 C 表示：

(1) 三个事件都发生；

(2) 三个事件都不发生；

(3) 三个事件至少有一个发生.

3. 一个口袋里装有 14 个相同的小球，其中 5 个红球、6 个白球、3 个黑球，从中随机摸取一球，求摸出的不是黑球的概率.

4. 10 把钥匙中有 3 把能够把门打开，今任意取两把，求能够开门的概率.

5. 在 1,2,3,4,5,6 六个数中等可能地任取两数，求它们都是奇数的概率.

6. 口袋里有 10 个大小相同的球，其中 3 个白球、7 个黑球，不放回摸球，求：

(1) 第一次摸到白球的概率；

(2) 第二次摸到黑球的概率.

7. 有三个口袋均装有大小相同的球，第一个口袋有 3 个白球和 7 个黑球，第二个口袋有 3 个红球和 7 个黄球，第三个口袋有 4 个红球和 6 个黄球. 某人先在第一个口袋中摸球，如果摸出白球，则第二次在第二个口袋中摸球；如果摸出黑球，则第二次在第三个口袋中摸球. 问他第二次摸出红球的概率是多少？

8. 从区间(0,1)内任意取两个数，分别记为 x 和 y，求事件 $A=\{y<x^2\}$ 的概率.

9*. 某班级举行乒乓球比赛，领取 12 只球，其中有 3 个旧球，每场比赛随机取出 3 个球. 求第二场比赛取出 3 个全是新球的概率.

10. 掷均匀骰子，掷出 1,2,3 点为小，记 1 分；掷出 4,5,6 点为大，记 2 分. 现连掷两次，问至少得 3 分的概率是多少？若记 X 为连掷两次的得分数，求 X 的分布律.

11. 将如图所示的圆盘分割为 4 部分，圆心角分别为 40°,60°,100°,160°. 指针推动后随机停在任一位置，游戏者可得到指针所在区域内所标的奖金. 求一次游戏中得到 10 元奖金的概率.

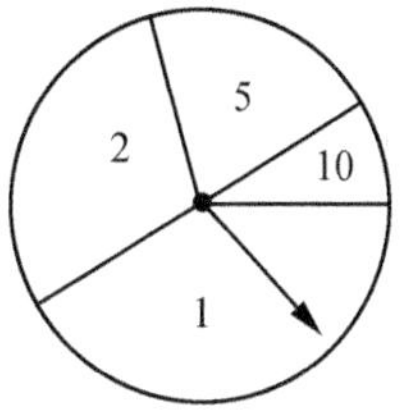

第 11 题图

12. 掷一均匀硬币，正面为 2 点，反面为 1 点，X 为连掷三次的点数之和，求 X 的分布律.

13. 12 个乒乓球中有 8 个新球、4 个旧球，第一次比赛取出 3 个球，记 X 为取到的新球数，求 X 的分布律.

14. 掷一枚均匀硬币，正面为 1 点，反面为 0 点，随机变量 X 为连掷两次的点数之和，求：

(1) X 的分布律；(2) 数学期望 $E(X)$和方差 $D(X)$.

15. 袋中有大小相同的 3 个红球、5 个黑球共 8 个小球，X 表示随机取出 3 个小球中红球的个数，求：

(1) X 的分布律；(2) 数学期望 $E(X)$和方差 $D(X)$.

16. 已知随机变量 X 在区间[2,18]上服从均匀分布，$F(x)$是变量 X 的分布函数，求 $F(9)-F(3)$.

17. 已知随机变量 X 在区间$[a,b]$上服从均匀分布，$F(x)$是它的分布函数，若$a<c<d<b$，求 $F(d)-F(c)$.

18. 已知随机变量 X 的概率密度函数

$$p(x)=\begin{cases}3x^2, & 0\leqslant x\leqslant 1\\ 0, & \text{其他}.\end{cases}$$

它的分布函数是 $F(x)$，求 $F\left(\frac{1}{2}\right)-F\left(\frac{1}{3}\right)$.

19. 设随机变量 X 的分布律为

$$P(X=k)=\frac{a}{N}(k=1,2,3,\cdots,N),$$

求常数 a.

20. 已知随机变量 X 的概率密度函数

$$p(x)=\begin{cases}ax^2, & 0\leqslant x\leqslant 1,\\ 0, & \text{其他}.\end{cases}$$

它的分布函数为 $F(x)$，求：(1) 常数 a；(2) $F(1)-F(0)$.

21. 已知随机变量 X 的概率密度函数

$$p(x)=\begin{cases}x, & 0\leqslant x<1,\\ 2-x, & 1\leqslant x\leqslant 2,\\ 0, & \text{其他}.\end{cases}$$

求 $P\left(\frac{1}{2}<X<\frac{3}{2}\right)$.

22. 已知随机变量 X 的分布函数

$$F(x)=\begin{cases}1, & x>1,\\ ax^2, & 0\leqslant x\leqslant 1,\\ 0, & x<0.\end{cases}$$

求：(1) 常数 a；(2) $F(1)-F(0)$.

23. 已知随机变量 X 的概率密度函数

$$p(x)=\begin{cases}\frac{1}{2}\sin x, & 0\leqslant x\leqslant \pi,\\ 0, & \text{其他}.\end{cases}$$

它的分布函数为 $F(x)$，求 $F\left(\frac{\pi}{2}\right)-F(0)$.

24. 下面是 50 个学生高等数学期中考试的成绩(单位:分)：

85,86,72,68,91,95,56,63,75,70,

90,48,60,71,69,83,55,80,67,74,

73,83,81,96,92,87,69,77,80,50,

76,65,83,82,91,68,54,45,90,84,

67,82,90,78,66,48,57,98,79,83.

请根据这些成绩,

(1) 以 10 分为一组,编制频数和频率分布表;

(2) 画出频数直方图;

(3) 计算样本均值和样本方差.

25. 测试某种钢筋 45 根,得强度数据如下:

1.93	1.66	1.8	1.55	1.04	1.49	1.76	1.18	1.54
1.99	1.17	1.71	1.75	1.55	1.42	1.27	1.53	1.64
1.84	1.41	1.46	1.82	1.23	1.83	1.96	1.98	1.36
1.15	1.35	1.77	1.54	1.46	1.39	1.47	1.89	1.68
1.9	1.2	1.2	1.49	1.48	1.03	1.71	1.84	1.4

以 0.2 为组距编制频数频率表,并画出频率直方图.

26. 测得某电子元件的电流与温度的关系如下:

电流 I/A	1.5	2.1	2.9	3.3
温度 T/℃	29	33	36	38

利用线性回归,求其回归方程.

27. 某种农肥施用量与作物产量的实验数据(单位:kg)如下:

施用量 x	1.4	2.1	2.8	3.4
产量 y	305	330	358	375

利用线性回归,求其回归方程.

附表　标准正态分布表

$$\Phi(x)=\frac{1}{\sqrt{2\pi}}\int_{-\infty}^{x} e^{-\frac{y^2}{2}}\,dy\ (x\geqslant 0)$$

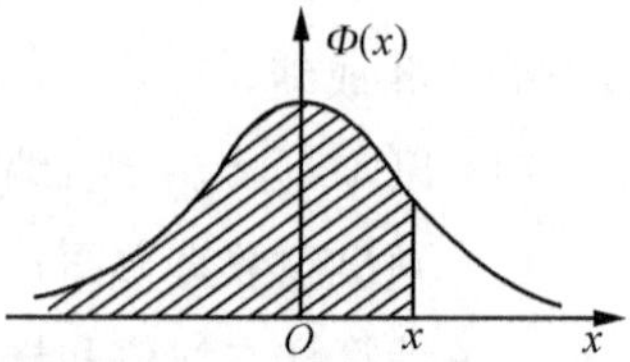

x	0.00	0.01	0.02	0.03	0.04	0.05	0.06	0.07	0.08	0.09	x
0.0	0.5000	0.5040	0.5080	0.5120	0.5160	0.5199	0.5239	0.5279	0.5319	0.5359	0.0
0.1	0.5398	0.5438	0.5478	0.5517	0.5557	0.5596	0.5636	0.5675	0.5714	0.5753	0.1
0.2	0.5793	0.5832	0.5871	0.5910	0.5948	0.5987	0.6026	0.6064	0.6103	0.6141	0.2
0.3	0.6179	0.6217	0.6255	0.6293	0.6331	0.6368	0.6406	0.6443	0.6480	0.6517	0.3
0.4	0.6554	0.6591	0.6628	0.6664	0.6700	0.6736	0.6772	0.6808	0.6844	0.6879	0.4
0.5	0.6915	0.6950	0.6985	0.7019	0.7054	0.7088	0.7123	0.7157	0.7190	0.7224	0.5
0.6	0.7257	0.7291	0.7324	0.7357	0.7389	0.7422	0.7454	0.7486	0.7517	0.7549	0.6
0.7	0.7580	0.7611	0.7642	0.7673	0.7703	0.7734	0.7764	0.7794	0.7823	0.7852	0.7
0.8	0.7881	0.7910	0.7939	0.7969	0.7995	0.8023	0.8051	0.8078	0.8106	0.8133	0.8
0.9	0.8159	0.8168	0.8212	0.8238	0.8264	0.8289	0.8315	0.8340	0.8365	0.8389	0.9
1.0	0.8413	0.8438	0.8461	0.8485	0.8508	0.8531	0.8554	0.8577	0.8599	0.8621	1.0
1.1	0.8643	0.8665	0.8686	0.8708	0.8729	0.8749	0.8770	0.8790	0.8810	0.8830	1.1
1.2	0.8849	0.8869	0.8888	0.8907	0.8925	0.8944	0.8962	10.8980	0.8997	0.90147	1.2
1.3	0.90320	0.90490	0.90658	0.90824	0.90988	0.91149	0.91309	0.91466	0.91621	0.91774	1.3
1.4	0.91924	0.92073	0.92220	0.92364	0.92507	0.92647	0.92785	0.92922	0.93056	0.93189	1.4
1.5	0.93319	0.93448	0.93574	0.93699	0.93822	0.93943	0.94062	0.94179	0.94295	0.94408	1.5
1.6	0.94520	0.94630	0.94738	0.94845	0.94950	0.95053	0.65154	0.95254	0.95350	0.95449	1.6
1.7	0.95543	0.95637	0.95728	0.95818	0.95907	0.95994	0.96080	0.96164	0.96246	0.96327	1.7
1.8	0.96407	0.96485	0.96562	0.96638	0.96712	0.96784	0.96856	0.96926	0.96995	0.97062	1.8
1.9	0.97123	0.97193	0.97257	0.97320	0.97381	0.97441	0.97500	0.97558	0.97615	0.97670	1.9
2.0	0.97725	0.97778	0.97831	0.97882	0.97932	0.9982	0.98030	0.98077	0.98124	0.98109	2.0
2.1	0.98214	0.98257	0.98300	0.98341	0.98382	0.98422	0.98461	0.98500	0.98537	0.98574	2.1
2.2	0.98610	0.98645	0.98679	0.98713	0.98745	0.98778	0.98809	0.98840	0.98870	0.98899	2.2
2.3	0.98928	0.98956	0.98983	$0.9^{2}0097$	$0.9^{2}0358$	$0.9^{2}0613$	$0.9^{2}0863$	$0.9^{2}1106$	$0.9^{2}1344$	$0.9^{2}1576$	2.3
2.4	$0.9^{2}1802$	$0.9^{2}2024$	$0.9^{2}2240$	$0.9^{2}2451$	$0.9^{2}2656$	$0.9^{2}2857$	$0.9^{2}3053$	$0.9^{2}3244$	$0.9^{2}3431$	$0.9^{2}3613$	2.4
2.5	$0.9^{2}3790$	$0.9^{2}3963$	$0.9^{2}4132$	$0.9^{2}4397$	$0.9^{2}4457$	$0.9^{2}4614$	$0.9^{2}4766$	$0.9^{2}4915$	$0.9^{2}5060$	$0.9^{2}5201$	2.5
2.6	$0.9^{2}5339$	$0.9^{2}5473$	$0.9^{2}5604$	$0.9^{2}5731$	$0.9^{2}5855$	$0.9^{2}5975$	$0.9^{2}6039$	$0.9^{2}6207$	$0.9^{2}6319$	$0.9^{2}6427$	2.6
2.7	$0.9^{2}6533$	$0.9^{2}6636$	$0.9^{2}6736$	$0.9^{2}6833$	$0.9^{2}6928$	$0.9^{2}7020$	$0.9^{2}7110$	$0.9^{2}7197$	$0.9^{2}7282$	$0.9^{2}7365$	2.7

续表

x	0.00	0.01	0.02	0.03	0.04	0.05	0.06	0.07	0.08	0.09	x
2.8	$0.9^{2}7445$	$0.9^{2}7523$	$0.9^{2}7599$	$0.9^{2}7673$	$0.9^{2}7744$	$0.9^{2}7814$	$0.9^{2}7882$	$0.9^{2}7948$	$0.9^{2}8012$	$0.9^{2}8074$	2.8
2.9	$0.9^{2}8134$	$0.9^{2}8193$	$0.9^{2}8250$	$0.9^{2}8305$	$0.9^{2}8359$	$0.9^{2}8411$	$0.9^{2}8462$	$0.9^{2}8511$	$0.9^{2}8559$	$0.9^{2}8605$	2.9
3.0	$0.9^{2}8650$	$0.9^{2}8694$	$0.9^{2}8736$	$0.9^{2}8777$	$0.9^{2}8817$	$0.9^{2}8856$	$0.9^{2}8893$	$0.9^{2}8930$	$0.9^{2}8965$	$0.9^{2}8999$	3.0
3.1	$0.9^{3}0324$	$0.9^{3}0646$	$0.9^{3}0957$	$0.9^{3}1260$	$0.9^{3}1553$	$0.9^{3}1836$	$0.9^{3}2112$	$0.9^{3}2378$	$0.9^{3}2636$	$0.9^{3}2886$	3.1
3.2	$0.9^{3}3129$	$0.9^{3}3363$	$0.9^{3}3590$	$0.9^{3}3810$	$0.9^{3}4024$	$0.9^{3}4230$	$0.9^{3}4429$	$0.9^{3}4623$	$0.9^{3}4810$	$0.9^{3}4991$	3.2
3.3	$0.9^{3}5166$	$0.9^{3}5335$	$0.9^{3}5499$	$0.9^{3}5658$	$0.9^{3}5811$	$0.9^{3}5959$	$0.9^{3}6103$	$0.9^{3}6242$	$0.9^{3}6376$	$0.9^{3}6505$	3.3
3.4	$0.9^{3}6631$	$0.9^{3}6752$	$0.9^{3}6869$	$0.9^{3}6982$	$0.9^{3}7091$	$0.9^{3}7197$	$0.9^{3}7299$	$0.9^{3}7398$	$0.9^{3}7493$	$0.9^{3}7585$	3.4
3.5	$0.9^{3}7674$	$0.9^{3}7759$	$0.9^{3}7842$	$0.9^{3}7922$	$0.9^{3}7999$	$0.9^{3}8074$	$0.9^{3}8146$	$0.9^{3}8215$	$0.9^{3}8282$	$0.9^{3}8347$	3.5
3.6	$0.9^{3}8409$	$0.9^{3}8469$	$0.9^{3}8527$	$0.9^{3}8583$	$0.9^{3}8637$	$0.9^{3}8689$	$0.9^{3}8739$	$0.9^{3}8787$	$0.9^{3}8834$	$0.9^{3}8879$	3.6
3.7	$0.9^{3}8922$	$0.9^{3}8964$	$0.9^{4}0039$	$0.9^{4}0426$	$0.9^{4}0799$	$0.9^{4}1158$	$0.9^{4}1504$	$0.9^{4}1838$	$0.9^{4}2159$	$0.9^{4}2468$	3.7
3.8	$0.9^{4}2765$	$0.9^{4}3052$	$0.9^{4}3327$	$0.9^{4}3593$	$0.9^{4}3848$	$0.9^{4}4094$	$0.9^{4}4331$	$0.9^{4}4558$	$0.9^{4}4777$	$0.9^{4}4988$	3.8
3.9	$0.9^{4}5190$	$0.9^{4}5385$	$0.9^{4}5573$	$0.9^{4}5753$	$0.9^{4}5926$	$0.9^{4}6092$	$0.9^{4}6253$	$0.9^{4}6406$	$0.9^{4}6554$	$0.9^{4}6696$	3.9
4.0	$0.9^{4}6833$	$0.9^{4}6964$	$0.9^{4}7090$	$0.9^{4}7211$	$0.9^{4}7327$	$0.9^{4}7439$	$0.9^{4}7546$	$0.9^{4}7649$	$0.9^{4}7748$	$0.9^{4}7843$	4.0
4.1	$0.9^{4}7934$	$0.9^{4}8022$	$0.9^{4}8106$	$0.9^{4}8186$	$0.9^{4}8263$	$0.9^{4}8338$	$0.9^{4}8409$	$0.9^{4}8477$	$0.9^{4}8542$	$0.9^{4}8605$	4.1
4.2	$0.9^{4}8665$	$0.9^{4}8723$	$0.9^{4}8778$	$0.9^{4}8832$	$0.9^{4}8882$	$0.9^{4}8931$	$0.9^{4}8978$	$0.9^{5}0226$	$0.9^{5}0655$	$0.9^{5}1066$	4.2
4.3	$0.9^{5}1460$	$0.9^{5}1837$	$0.9^{5}2199$	$0.9^{5}2545$	$0.9^{5}2876$	$0.9^{5}3193$	$0.9^{5}3497$	$0.9^{5}3788$	$0.9^{5}4066$	$0.9^{5}4332$	4.3
4.4	$0.9^{5}4587$	$0.9^{5}4831$	$0.9^{5}5065$	$0.9^{5}5288$	$0.9^{5}5502$	$0.9^{5}5706$	$0.9^{5}5902$	$0.9^{5}6089$	$0.9^{5}6268$	$0.9^{5}6439$	4.4
4.5	$0.9^{5}6602$	$0.9^{5}6759$	$0.9^{5}6908$	$0.9^{5}7051$	$0.9^{5}7187$	$0.9^{5}7318$	$0.9^{5}7442$	$0.9^{5}7561$	$0.9^{5}7675$	$0.9^{5}7784$	4.5
4.6	$0.9^{5}7888$	$0.9^{5}7987$	$0.9^{5}8081$	$0.9^{5}8172$	$0.9^{5}8258$	$0.9^{5}8340$	$0.9^{5}8419$	$0.9^{5}8494$	$0.9^{5}8566$	$0.9^{5}8634$	4.6
4.7	$0.9^{5}8699$	$0.9^{5}8761$	$0.9^{5}8821$	$0.9^{5}8877$	$0.9^{5}8931$	$0.9^{5}8983$	$0.9^{6}0320$	$0.9^{6}0789$	$0.9^{6}1235$	$0.9^{6}1661$	4.7
4.8	$0.9^{6}2067$	$0.9^{6}2453$	$0.9^{6}2822$	$0.9^{6}3173$	$0.9^{6}3508$	$0.9^{6}3827$	$0.9^{6}4131$	$0.9^{6}4420$	$0.9^{6}4696$	$0.9^{6}4958$	4.8
4.9	$0.9^{6}5208$	$0.9^{6}5446$	$0.9^{6}5673$	$0.9^{6}5889$	$0.9^{6}6094$	$0.9^{6}6289$	$0.9^{6}6475$	$0.9^{6}6652$	$0.9^{6}6821$	$0.9^{6}6981$	4.9

附录一

微积分史话

微积分是人类思维的伟大成果之一，是人类文化的一块瑰宝. 微积分中充满了辩证法，学习一些微积分的发展历史，对于学习微积分将是十分有益的.

一、积分学的早期史

阿基米德是古希腊著名的科学家，也是一位著名的数学家. 关于这位传奇式的科学巨人，有许多传说. 比如，他首先正确地解释了杠杆原理，并宣称：给我一个支点，我能撬动地球；他利用抛物面聚焦原理制造火镜，反射阳光烧毁敌方战船；他在洗澡时感悟出浮力原理；等等. 而他对数学的贡献，同样充满了智慧和独创性. 在阿基米德推导球体积公式的方法中我们可以发现积分学的一些基本思想.

如图 1，设 TS 为过球心的水平轴，作矩形 $OSBA$ 以及 $\triangle OSC(OS=SC)$，并使它们绕 OS 轴旋转，得到一个球外切圆柱和一个圆锥. 在 x 处垂直截下三个厚度为 Δx 的薄片，它们是如此之薄，以至于我们可以将它们作为扁平圆柱，于是三个薄片的体积分别为：

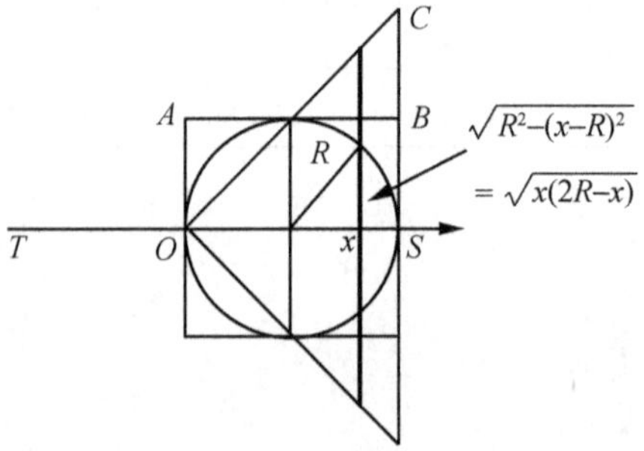

图 1

对于球上薄片：

$$Q=\pi[R^2-(x-R)^2]\Delta x=\pi x(2R-x)\Delta x;$$

对于圆柱上薄片：$Y=\pi R^2\Delta x$；

对于圆锥上薄片：$Z=\pi x^2\Delta x$.

现在，将球和圆锥上的薄片平移到 T，使得 $OT=2R$. 考虑三个薄片的力学系统(密度都为 1)，它们对于 O 点的力矩：

$$(Q+Z)\times 2R=4\pi R^2 x\Delta x=4xY.$$

这表示将球和圆锥上两薄片质量集中于 T 点时对于 O 点的力矩是圆柱上薄片在原来位置上对于 O 点的力矩的 4 倍. 将 O 到 S 之间所有 x 产生的薄片做这样的处理，再把这些力矩相加，可以得到结论：将球和圆锥的质量集中在 T 点时对于 O 点的力矩是圆柱对于 O 点的力矩的 4 倍. 即

$$2R(\text{球体积}+\text{圆锥体积})=4(R\times\text{圆柱体积}).$$

而圆锥与圆柱的体积公式是已知的，所以

$$2R\left(\text{球体积}+\frac{8}{3}\pi R^3\right)=4\times 2\pi R^4=8\pi R^4.$$

即

$$\text{球体积}=\frac{4}{3}\pi R^3.$$

分割、求和，上述过程与我们现在的定积分定义何其相似！只是 2000 多年前，阿基米德没有极限理论，无法完成最后的极限过程. 于是，他展示了高超的数学技巧，将求得的和与一个已知常量相联系，取得了成功. 这是他终生引以为豪的成就. 据说，他在遗嘱里要求将象征这一成就的图形铭刻在墓碑上. 阿基米德称他的方法为“平衡法”. 他利用平衡法计算了许多几何体的面积、体积.

我们知道，当阿基米德将薄片作为薄柱体时产生了误差，他也意识到了这个问题，但是不能说明这些误差哪里去了. 所以阿基米德说，平衡法是用于“发现”公式的，然后他利用穷竭法证明它们. 为了了解什么是穷竭法，我们回顾阿基米德的另一个著名成就——抛物弓形的面积.

如图 2，阿基米德利用平衡法发现了抛物线 ABC 与直线 AC 围成的弓形面积 Σ 是 $\triangle ABC$ 的面积 S 的 $\frac{4}{3}$. 其中 D 是线段 AC 的中点，而 BD 平行于抛物线的对称轴. $\triangle ABC$ 的面积 S 可以利用几何方法求得.

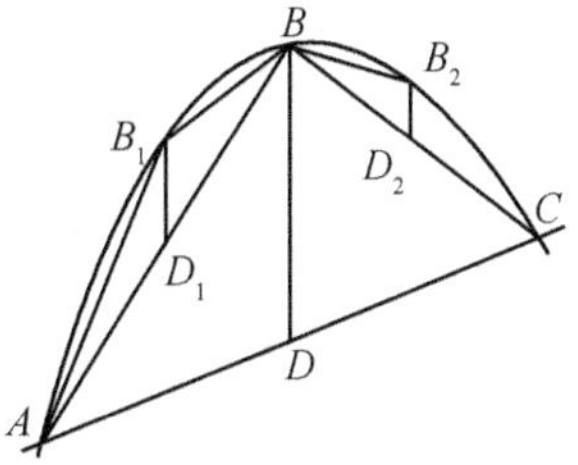

图 2

为了证明这个结论，阿基米德取 AB 与 BC 的中点 D_1, D_2，作平行于抛物线的对称轴线段 D_1B_1 和 D_2B_2，并证明：

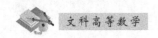

$$S_{\triangle AB_1B}+S_{\triangle BB_2C}=\frac{S}{4}.$$

用同样的方法，在 AB_1，B_1B，BB_2，B_2C 上可以作 4 个小三角形，它们的面积之和为$\frac{S}{4^2}$. 此过程可以不断进行下去，如做了 N 次，那么所有这些三角形面积之和应为

$$\Sigma_N=S+\frac{1}{4}S+\frac{1}{4^2}S+\cdots+\frac{1}{4^N}S=\frac{4}{3}S-\frac{1}{3\times 4^{N-1}}S. \tag{1}$$

显然，这些三角形面积之和不超过弓形的面积 Σ，但是它们的差别（图 2 中那些小弓形面积）随着三角形的不断增加，可以小于任何一个正数. 此时，按照古希腊人的说法，弓形被这一系列三角形“穷竭”.

现在可以严格证明：$\Sigma=\frac{4}{3}S$.

假设 $\Sigma>\frac{4}{3}S$，由于弓形被这一系列三角形穷竭，可知存在一组三角形，其面积之和 Σ_N 将大于$\frac{4}{3}S$，由(1)式，这是不可能的，所以 $\Sigma\leqslant\frac{4}{3}S$.

反之，假设 $\Sigma<\frac{4}{3}S$，根据(1)式，存在一组三角形，其面积之和 Σ_N 将大于 Σ，这也是不可能的，因为从图 2 易知 $\Sigma_N<\Sigma$. 这就完成了证明.

请大家注意，上面关于穷竭法的讨论与我们今天关于极限的 ε-N 描述很相像，似乎只要用 ε-N 符号代替那些文字语言就可以了. 但是，这个过程进行了大约 2000 年，直到 19 世纪，在柯西和魏尔斯特拉斯两位分析大师手中才告完成. 由此也可以看到，科学发展道路之崎岖与艰难.

关于求积问题的研究还应该提到中国古代数学家的成就. 根据一些数学史书介绍，《九章算术》成书年代最迟为公元前 1 世纪，其中就含有求积问题. 比如，其中记载了正确的圆面积公式：πR^2，虽然其中 $\pi=3$ 显得粗糙，但在 2000 多年前知道圆周率的存在，也已难能可贵了.

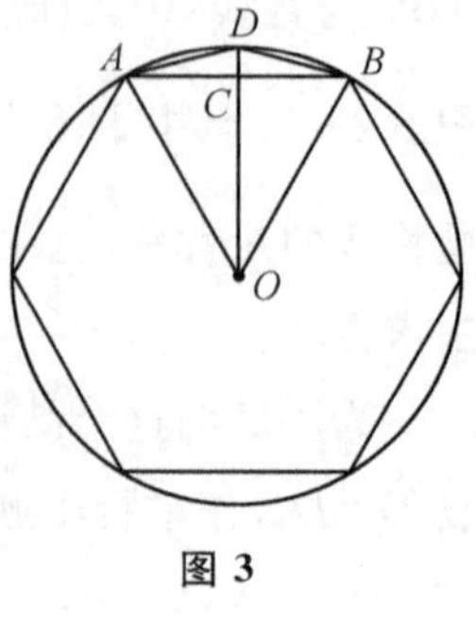

图 3

汉代数学家刘徽在《九章算术注》中，用割圆术求圆的面积.

如图 3，在一个半径为 r 的圆上，作内接正 n 边形.

分别记正 n 边形的边长、周长、面积为 l_n, L_n, S_n. 刘徽指出

$$l_{2n}=AD=\sqrt{AC^2+CD^2}=\sqrt{\left(\frac{l_n}{2}\right)^2+\left[r-\sqrt{r^2-\left(\frac{l_n}{2}\right)^2}\right]^2},$$

$$S_{2n}=n\left(\frac{AB\times OD}{2}\right)=n\times\frac{l_n r}{2}=\frac{1}{2}l_n r.$$

刘徽从 $l_6=r$ 出发，利用代数运算推算出圆面积的近似值. 此外，由于 S_{2n} 显然是一个不足近似，它总是小于圆面积 S. 刘徽又证明了如下不等式：

$$S_{2n}<S<S_{2n}+(S_{2n}-S_n).$$

至此，他已经确信，为了得到更准确的圆周率，只要将 n 推算到更大的数值就可以了. 他指出："割之弥细，所失弥少，割之又割，以至于不可割，则与圆合体而无所失矣."这已经是朴素的，但是很明确的极限思想了. 我们又一次看到了分割、求和的过程. 他们离现代严密的积分理论仅仅是极限理论的一峰之隔了. 但是，人们最终征服此峰，却要在 1000 多年以后.

刘徽也讨论了球的体积问题. 与阿基米德的平衡法不同，刘徽利用几何方法推导球的体积公式. 他在一个球外切正方体内作两个垂直的球外切圆柱体(图 4)，并将这两个圆柱体的公共部分称为"牟合方盖". 理解这个立体的形状，需要一些空间想象力. 为了了解它对于球体积的意义，我们利用截痕法观察一下截面. 用一个平行于两圆柱轴线的平面截图中的立体，易知两圆柱上的截面都是矩形，"牟合方盖"是两圆柱的公共部分，它的截面就是两矩形的公共部分，即为图 5 中间的小正方形. 而球上的截面是中间的内切圆，它们的面积之比为 4∶π. 或许就是基于这样的认识，刘徽正确地指出："牟合方盖"与球的体积之比为 4∶π. 刘徽试图通过计算"牟合方盖"与外切正方体的面积之差以求出"牟合方盖"的体积，从而得到球的体积. 虽然，他没有求出"牟合方盖"的体积，但是他的思想方法给后来人极大的启发. 在大约 200 年后，他开创的方法为祖冲之父子所继承，终于推导出球的体积公式. 祖冲之也许是古代数学家中最为人们所知的一个了. 许多中小学教科书和科普读物中都介绍过他计算的圆周率的精确度当时远远领先于世界其他地区的圆周率：

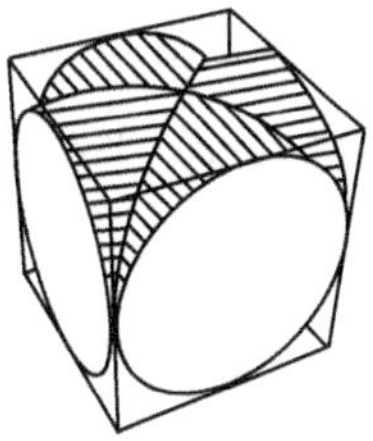

图 4

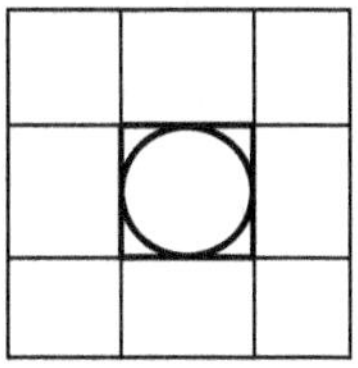

图 5

$$3.1415926<\pi<3.1415927.$$

后人推算，如果他沿用刘徽的割圆术，从内接正六边形开始，需要计算到正24576边形才能恰好得到这一结果. 若果真如此，在几乎没有什么计算工具，也没有现代先进的计数与列式符号的古代，这几乎是不可能的，所以他们一定发明了更好的计算方法. 但是，由于祖氏父子的著作《缀术》已经失传，这一方法也就成了一个历史之谜. 因为是谜，就有许多人希望能够解开这个谜，也就有了对这个问题的研究. 对祖冲之方法有兴趣的读者可以阅读虞言林、虞琪写的小册子《祖冲之算 π 之谜》.

祖冲之之子祖暅在刘徽的数学思想基础上指出："幂势既同，则积不容异." 中国的数学史书中常称它为祖氏原理. 这一原理在西方称为卡瓦列里原理，卡瓦列里原理是意大利数学家卡瓦列里于1635年提出的，它的含义是：两个等高(势)的立体，如果在任一相同高度处的水平截面的面积(势)相同，则它们的体积必然相等. 这一原理与前述阿基米德的平衡法中使用的圆柱薄片思想是类似的，但是祖氏原理更加具有一般性，因而，应用更广泛. 回想我们求旋转体体积的方法，将平行截面面积 $\pi f^2(x)$ 积分得

$$V=\int_a^b \pi f^2(x)\mathrm{d}x,$$

可以看到，高(积分区间)确定后，体积由截面积 $\pi f^2(x)$ 确定，所有等高处水平截面积相同的立体体积相等.

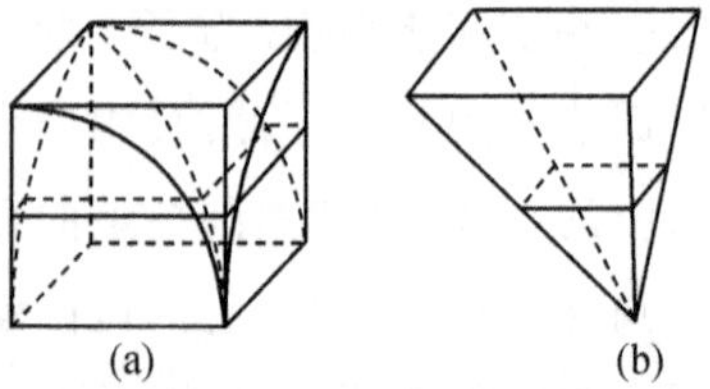

现在，可以讨论祖暅的方法了. 图6(a)中虚线部分是"牟合方盖"的 $\dfrac{1}{8}$，外接的立方体边长是球的半径 R. 用一个水平平面在某个高度 h 处截此立体，截面如图6(a)中的直角曲尺形状. 如果求出曲尺的宽度，那么不难求得截面积. 我们在立方体左侧面(图7)易得曲尺的宽度为

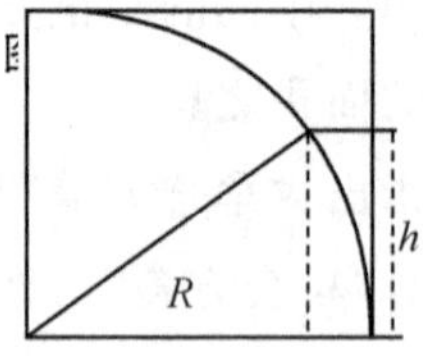

图 7

$$R-\sqrt{R^2-h^2}.$$

于是截面积为 h^2. 这个面积与图6(b)所示的倒立四棱锥体在高度 h 处的水平截面的面积相等[图6(b)所示的倒立四棱锥体的顶面与图6(a)中立方体的顶

面相同且两者等高]. 根据祖氏原理，两立体体积相等，即“牟合方盖”与外切正方体的面积之差的$\frac{1}{8}$等于此锥体体积. 于是，“牟合方盖”的体积就是

$$8(\text{正方体体积}-\text{锥体体积})=\frac{16}{3}R^3.$$

根据 $4:\pi$ 的比例，可得球体积

$$\frac{16}{3}R^3\cdot\frac{\pi}{4}=\frac{4}{3}\pi R^3.$$

从刘徽到祖暅，用几何方法得到球体积公式，似乎没有涉及极限问题，其实是祖氏原理掩盖了极限过程. 今天，如果我们想证明此原理，必须使用极限工具.

二、微分学的早期史

微分学研究局部性质，如曲线的切线、速度、函数极大极小值等问题，并且微分学问题本质上需要有变量的思想方法. 解析几何的创立可以看作是近代数学的第一个里程碑，它的基本思想是在平面上建立点与它的坐标之间的一一对应. 用数量表示点的思想，古已有之，而解析几何是将曲线看成点的轨迹. 解析几何的主要方法是将曲线与一个方程 $f(x,y)=0$ 对应起来，通过代数方法研究几何问题. 解析几何的主要发明者是笛卡尔和费马，下面我们还是通过他们的研究工作来体会其思想.

如图 8，为了求曲线 $y=f(x)$ 在点 $P(x,f(x))$ 处的切线，笛卡尔先作直线 PC，如果能够确定 C 的横坐标 v 使 PC 为法线(垂直于过 P 的切线的直线)，那么就可以求出切线. 为此，以线段 PC 的长度 r 为半径，C 为圆心作圆. 通常，它与曲线交于两点，但当 PC 为法线时，两点重合，即方程

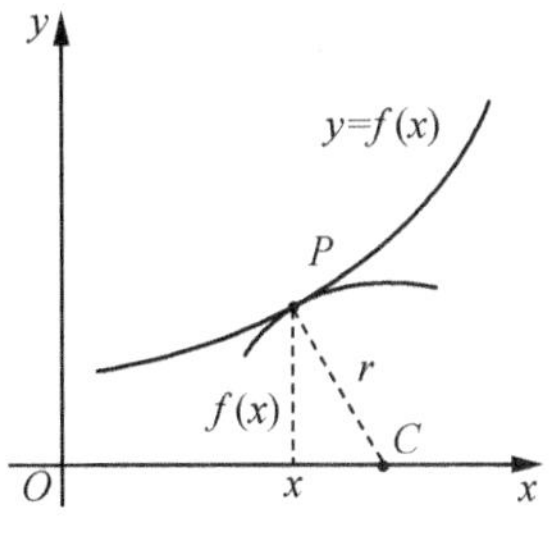

图 8

$$[f(x)]^2+(x-v)^2=r^2$$

关于 x 有重根. 在没有发明导数以前，对于一般超越函数方程的重根没有认识，故笛卡尔假设 $[f(x)]^2$ 是多项式. 记此重根为 e，则有

$$[f(x)]^2+(x-v)^2-r^2=(v-e)^2\sum c_i x^i. \tag{2}$$

右边和式里的多项式次数应使两边次数相同. 展开后，通过比较系数得到 v 与 e

的关系式. 显然,重根 e 是已知点 P 的横坐标,代入 $e=x$ 可得用 x 表示的 v 值. 例如,对于抛物线 $y^2=kx(k>0)$, $f(x)=\sqrt{kx}$,(2)式为

$$kx+(v-x)^2-r^2=(x-e)^2.$$

上式没有附加的和式,因为等式两边恰好都是 2 次. 展开后二次项系数相同,含有 r 的常数项不是我们所关注的. 利用一次项系数相等,可得 $k-2v=-2e$,即

$$v=e+\frac{k}{2}.$$

由图 8 可知,切线斜率为(此时 $e=x$,切线垂直于 PC)

$$\frac{v-x}{f(x)}=\frac{k}{2\sqrt{kx}}=\frac{1}{2}\sqrt{\frac{k}{x}}.$$

大家可以用导数的方法检验上式. 这里的方法称为"圆法",笛卡尔创造圆法时的思想必定是动态的,他观察 C 点在 x 轴上移动时图象关系的变化. 或许,当时变量的概念尚未明确,笛卡尔需要用大家熟悉的数学语言来表达他的结果.

而费马关于极值的研究,即使是表达形式上也和我们现在使用的方法非常相像. 设函数 $f(x)$ 在点 a 处取得极值. 费马将 $a+e$ 代入函数,并使 $f(a+e)$ 逼近 $f(a)$,记为

$$f(a+e)\sim f(a).$$

这已经是很明确的变量思想了,如果让 e 消失,那么逼近符号"$\sim$"应该变为等号. 这样,经过代数变形,再两边同除以 e,即可得到关于极值点 a 所满足的方程. 用现在的符号,可以记为

$$\left[\frac{f(a+e)-f(a)}{e}\right]_{e=0}=0.$$

例如,求周长为定值 $2b$ 的矩形,使面积最大,即求函数 $f(x)=x(b-x)=bx-x^2$ 的最大值. 按照费马的方法,我们可以写出

$$b(x+e)-(x+e)^2\sim bx-x^2.$$

展开并整理,得 $$be-2xe-e^2\sim 0,$$

两边同除以 e,得 $$b-2x-e\sim 0,$$

让 e 消失,即得 $$x=\frac{b}{2}.$$

注意到我们现在求极值的方法,令

$$f'(x)=\lim_{\Delta x\to 0}\frac{f(x+\Delta x)-f(x)}{\Delta x}=0,$$

即为极值点应满足的方法. 除了符号 e 与 Δx 不同以外,唯一的区别是费马还没有极限理论的支持. 因此,他让 e 消失,使人感觉有些武断,缺乏依据.

最后,我们介绍牛顿的老师巴罗的微分思想. 如图 9,欲求曲线 $f(x,y)=0$ 上一点 $P(x,y)$ 处的切线 TP. 为此,考虑点 P 的横坐标有改变量 e,形成一个类似三角形的图形 PQR,这就是著名的微分三角形. 巴罗说,三角形越来越小(用我们现在的语言,a 和 e 趋于零)时,微分三角形与$\triangle TPM$ 越趋于相似,利用相似比,切线斜率

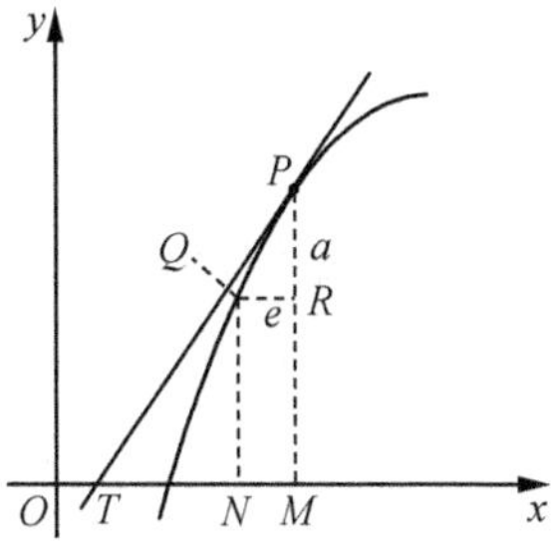

图 9

$$k=\frac{PM}{TM}=\frac{PR}{QR}=\frac{a}{e}.$$

我们现在知道上式在 a 和 e 趋于零时成立. 但巴罗说,由于 P,Q 在曲线上,坐标满足方程,故

$$f(x,y)=f(x-e,y-a)=0.$$

只要在其中消去所有二次和更高次项,求出 a 和 e 之比,即为正确的切线斜率. 在图 9 中,我们可以明显看到,巴罗的方法其实就是将切线作为割线的极限位置. 用我们现在的语言说,a 是函数的微分 $\mathrm{d}y$,而 e 是自变量的微分 $\mathrm{d}x$. 于是有我们熟知的公式:

$$k=\frac{a}{e}=\frac{\mathrm{d}y}{\mathrm{d}x}.$$

这一时期,欧洲数学家在求积问题上也有许多研究. 比如,卡瓦列里的不可分量原理. 前面已经提及,卡瓦列里原理其实就是我国魏晋时期数学家祖氏父子的祖氏原理. 但是,卡瓦列里将他的原理应用得更加广泛. 他实际上已经得到了用现代符号可以表示为

$$\int_0^a \mathrm{d}x=\frac{a^{n+1}}{n+1}$$

的结果. 从而使得求积问题从处理特定的几何体向建立一般计算方法过渡.

至此,我们看到,时至 17 世纪前期,微积分的思想方法已经在许多数学家的工作中表现出来. 同时,这一时期物理学,特别是天文学和力学的发展,也要

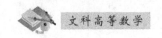

求有新的数学方法出现.我们略举几例,感受一下当时天文学、力学的发展.

开普勒归纳总结了著名的行星运动三大定律:

(1) 行星在椭圆形轨道上运行,太阳位于椭圆的一个焦点上.

(2) 太阳到行星的矢径在相等时间内扫过的面积相等.

(3) 行星绕太阳公转周期的平方与其椭圆轨道半长轴的立方成正比.

三大定律为观察试验所证实,但其物理原理和数学形式何在?

伽利略最为大众所知的是他在比萨斜塔上所做的落体试验.他因首先将实验引进力学研究,以及自觉地运用数学方法精确描述物理概念、分析力学定律而被称为现代科学之父.比如,他发现了弹道的抛物线性质,并推断出最大射程应在发射角为45°时达到.伽利略的工作是牛顿创立他的力学体系的前驱.牛顿力学是力学与数学完美结合的典范.伽利略的成就以及他本人的大力提倡,激起了人们对力学概念与定律作精确的数学描述的热情.事实上,这种热情至今亦未消失.一种现代观点认为,一个学科,如果还没有精密的数学表达,就不能算是一门科学.可以说,没有微积分,牛顿即使发现了他的力学三大定律,也不能够建立如此完善的力学体系.

数学革命之门上的闩已经开启,只等待巨人去推开.这位科学巨人就是牛顿.

三、微积分的创立

牛顿(Newton,1642—1727)出生于英格兰,幼时家境十分困难,但他刻苦好学,于1661年考入英国首屈一指的剑桥大学三一学院.在数学方面,他幸运地得到巴罗教授的指导,从此在校好学不倦,逐步掌握了笛卡儿的几何学、开普勒的光学和巴罗老师的《几何讲义》.牛顿的数学研究得益于他的老师巴罗的地方很多,巴罗"微分三角形"的深刻思想给牛顿以极大的影响.又经过几年刻苦的努力,牛顿的学识达到了一个新的水平,他协助巴罗编写讲义,撰写微积分和光学的论文,得到巴罗的高度评价.

1669年,巴罗坦然宣称牛顿的学识已经超过自己,当年10月他将"路卡斯教授"的职位让给牛顿,一时传为佳话,牛顿当时仅27岁.现在三一学院牛顿雕像之北立有巴罗的雕像,为后人所敬仰.

牛顿的微积分有明显的力学背景，他将其称为"流数术". 很长时间里没有公开发表，除了他的少数朋友之外，无人知晓. 直到 1687 年才用几何的形式摘记在他的巨著《自然哲学的数学原理》中. 这本书的出版是他一生主要工作的总结，也是科学史上一件划时代的大事.

牛顿正式的流数术著作《流数术方法和无穷级数》在 1736 年才出版，在这本书中，牛顿引进了他独特的记法和概念. 牛顿称变化率为流数，在字母上面加一点来表示流数，称变化的量为流量. 这样一来，假定 x 和 y 为流量，则它们的流数是$\dot{x}$和$\dot{y}$. 在这本书中，牛顿陈述了流数术的基本问题是：

(1) 已知流量关系，求流数关系(即微分法)；

(2) 已知流数关系，求流量关系(即积分法).

我们用一个简单的例子来说明流数术的方法. 设 $x^3+ax^2+axy-y^3=0$，牛顿用符号 o 表示时间 t 的"瞬"(无限小增量)，它引起流量 x，y 的瞬为$\dot{x}o$，$\dot{y}o$，将 $x+\dot{x}o$，$y+\dot{y}o$ 取代 x，y 即得

$$(x+\dot{x}o)^3+a(x+\dot{x}o)^2+a(x+\dot{x}o)(y+\dot{y}o)-(y+\dot{y}o)^3=0, \qquad (3)$$

展开并消去 $x^3+ax^2+axy-y^3(=0)$项，再通除 o，最后，略去仍然带有 o 的项(这些项，我们今天来看是极限为零的无穷小)即得到

$$3x^2\dot{x}+2ax\dot{x}+a\dot{x}y-3y^2\dot{y}=0. \qquad (4)$$

除了符号以外，这就是我们今天的微分法了. 这里，忽略带有 o 的项，引起了一些数学家的疑问. 但是，或许是因为微积分在应用中的巨大成就，人们暂时无暇顾及其理论基础是否严密，而是利用新的数学工具去发现和认识新的科学领域. 牛顿也意识到了这个问题，在他的另一部著作《曲线求积论》中，他已经明确地意识到连续性，他说："在数学中，最微小的误差也不能忽略……数学的量不是由非常小的部分组成的，而是由连续的运动来描述的."同时，他努力试图避免武断地忽略无限小项，提出了"首末比方法"以解释他的流数术. 当然，由于没有连续和极限的理论，牛顿不可能彻底解决此问题.

几乎与牛顿同时，莱布尼兹从不同的角度也发明了微积分，数学史上将它们并列为微积分的创始人.

莱布尼兹(Gottfrid Wilhelm Leibniz，1646—1716)出生于德国莱比锡，他的学识包括哲学、历史、生物学、机械、物理、数学、神学等. 莱布尼兹于 1661 年(15 岁)

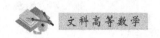

考入莱比锡大学学习法律,同时努力学好各门功课.1666 年莱布尼兹发表了一篇关于数理逻辑的论文,虽然是极不成熟的作品,但已显示出他的数学才能.

1672 年,莱布尼兹在巴黎见到了数学家惠更斯,在惠更斯的鼓励下,开始深入研究数学.在 1673 年访问伦敦时,他会见了许多数学家,学到了不少关于无穷级数的知识,获得了一本巴罗的《几何讲义》,还知道了牛顿的一些工作.在他回巴黎后的同一年,他研究了卡瓦列里、伽利略、笛卡儿等人的数学著作.他在求积问题研究中的第一批成果之一是求出一个单位圆的面积(即圆周率 π)是级数

$$1-\frac{1}{3}+\frac{1}{5}-\frac{1}{7}+\cdots$$

和的 4 倍.在他以后的研究中,主要致力于切线问题以及求积问题,他根据巴罗的“微分三角形”,终于在 1684 年(牛顿的巨著《自然哲学的数学原理》出版前 3 年)发表了他的第一篇微分学论文.这是世界上最早发表的微积分文献.这篇论文带有一个很长而古怪的标题:一种求极大极小和切线的新方法,它也适用于分式和无理量,以及这种新方法的奇妙类型的计算.这篇仅 6 页纸、内容不多、理论也并不清晰的文章,却具有划时代的意义.它已含有我们现在使用的微分符号和基本微分法则:

$$\mathrm{d}(ax)=a\mathrm{d}x,$$
$$\mathrm{d}(z-y+w+x)=\mathrm{d}z-\mathrm{d}y+\mathrm{d}w+\mathrm{d}x,$$
$$\mathrm{d}(uv)=u\mathrm{d}v+v\mathrm{d}u.$$

莱布尼兹将导数记为 $\mathrm{d}x:\mathrm{d}y$,后来又改记为$\frac{\mathrm{d}y}{\mathrm{d}x}$.他后来在 1693 年的另一篇论文中用

$$\mathrm{dd}x:\mathrm{d}y^2$$

表示二阶导数,在 1684 年的论文中还给出极值的条件是 $\mathrm{d}y=0$,拐点的条件是 $\mathrm{d}^2y=0$.莱布尼兹断定:作为求和过程的积分是微分的逆运算.这种想法在巴罗和牛顿的工作中已经出现,但他们是分析面积的微分,从而得到面积.莱布尼兹是第一个表达出积分与微分之间关系的人.这一关系就是现在每一个学过高等数学的人所熟知的牛顿-莱布尼兹公式:

$$\int_a^b f(x)\mathrm{d}x=F(b)-F(a).$$

牛顿-莱布尼兹公式被视为微积分的重大成果，被称为微积分基本定理. 莱布尼兹可以称为历史上最伟大的符号学家了，他精心设计的微积分符号能够被沿用至今而基本不变. 这也说明了先进的符号系统对于数学发展的重要性是不言而喻的. 我们不能想象，如果没有十进位制记数法和印度-阿拉伯数码，数学会是什么样的. 同样，我们也难以想象，没有莱布尼兹的符号系统，微积分能够在一个不太长的时期内取得如此巨大的成就.

四、第二次数学危机

两位发明者都没有能够解决微积分的理论基础问题，那个神秘的无限小增量是如何消失的？在前面的(3)式中，牛顿先两边同除以 o(此时 o 不等于零)，然后去掉带有 o 的项(此时 o 等于零)，完成微分过程，得到(4)式. 这一矛盾在 17 世纪已经引起批评，最有影响的批评出自哲学家贝克莱，所以数学史上将其称为"贝克莱悖论". 但是，18 世纪的科学家们在微积分取得的巨大成就鼓舞下，无暇顾及基础问题，而是勇敢地探索新的成果. 在数学史上，18 世纪被称为"英雄世纪"，出现了一大批的数学大师，如欧拉、拉格朗日、拉普拉斯等. 但是，随着微积分的不断发展，数学家们越来越感到需要为微积分建立坚实的理论基础.

我们仅用一例来说明问题的严重性. 对于一个等比数列，我们知道

$$1+x+x^2+\cdots+x^n=\frac{1-x^{n+1}}{1-x},$$

所以，当 $|x|<1$ 时，让 $n\to\infty$ ($x^{n+1}\to 0$) 有

$$\frac{1}{1-x}=1+x+x^2+\cdots+x^n+\cdots. \tag{5}$$

而在 18 世纪数学家们认为(5)式对于所有 x 都成立. 这样，取 $x=2$ 得到

$$-1=1+2+4+8+16+\cdots.$$

这是大数学家欧拉推导出来的. 类似这样的荒谬结果还有许多，这引起人们对于数学的怀疑，导致了第二次数学危机的爆发. 第一次数学危机出现在公元前 5 世纪，当时古希腊的毕达哥拉斯学派认为只有整数和整数之比(有理数). 但是像单位正方形的对角线($\sqrt{2}$)这样的几何线段的度量却无法实现. 第一次数学危机的结果就是无理数的出现.

第二次数学危机的核心是解决微积分基础问题. 首先需要揭开"无限小增

量 o"的真实意义，诸如"要多小有多小""无限地趋近于 o"等含糊的语言不足以消除 o 既不等于零又等于零的矛盾. 这一问题的解决归功于法国数学家柯西，他于 1821 年出版了《数学分析》，其中提出了利用任意小正数 ε 刻画极限过程的方法，从而使极限第一次有了严格的数学描述. 我们现在知道，o 是一个无穷小量，它不等于零，但以零为极限. 而牛顿微分法的推理中，含有 o 的项的消失只是它的极限状态.

稍后，维尔斯特拉斯最终写出了今日教科书上的 $\varepsilon-\delta$ 定义. 关于维尔斯特拉斯，有一则关于他忘我钻研数学的趣闻. 他早年是中学教师. 据说，某夜他进行一项重大研究时彻夜未眠，不知东方已晓，直到校长到他屋中察看为何没上 8 点的课时，才忽然惊觉. 他请求校长的原谅，说他希望不久这项发现会震惊学术界. 实际上，维尔斯特拉斯确有一项工作使得数学界大吃一惊，这就是他发现的在每一点上都不可微的连续函数：

$$f(x)=\sum_{n=0}^{\infty}b^n\cos(a^n\pi x),0<b<1,ab>1+\frac{3}{2}\pi,a\text{ 为奇数}. \tag{6}$$

此前，人们总以为连续函数只会在个别点处不可微，甚至有人"证明"了连续函数总是可导的. 这个函数不仅是让大家吃惊，而且它提出了一个更严肃的问题：几何直观可以帮助我们认识函数的性质，但是它不能够代替严格的论证. 数学家还造出了在有理数点处不连续而在无理数点处连续的函数，这在几何直观上是无法想象的. 这些例子促使数学家努力将微积分概念从运动学、几何学的直觉理解中解放出来，这就导致了实数理论的建立.

让我们简单地了解一下实数对于微积分基础的重要性. 在自然数集 **N** 中，两个正整数的和仍然是正整数，我们称 **N** 对于加法是封闭的. 显然，整数集 **Z** 对于加、减、乘法封闭，有理数集 **Q** 对于四则运算都是封闭的. 在数千年时间里，有理数满足了数学的需要，即使在第一次数学危机中出现了无理数，那也是作为有理系数代数方程(如 $x^2=2$)的解(称为代数数)，只要对 **Q** 做一些小小的补充就可以了. 但是，在微积分中，我们需要极限运算. 这时，有理数变得千疮百孔. 例如，我们熟知的有理数列 $\left(1+\frac{1}{n}\right)^n$，它的极限是 e . e 不是有理数，也不是代数数(称为超越数). 换句话说，有理数集对于极限运算不封闭. 有鉴于此，维尔斯特拉斯指出，我们应当首先定义一个对于极限运算封闭的实数集，再加上严格的 $\varepsilon-\delta$ 描述，就能够使微积分具有一个稳固的基础.经过维尔斯特拉斯等数学家的努力,终于建立了实数理论.数学家们提出了好几种定义实数集的方法,它们都是从大家普遍接受的有理数出发,通过严格的逻辑推理为实数作出严格的定义,但是都非常抽象,我们不再作细节的介绍.一言以蔽之,实数理论说:实数充满了数轴.唯有如此,当变量在数轴上移动时,才不致落入未知的空洞,就像有理数列的极限落到有理数集外的无理数中.至此,数学渡过了它的第二次危机.

人们常常说数学是一棵根深叶茂的大树,不断地向两个方向发展:一方面像树根深入土层那样不断完善着自身的基础,另一方面又像树冠向空中生长那样不断地拓展着研究的范围和领域.在渡过了第二次数学危机之后,经过100多年的发展,微积分已经发展成为包括实分析、复分析、泛函分析在内的分析学这一庞大的数学分支.

附录二

Mathematica 软件使用入门

一、起源与概貌

20 世纪 80 年代，以美国物理学家 Stephen Wolfram 为首的研究小组设计开发了一个数值计算和符号演算系统，用以进行量子力学研究. 他很快意识到该软件的价值，成立了 Wolfram 公司并推出了软件 Mathematica. 大家都知道计算机可以进行数值计算，许多计算机软件如 Fortran，Basic，C 等，都有着很强的数值计算功能，可是数学运算不仅仅包括数值计算，还包括像 $3x^3-x^2+3x-1$ 的因式分解这样的符号运算，而符号运算能力正是以往的计算软件所欠缺的. Mathematica 正好提供了这一功能，它是第一个集符号运算、数值计算和图形功能于一身的数学软件. Mathematica 已经成为人们进行科学研究的有力工具.

Mathematica 是一个交互式的计算系统，可以完成初等代数、高等代数（如矩阵运算、解线性方程组等）、微积分（如极限、求导、积分、无穷级数计算等）等计算工作. Mathematica 具有很强的绘图功能，可以作出几乎所有常见的一元、二元函数的图形，还可以制作多画面连续放映的动画函数图形，因而它也是我们学习数学的好帮手.

Mathematica 自问世以来，功能不断改进，这里我们以 Mathematica 4.0 版本为例对 Mathematica 做一个简单的介绍. 如果需要进一步学习，可以参看有关 Mathematica 的书籍.

二、Mathematica 软件的启动

安装好 Mathematica 后，用鼠标双击软件快捷方式出现 Mathematica 窗口，它是一个标准的 Windows 窗口. 这时可以键入指令. 例如，键入 1＋1 然后同时按

【Shift】键和【Enter】键，就会在窗中出现计算后的结果：

In[1]:=1+1

Out[1]=2

注意其中“In[标号]:=”是软件自动添加在输入内容前面的，“Out[标号]=”后面是相应输出的计算结果. 接下来可以继续输入后面的内容，按这样的方法可以利用 Mathematica 进行“人机对话式”的计算，可以采用“批处理”的运行方式，将多个指令(就是一个程序)输入后一次性提交给 Mathematica 完成指定的运算，而不必逐句地和它“对话”. 例如，可以输入以下程序：

```
f[x_]:=Sin[x]+x*Cos[x];
FindRoot[f[x]==0,{x,Pi/2},AccuracyGoal→6]
```

这是用 Mathematica 语言写成的只有两句的简单程序，可以用于找出 $x=\frac{\pi}{2}$ 附近方程 $\sin x+x\cos x=0$ 的根，要求解具有 6 位有效数字. 如果要结束这次的计算工作又想保留输入的内容以便下次应用，可以点击文件菜单中的“保存”命令，指定一个文件名，将当前窗口内容保存到硬盘上，下次需要使用时，再单击“Files”→“Open”命令将文件打开. Mathematica 保存文件的扩展名为. ma 或. nb，根据版本不同而不同.

三、算术运算

Mathematica 是多功能的计算工具，它最基本的功能是进行算术四则运算. 例如：

In[2]:=2*(3+4)-2^(2+1)

Out[2]=6

这里“In[2]:=”后面输入的是一个算术表达式，其中“^”代表乘幂. 算术表达式里的括号只允许是圆括号(无论有多少层). 当输入的式子中的所有数字都不含小数点时，输出结果是完全精确的(不管含有多少位，也可能是不可约分式)，但是当输入的式子中含有小数时，输出就不再是完全精确的了. 例如：

In[3]:=2^100

Out[3]=126765060…5376(共 31 位)

In[4]:=2.^100

Out[4]=1.267651030×10^{30}

In[5]:=1/3+2/7

Out[5]=13/21

In[6]:=1.0/3+2/7

Out[6]=0.619048

比较上面两个输出,可以看到两种不同的计算结果.如果要得到计算结果的近似数,还可以用另外一种输入方式:

In[7]:=N[1/3+2/7]

这里大写的N代表计算表达式的数值结果,得到的结果为

Out[7]=0.619048

Mathematica 可以完成任意精度的数值计算.例如:

In[8]:=N[1/2+2/7,40]

其中 N[expr,40]代表计算表达式的数值,并给出40位十进制结果:

Out[8]=0.619048…(共40位)

Mathematica 还允许完成复数运算.例如:

In[9]:=(2+3I)+(5−6I)

Out[9]=7−3I

这里I代表复数单位(必须大写).总之,算术运算的输入方式可以有如下三种:

expr

N[expr]

N[expr,*n*]

其中 expr 代表任何一个算术表达式.需要注意以下几点:

(1) 乘号用 * 表达;

(2) 除号用/表达;

(3) 符号^表示指数,如 E^*x* 表示 e^x;

(4) 有时在后面的计算中要用到前面已经计算过的结果,Mathematica 提供了一种简单的调用方式:

%:代表上一个输出结果(类似地,%%代表上面倒数第二个输出结果)

%n:代表上面第 *n* 行输出的结果.例如:

In[1]:=2^2

Out[1]=4

In[2]:=%+5

Out[2]=9

In[3]:=%1−%2

Out[3]=−5

上面是调用已计算过的结果的例子. 数学运算中经常要用到一些常数和函数,下面列出 Mathematica 中最常用的一些常数和函数:

E:自然对数的底数

Pi:圆周率

I:虚数单位

Degree:1 度(π/180)

n!:n 的阶乘

Abs[x]:x 的绝对值

Sqrt[x]:x 的平方根

Exp[x]:e^x

Log[x]:自然对数 $\log_e x = \ln x$

Log[b,x]:以 b 为底的对数 $\log_b x$

Sin[x],Cos[x],Tan[x],Cot[x]:三角函数(以弧度单位)

ArcSin[x],ArcCos[x],ArcTan[x],ArcCot[x]:反三角函数

Round[x]:x 舍入成整数

Random[]:在 0 和 1 之间的随机数

四、使用 Mathematica 时应该注意的几点

- 重要常数首字母都以大写字母表示.
- Mathematica 内部具有的函数的首字母都必须大写,不能小写.
- 函数的参数(自变量)写在方括号[ ]中,如果有多个参数,参数间用逗号分开.
- 用户可以自己定义新的函数. 例如:

In[1]:=f[x_]:=x^2;

In[2]:=g[x_,y_]:=x^2+y^3

分别定义了两个函数.注意:左边方括号中的变量后面必须加下划线,一条指令用分号结尾表示该指令计算结果不输出,如上述函数定义指令.

• 要特别强调的是,在 Mathematica 中大、小写英文字母要严格区分开.

五、解方程

Mathematica 不但能解代数方程,还能解超越方程.虽然有时它不能求出方程的精确解,但通常都可以求得方程的近似数值解.这对一般工程中的计算要求已经是足够用了.例如,输入一个方程:

In[1]:=x^2+3 * x==2;(连续两个等号表示方程)

解此代数方程可以用如下指令:

In[2]:=Roots[%,x]

Out[2]=x==$\frac{1}{2}(-3-\sqrt{17})$ ‖ x==$\frac{1}{2}(-3+\sqrt{17})$

这样得到了方程的两个解.解的这种形式称为逻辑表达形式,它能参加后面的运算.例如:

In[3]:=N[%]

Out[3]=x==-3.56155 ‖ x==0.561553

另外一个解方程函数是 Solve 函数.例如:

In[4]:=Solve[x^2+3 * x==2,x]

Out[4]=$\left\{\left\{x\to\frac{1}{2}(-3-\sqrt{17})\right\}\cdot\left\{x\to\frac{1}{2}(-3+\sqrt{17})\right\}\right\}$

多数情况下用 Roots 函数解方程时,输出的都是公式解.读者可自己试验一下输入:

In[5]:=Solve[x^5+5 * x+1==0,x]

后,Mathematica 给出的解的形式.如果我们要得到数值解,可以用 N 命令得到.例如,输入:

In[6]:=N[%]

Mathematica 还可以直接给出更复杂方程的数值解,如:

In[7]:=FindRoot[x * Sin[x]-1/2==0,{x,1}]

其中$\{x,1\}$表示寻找方程 $x\sin x-1/2=0$ 在 1 附近的解.

Out[7]={x→0.740841}

利用 Mathematica 求解联立方程组的方法是：

In[8]:=Solve[{a * x+b * y==1,x-y==2},{x,y}]

$$\text{Out[8]}=\left\{\left\{x\to-\frac{-1-2b}{a+b},y\to-\frac{-1+2a}{a+b}\right\}\right\}$$

这里介绍的两个函数 FindRoot 和 Solve，前者用来求数值解，后者具有符号演算功能.

六、绘图

Mathematica 具有很强大的图形处理能力. 它可作出一般常见函数的图形，还可制作动画，从而实现了函数的可视化. 图形输出的方式很多，本节只介绍其中一部分.

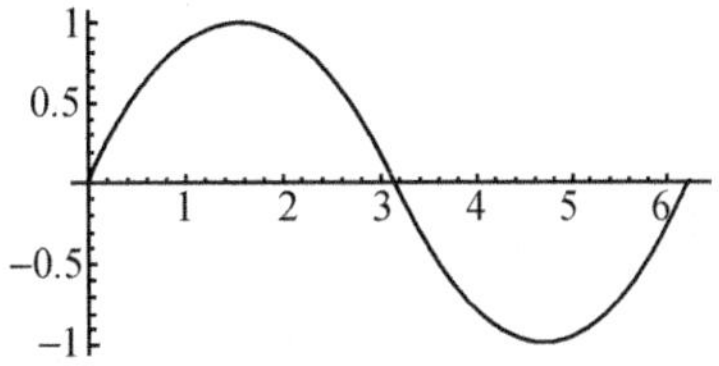

图 1

例如，如果希望看到一元函数 $\sin x$ 的图形，可以输入如下语句：

In[1]:=Plot[Sin[x],{x,0,2 * Pi}]

其中{x,0,2 * Pi}代表自变量 x 的取值范围. 于是得到输出曲线如图 1 所示.

此外还可以把几条函数曲线画在一张图上. 例如：

In[3]:=f1=x-x^3/6;

In[4]:=f2=f1+x^5/120;

现在把 $\sin x$，$f1$，$f2$ 这三条曲线画在一张图上(图 2)：

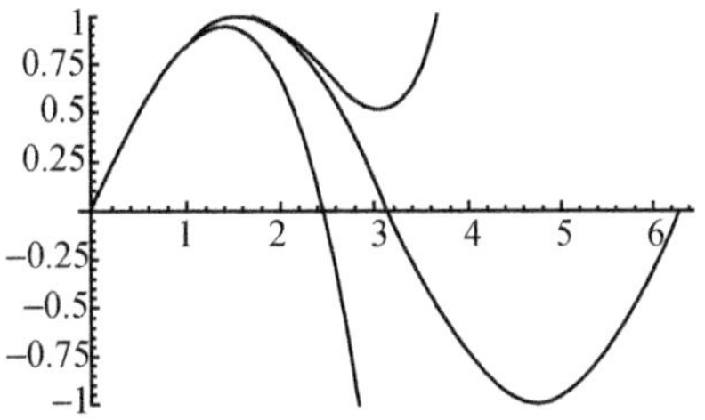

图 2

In[5]:=Plot[{Sin[x],f1,f2},{x,0,2 * Pi},PlotRange->{1,-1}]

其中的 PlotRange->{-1,1}表示只画出函数值在区间[-1,1]的部分，这样可以清楚地看到我们最感兴趣的部分. 读者不妨试一下删除这个特别说明部分后图形会变成什么样子.

Mathematica 还可以绘制参数方程形式给出的曲线. 例如：

In[6]：=r[t_]：=(3 * Cos[t]^2－1)/2；

就定义了一个函数 $r(t)$. 下列指令将绘出参数方程

$$\begin{cases}x=r(t)\cos t,\\ y=r(t)\sin t\end{cases}\quad (0\leqslant t\leqslant 2\pi)$$

的图形：

In[7]：=ParametricPlot[{r[t] * Cot[t],r[t] * Sin[t]},{t,0,2 * Pi}]

绘出图形如图 3 所示.

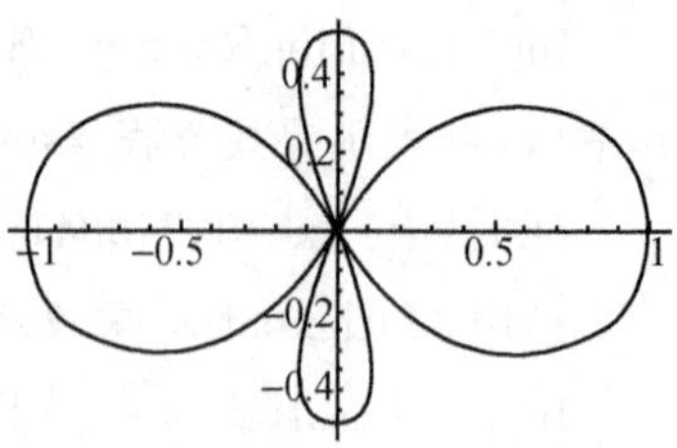

图 3

Mathematica 同样可以绘制三维图形. 例如，指令：

In[1]：=Plot3D[Sin[x * y],{x,0,3},{y,0,3}]

将绘制出函数 $z=\sin(xy)$ 的曲面图形，如图 4 所示. Plot3D 是绘制二元函数图形的指令.

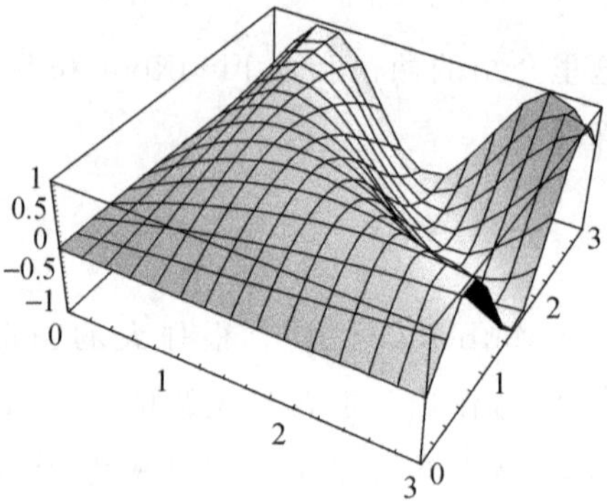

图 4

七、极限与微积分

Mathematica 可以求函数和数列的极限. 例如，要求极限 $\lim\limits_{x\to 0}\dfrac{\sin x}{x}$，只要输入：

In[1]：=Limit[Sin[x]/x,x→0]

Mathematica 就会输出极限值

Out[1]=1

再比如：

In[2]：=Limit[(1+1/n)^n,n→Infinity]

Out[2]=e

Mathematica 还可以求函数的导数. 例如：

In[3]：=D[x^2 * Sin[x],x]

Out[3]=$\mathrm{x^2}$Cos[x]+2xSin[x]

在 In[3]中大写字母 D 代表求导运算，方括号里的表达式是需要求导的函数，最后的 x 表示对变量 x 求导数. 再如：

In[4]:=D[Log[x],{x,2}]

Out[4]= $-\frac{1}{x^2}$

其中{x,2}表示对 x 求二次导数.

积分更是一件需要高度技巧的工作，Mathematica 的符号演算可以求出一个原函数. 例如：

In[5]:=Integrate[1/(x^2-1),x]

Out[5]= $\frac{1}{2}$Log[-1+x]- $\frac{1}{2}$Log[1+x]

现在我们用微分运算来验证一下这个结果：

In[6]:=D[%,x]

Out[6]= $\frac{1}{2(-1+x)}-\frac{1}{2(1+x)}$

Mathematica 也可以求定积分. 例如：

In[7]:=f[x_]:=x*E^x;

In[8]:=Integrate[f[x],{x,0,1}]

Out[8]=1

其中，In[7]定义了函数 $f(x)$，In[8]要求计算定积分，{x,0,1}指出积分变量 x 及积分区间[0,1]. 由于 Mathematica 的符号演算功能，定积分的结果有时会用数学中的某些特殊函数表示. 例如：

In[9]:=Integrate[E^(x^2),{x,0,1}]

Out[9]= $\frac{1}{2}\sqrt{\pi}$Erfi[1]

这里，Erfi 是称为误差函数的一个特殊函数. 如果希望得到一个数值结果，可以使用数值积分指令：

In[10]:=NIntegrate[E^(x^2),{x,0,1}]

Out[10]=1.46265

八、线性代数

线性代数计算首先要进行矩阵的输入，Mathematica 输入矩阵的方法如下：

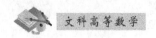

In[1]:=M={{1,2,3},{4,5,6},{7,8,9}};

行末的分号指示本指令的结果不要输出到屏幕,这样可使屏幕较为清楚.如要检查输入数据,可用下述指令实现:

In[2]:=MatrixForm[M]

$$\text{Out[2]=MatrixForm=}\begin{bmatrix}1 & 2 & 3\\4 & 5 & 6\\7 & 8 & 9\end{bmatrix}$$

以上指令仅作检查用,对运算没有实际影响.当矩阵元素可以用行列指标 i,j 的表达式产生时,下述指令更加方便:

In[3]:=Table[1/(i+j-1),{i,1,4},{j,1,4}];

它产生 4 阶 Hilbert 矩阵.其他一些矩阵输入指令列举如下:

M=DiagonalMatrix[a_1,a_2,…,a_n]	输入 n 阶对角矩阵,其元素为 $a_1,a_2,\cdots,a_n$
I=IdentityMatrix[{n}]	输入一个名为 I 的 n 阶单位矩阵
M[[i,j]]	矩阵 M 的元素 $M(i,j)$
M[[i]]	取出矩阵 M 的第 i 行

至于向量,在线性代数中并不严格区分一个 n 元有序数组和一个 n 行 1 列矩阵.但在 Mathematica 中是有区别的.例如:

s={1,2,3,4,5}

t={{1,2,3,4,5}}

s 是一个 5 元有序数组,它是不分行列的,作为一个向量参加运算时,它是一列或一行由它在表达式中的位置确定.t 是一个 1 行 n 列的矩阵.

下面介绍一些有关矩阵运算的指令.设 c 代表数量,$\boldsymbol{M},\boldsymbol{P}$ 代表矩阵,$\boldsymbol{u},\boldsymbol{v},\boldsymbol{x}$ 代表向量,并假定它们的维数在加法和乘法中是有定义的.请注意下列指令中,矩阵乘法用点号而不是数量乘法的星号:

c * M	常数 c 乘矩阵 $\boldsymbol{M}$
u. v	向量内积
M. v	矩阵乘向量
M. P	矩阵相乘
Transpose[M]	求矩阵的转置

Invers[M]	求矩阵的逆矩阵
Det[M]	求矩阵的行列式
LinerSolve[M,u]	给出线性方程组 $\boldsymbol{Mx}=\boldsymbol{u}$ 的解向量
NullSpace[M]	给出满足 $\boldsymbol{Mx}=\boldsymbol{0}$ 的一个基础解系

我们也可以用 Mathematica 解线性规划问题，且有两种方法可供选择. 设有规划问题：

$$\min s=11x+8y,$$

$$\text{s. t}\quad \begin{aligned} &10x+2y\geqslant 20,\\ &3x+3y\geqslant 18,\\ &4x+9y\geqslant 20,\\ &x\geqslant 0, y\geqslant 0. \end{aligned}$$

方法 1：

In[4]:=ConstrainedMin[11 * x+8 * y,{10 * x+2 * y≥20,3 * x+3 * y≥18,4 * x+9 * y≥20,x≥0,y≥0},{x,y}]

Out[4]={51,{x→1,y→5}}

输出结果表示 $x=1,y=5$ 时有最小值 $s=51$.

方法 2：

In[5]:=M={{10,2},{3,3},{4,9},{1,0},{0,1}};

In[6]:=LinearProgramming[{11,8},M,{20,18,20,0,0}]

Out[6]={1,5}

Out[6]的结果表示规划问题的解为 $x=1,y=5$. 本例中，为了清楚起见，我们将矩阵 $\boldsymbol{M}$ 单独输入，也可以将 In[5]的指令直接放在 In[6]中 $\boldsymbol{M}$ 的位置上. In[4]的约束最小值指令较为直观，但书写较麻烦. In[6]的规划求解指令书写简洁，但必须遵守一些约定：第一个{}内是目标函数中各变量的系数，$\boldsymbol{M}$ 是约束条件的系数矩阵，最后的{}中是约束条件的右端. 注意，LinearProgramming 中默认约束条件以“≥”连接左右端，如果约束条件是反向的不等号，那么必须乘以 −1 以满足默认形式.

九、后记

上面所介绍的仅仅是 Mathematica 功能的一小部分，供读者入门之用. 如

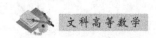

果深入下去，将会发现它的更多令人惊异的功能．我们想在结束这个简短的附录时，对已经了解了以上内容，并且在计算机上动手操作完成了上述各种功能的例子的读者，提供几点使用和进一步学习的建议：

（1）灵活运用分号结束指令，来控制屏幕输出；

（2）随时阅读联机帮助，以掌握更多的指令；

（3）学习 Mathematica 的 NoteBook 管理，这是它的一个重要特色；

（4）当能够运用 NoteBook 功能管理大量输入指令时，就可以试着利用批处理方式编写程序，完成较大和较复杂的计算工作了．

附录三

数论与密码

密码学是一门古老而神秘的学科.由于保密通信对于军事、外交、情报和国家安全等方面的重要意义,密码学直至今日依然受到各个国家的重视.最原始的密码是发信者与收信者双方事先约定的一些暗号,然后密码就和数学发生了联系.本附录主要介绍公开密钥密码系统.

一、密码、加密与解密

在讨论密码问题的时候一般总有以下三方.记 A 为准备接收信息的一方,今后称为收信人;记 B 为准备将信息发送给 A 的另一方,今后称为发信人;此外,还有想要非法截取信息的第三方.

我们用 P 表示要传输的信息,称为明文.由于第三者的存在,B 如果直接将 P 发送给 A 是非常危险的,于是 B 就必须将 P 经过加密变成密文(也称密码)C,然后将 C 发送给 A.当然,这样进行保密通信的前提条件是:在第三方截获到密文 C 时不能根据 C 知道明文 P,而 A 在接收到密文 C 之后有能力将它恢复成明文 P.将密文 C 恢复成明文 P 的过程称为解密.先看一个例子.下面的一段英文是我们要传送的明文:

Yes, it may be roundly asserted that human ingenuity cannot concoct a cipher which human ingenuity cannot resolve(是的,可以断言,人类智能不可能编制出人类智能不可破译的密码).

对应的密文是:

Bhv, lw pdb eh urxqgob dvvhuwhg wkdw kxpdq lqjhqxlwb fdqqrw frqfrfw d flskhu zklfk kxpdq lqjhqxlwb fdqqrw uhvroyh.

明文到密文的转换规则是:保留明文的大小写、空格和标点符号,而将每一字母用英文字母表中右面的第 3 个字母替换，具体的替换如下：

a b c d e f g h i j k l m n o p q r s t u v w x y z
↓ ↓
d e f g h i j k l m n o p q r s t u v w x y z a b c

明文经过代换变成密文之后，对于不知道代换方法的第三者就如同天书，很难读懂句子的意思了，而对于知道代换方法的收信人 A 只要将密文 C 中的每一字母替换成为英文字母表中左面的第 3 个字母就可以很容易地将其恢复出明文，这样就达到了保密通信的要求. 从历史记载知道古罗马的恺撒(Caesar，公元前 102—公元前 44)最先用过这样的加密方法. 为了纪念恺撒，至今仍然把这种保留字母自然顺序的对应规则称为恺撒换字表或恺撒密表，这种密码也称为恺撒密码.

上面我们为了给出恺撒密码的字母代换规律，列出了全部 26 个字母之间的对应关系，很烦琐. 如果用一点数学工具，就可以非常简捷地把恺撒密码的加密、解密方法表示得清清楚楚. 为此，我们介绍同余这一数学概念.

二、同余

设 a 是一个整数，n 是一个自然数，我们用 n 去除 a，得到

$$a=qn+r(0\leqslant r<n). \tag{1}$$

这里 q 称为用 n 除 a 得到的商，r 称为用 n 除 a 得到的余数. 如果余数 $r=0$，就称为 n 整除 a，或者 a 可以被 n 整除，记为 $n|a$.

如果用 n 除整数 a，b 得到的余数相同，即有

$$a=q_1n+r(0\leqslant r<n),$$
$$b=q_2n+r(0\leqslant r<n),$$

两式相减，得到 $a-b=(q_1-q_2)n$，即 $a-b$ 被 n 整除，那么，我们就用式子

$$a\equiv b(\mathrm{mod}\ n) \tag{2}$$

来表示这一关系，并读作 a 同余于 b，模 n.

(2)式称为同余式，自然数 n 称为同余式的模.

由(1)可以知道 $a-r=qn$，即

$$a\equiv r(\mathrm{mod}\ n).$$

所以每一个整数都和用 n 除它得到的余数同余.

例 1　因为 $21=10\times2+1$，所以 $21\equiv1(\mathrm{mod}\ 2)$；

因为$-17=(-6)\times3+1$，所以$-17\equiv1(\bmod 3)$.

同余式有下面三条性质：

(1)（自反性）$a\equiv a(\bmod n)$.

这是因为对任意整数 a 都有 $a-a=0=0\times n$，所以 $a\equiv a(\bmod n)$.

(2)（对称性）如果 $a\equiv b(\bmod n)$，那么 $b\equiv a(\bmod n)$.

这是因为，由 $a\equiv b(\bmod n)$，知道 $a-b=kn$，于是 $b-a=(-k)n$，所以 $b\equiv a(\bmod n)$.

(3)（传递性）如果 $a\equiv b(\bmod n)$，$b\equiv c(\bmod n)$，那么 $a\equiv c(\bmod n)$.

这是因为由 $a\equiv b(\bmod n)$ 和 $b\equiv c(\bmod n)$，知道 $a-b=k_1n$ 和 $b-c=k_2n$，所以 $a-c=(a-b)+(b-c)=(k_1+k_2)n$，即 $a\equiv c(\bmod n)$.

数学上称具有自反性、对称性和传递性的关系为等价关系. 利用等价关系可以对集合的元素进行分类. 由于同余关系是整数中间的等价关系，所以可以利用同余关系对整数进行分类. 一个最普通的利用同余关系对整数进行分类的例子就是报数. 例如，在体育课上，为了将全体学生分成三组，可将全体学生按高矮排成一排，然后进行“1 至 3 报数”，根据所报的数是“1”“2”“3”，同学被分成三组. 报数的原理就是利用同余关系对整数进行分类. 当全体学生按高矮排成一排之后，按顺序每个同学就和一个整数相对应，排在第 1 个的学生和 1 对应，排在第 2 个的同学和 2 对应，等等，而报出的“1”“2”“3”恰恰就是该学生对应整数的同余类. 利用同余进行分类的另一个例子是关于日期的. 我们知道，一个星期有 7 天. 如果将星期日看作星期七，那么就可以用 1，2，…，7 来表示星期几，我们称之为星期数，根据星期数日期就被分为七类.

我们知道代数中的等式可以相加、相减和相乘. 同余式也可以进行类似的代数运算. 假定我们有同余式

$$a\equiv b(\bmod n),c\equiv d(\bmod n).$$

根据定义，这意味着

$$a=b+kn,c=d+ln. \tag{3}$$

其中 k 和 l 是整数，把(3)式中的两个等式相加，就得到

$$a+c=b+d+(k+l)n.$$

而这可以写为

$$a+c\equiv b+d(\mathrm{mod}\ n).$$

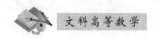

换句话说，两个同余式可以相加. 把(3)式中的两个等式相减，就得到

$$a-c=b-d+(k-l)n,$$

这又可以写为

$$a-c\equiv b-d(\mathrm{mod}\ n).$$

表明两个同余式可以相减.

我们还可以把(3)中的两个等式相乘：

$$ac=bd+(bl+dk+kln)n,$$

所以

$$ac\equiv bd(\mathrm{mod}\ n), \tag{4}$$

可见，同余式可以相乘.

如果 $a=c,b=d$，那么从(4)式得到

$$a^2\equiv b^2(\mathrm{mod}\ n).$$

一般地，对于任意正整数 n 有

$$a^n\equiv b^n(\mathrm{mod}\ n).$$

其实，对于同余式的运算我们并不陌生. 我们早就利用同余式的运算解决有关星期的问题. 例如，2019 年 5 月 1 日是星期三，问再过 100 天是星期几？要回答这个问题，只要计算出

$$100\equiv 2(\mathrm{mod}\ 7)$$

于是，由

$$3+100\equiv 3+2(\mathrm{mod}\ 7)\equiv 5(\mathrm{mod}\ 7)$$

就知道 100 天之后是星期五. 我们知道正常年份(平年)一年 365 天，$365=52\times 7+1$，即正常年份一年有 52 个星期加 1 天. 也可以写成 $365\equiv 1(\mathrm{mod}\ 7)$，所以正常年份只要在今天的星期数上加 1 就得到了明年今天的星期数.

下面我们再看一个同余式运算的例子.

例 2 已知 $n=9,a=13,b=7$，求 $ab(\mathrm{mod}\ n)$ 和 $a^b(\mathrm{mod}\ n)$.

解 因为 $13\equiv 4(\mathrm{mod}\ 9),7\equiv 7(\mathrm{mod}\ 9)$，

所以 $13\times 7\equiv 4\times 7(\mathrm{mod}\ 9)\equiv 1(\mathrm{mod}\ 9)$.

因为 $7=2^2+2+1$，所以 $13^7=13^{4+2+1}=13^4\times 13^2\times 13$.

又因为 $13^2=13\times13\equiv4\times4\pmod 9\equiv7\pmod 9$，

$$13^4=13^2\times13^2\equiv7\times7\pmod 9\equiv4\pmod 9,$$

所以　$13^7=13^4\times13^2\times13\equiv4\times7\times4\pmod 9\equiv4\pmod 9$.

现在我们回到对密码的讨论.在下面的讨论中我们总假定明文 P 已经是一个符号串，其中的符号取自某个符号集，如符号集可以是从 a 到 z 的 26 个字母组成的集合，也可以是 0 到 9 这 10 个数字组成的集合，甚至可以是只包含 0 和 1 两个数字的集合.并假定密文 C 是和 P 取自相同符号集的符号串.用数学的语言，可以将从 P 到 C 的加密过程记为一个映射 f，即 $C=f(P)$，而从 C 到 P 的解密过程就是它的逆映射 f^{-1}，即 $P=f^{-1}(C)$.

重新考察恺撒密码.假定明文 $P=p_1p_2\cdots p_n$ 和密文 $C=c_1c_2\cdots c_n$ 都是由 26 个拉丁字母组成的相同长度的符号串，其中小写字母 p_i 和 $c_i(i=1,2,\cdots,n)$分别代表 P 和 C 的第 i 个字母.同时我们又将每个字母与它们在字母表中的顺序号等同起来.这里规定顺序号从 0 开始，如 a 等同于 0，b 等同于 1，如此等等.有了同余这个概念，恺撒密码的加密变换 f 可以表示成为

$$c_i\equiv p_i+3\pmod{26}\ (i=1,2,\cdots,n),$$

解密变换 f^{-1}可以表示为

$$p_i\equiv c_i-3\pmod{26}\ (i=1,2,\cdots,n).$$

和前面相比这里的表示方法要简单得多.同时我们也可以清楚地看到，恺撒密码的关键是数字“3”，如果被第三者知道了“3”这个数字，他就能很快地从截得密码 C 中恢复出明文 P，所以这里的“3”就是解开密码的钥匙，我们把它称为密钥.在密码通信中密钥是需要严格保密的.

恺撒密码的缺点是比较容易破译.我们知道英文和拉丁文中不同的字母在文章中出现的频率是不同的.例如，人们统计英文文献中各字母使用的频率后，发现在所有的英文字母中，字母 e 的使用频率最高，所以当多次使用恺撒密码后，人们通过频率分析就能够确定密文中的什么字母和 e 对应，进而可以确定密钥，从而破译恺撒密码.

三、公开密钥密码的基本思想

恺撒密码加密变换 f 和解密变换 f^{-1}用的是同一个密钥，知道了加密变换

f 也就知道了解密变换 f^{-1}，所以这种密码体制称为单密钥密码体制. 在今天，密码通信已经不局限于政治和军事，在经济、科技等许多领域也广泛需要使用密码通信. 而这是一种多用户、交互式的保密通信，常常有许多人，譬如 n 个人需要相互进行保密通信，此时如果使用单密钥密码体制，就需要有 $C_n^2=\frac{n(n-1)}{2}$ 套不同的密码，这时密钥的管理和分配是一个很复杂的问题. 如果能够将加密密钥 f 和解密密钥 f^{-1} 密钥分开，使得不能或者很难从加密密钥推出解密密钥的话，就可以避免密钥的管理和分配的复杂问题. 加密密钥和解密密钥分开的密码体制称为双密钥密码体制. 正是因为很难从加密密钥推出解密密钥，即使将加密密钥公开，也可以保证保密通信的安全，所以双密钥密码体制也称为公开密钥密码体制，简称公钥密码体制. 公开密钥密码体制的思想是美国斯坦福大学的 W. Diffie 和 M. Hellmann 在 1976 年提出来的. 公开密钥密码体制的提出完全改变了传统的编码思想.

公钥密码体制的基本想法是：有一群人，他们要互通信息，我们把他们称为通信者. 用 A 来代表其中的一个人，用 B 代表其中的另一个人，等等. 每一个通信者有一个加密密钥和一个解密密钥，我们把通信者 A 的加密密钥记作 E_A，解密密钥记作 D_A，把通信者 B 的加密密钥记作 E_B，解密密钥记作 D_B，等等. 加密密钥是公开的，而解密密钥是严格保密的，只有通信者本人才知道他自己的解密密钥. 将加密密钥排成一个表公开：

加密密钥表

通信者	加密密钥
A	E_A
B	E_B
⋮	⋮

在进行通信时，譬如，通信者 B 要发送信息 P 给通信者 A，那么 B 和 A 要按次序进行下面一系列工作：

(1) B 在公开的加密密钥表中查到 A 的加密密钥 E_A；

(2) B 将明文 P 用 A 的加密密钥 E_A 加密成密文 $C=E_A(P)$；

(3) B 将 C 发送给 A；

(4) A 收到 C 以后，就用只有他自己知道的解密密钥 D_A 将 C 恢复出明文 P：

$$D_A(C)=P.$$

W. Diffie 和 M. Hellmann 提出的公开密钥密码体制引起了许多学者的兴趣，他们进行了很多的研究，1978 年出现了由 Rivest，Shamir 和 Adleman 提出的利用数论知识实现公钥密码体制的方案，这就是直到现在还很流行的 RSA 方案. 在我们介绍 RSA 方案之前，先介绍一些数论知识.

四、一些数论知识

数论是研究自然数的一个数学分支. 许多中国人是通过一个有名的数学难题——哥德巴赫(Godbach)猜想知道数论的. 过去人们总认为数论是纯而又纯的数学，与现实生活没有任何联系，但是自从 RSA 方案提出之后，情况就发生了急剧的改变，数论吸引了越来越多人的目光. 这里我们介绍一些本附录需要用到的数论知识.

(1) 最大公约数和辗转相除法.

设 a,d 是正整数，如果 d 整除 a，即存在整数 k 使得 $a=kd$，那么我们称 d 为 a 的因数. 如果自然数 p 除了 1 之外没有其他的因数，我们就称 p 为素数. 例如，2，3，5，7，11 等都是素数.

设 a,b 是正整数，如果 d 既是 a 的约数，也是 b 的约数，我们就称 d 是 a,b 的公约数. 如果 d 是 a,b 的公约数，而且 a,b 的所有公约数都是 d 的约数，我们就称 d 为 a,b 的最大公约数，记为

$$d=(a,b).$$

如果 a 和 b 都不大，通过分解质因数，就可以求出 a,b 的最大公约数，但是当 a 和 b 比较大的时候，分解质因数是比求最大公约数更加困难的事情，所以需要学习更加有效的求最大公约数的方法——辗转相除法.

设 $a>b>0$，作带余除法：

$$a=q_1b+r_1\ (0\leqslant r_1<b),$$

如果 $r_1=0$，即 $b|a$，那么 b 就是 a,b 的最大公约数. 如果 $r_1\neq 0$，那么 a,b 的最大公约数一定是 b 和 r_1 的最大公约数. 这是因为如果 d 是 b 和 r_1 的最大公约数，那么 $d|b$，$d|r_1$，于是 $d|(q_1b+r_1)$，即 $d|a$，所以 d 是 a,b 的最大公约数. 反过来，如果 d 是 a,b 的最大公约数，那么 $d|a$，$d|b$，于是 $d|(a-q_1b)$，即 $d|r_1$，所以

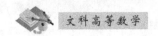

d 是 b 和 r_1 的最大公约数. 按这样的想法,我们辗转相除,写出一系列除式:

$$\begin{aligned}&a=q_1b+r_1(0\leqslant r_1<b),\\&b=q_2r_1+r_2(0\leqslant r_2<r_1),\\&r_1=q_3r_2+r_3(0\leqslant r_3<r_2),\\&\cdots,\\&r_{k-2}=q_kr_{k-1}+r_k(0\leqslant r_k<r_{k-1}),\\&r_{k-1}=q_{k+1}r_k,\end{aligned}\tag{5}$$

直到 $r_k|r_{k-1}$. 这时 r_k 是 r_{k-2},r_{k-1} 的最大公约数,也是 r_{k-3},r_{k-2} 的最大公约数,…,也是 b 和 r_1 的最大公约数,从而也是 a,b 的最大公约数.

辗转相除法可以用下面的竖式进行计算:

$$\begin{array}{r|c|c|l}
q_1 & b & a & \\
 & & q_1b & \\ \hline
 & b & r_1 & q_2 \\
 & q_2r_1 & & \\ \hline
q_3 & r_2 & r_1 & \\
 & & q_3r_2 & \\ \hline
 & \vdots & & \\
 & r_{k-2} & r_{k-1} & q_k \\
 & q_kr_{k-1} & & \\ \hline
q_{k+1} & r_k & r_{k-1} & \\
 & q_{k+1}r_k & & \\ \hline
 & 0 & &
\end{array}$$

例 3 求(165,77).

解

$$\begin{array}{r|c|c|l}
2 & 77 & 165 & \\
 & & 154 & \\ \hline
 & 77 & 11 & 7 \\
 & 77 & & \\ \hline
 & 0 & &
\end{array}$$

所以(165,77)=11.

我们将(5)式中各式改写,将余数写成整数与乘积的和的形式,并将上一式的结果代入下一式. 例如:

$$r_1=a-q_1b=1\cdot a+(-q_1)b,$$
$$r_2=b-q_2r_1=b-q_2(a-q_1b)=(1+q_1q_2)b+(-q_2)a,$$
$$\cdots.$$

注意到 $1,-q_1,1+q_1q_2$ 和 $-q_2$ 都是整数，所以我们讲 r_1 和 r_2 都是 a 的倍数与 b 的倍数和，这样计算下去，我们就知道一定存在整数 c,d，使得 $r_k(=(a,b))=ca+db$.

如果 $(a,b)=1$，就称 a,b 互素. 按上面的结果，如果 a,b 互素，一定存在整数 c,d，使得 $ca+db=1$. 也可以写成下面的命题：

命题　如果 $(a,b)=1$，那么存在整数 c，使得 $ca\equiv1(\mathrm{mod}\ b)$.

(2) 欧拉(Euler)函数和费马(Fermat)定理.

设 n 是正整数，用 $\varphi(n)$ 表示 $0,1,2,\cdots,n-1$ 这 n 个整数之中与 n 互素的整数的个数. 例如：

$\varphi(1)=1,\varphi(2)=1,\varphi(3)=2,\varphi(4)=2,\varphi(5)=4,\varphi(6)=2$，等等.

$\varphi(n)$ 是一个定义在正整数集上而取正整数为值的函数，称为欧拉函数. 设 $n=p_1^{e_1}p_2^{e_2}\cdots p_r^{e_r}$，其中 $p_1,p_2,\cdots,p_r$ 是两两不同的素数，而 $e_1,e_2,\cdots,e_r$ 是正整数，那么

$$\varphi(n)=n\left(1-\frac{1}{p_1}\right)\left(1-\frac{1}{p_2}\right)\cdots\left(1-\frac{1}{p_r}\right).$$

由于我们只需要用到 n 是两个不同素数的乘积，即 $n=pq$ 的情况，所以我们仅对此进行证明.

首先，如果 p 是素数，那么 $1,2,\cdots,p-1$ 和 p 都互素，所以

$$\varphi(p)=p-1.$$

当 $n=pq$，p 和 q 是两个不同的素数时，为了计算 $\varphi(n)$，即在 1 到 $n-1$ 之中与 n 互素的数的个数，只需要先计算其反面，即在这些数中与 n 有(大于 1 的)公因数的数的个数. 显然，其中含有因数 p 的数是 $p,2p,\cdots,(q-1)p$，而含有因数 q 的数是 $q,2q,\cdots,(p-1)q$. 它们的总数是 $p+q-2$，于是

$$\begin{aligned}\varphi(n)&=n-1-(p+q-2)\\&=pq-p-q+1\\&=(p-1)(q-1).\end{aligned}$$

为了介绍 RSA 方案，我们还需要下面的两条定理，由于这两个定理的证明

超出了本书的要求，这里就不再给出证明了.

费马(Fermat)小定理 设 p 是素数，那么对任意与 p 互素的整数 n，都有

$$n^{p-1}\equiv 1 \pmod{p}.$$

欧拉引进了欧拉函数，将费马小定理推广成为下面的欧拉定理.

欧拉定理 设 m,n 是正整数，若 $(n,m)=1$，则

$$n^{\varphi(m)}\equiv 1 \pmod{m}.$$

五、RSA 公开密钥密码方案

现在我们可以来介绍 RSA 公钥密码体制了.

对于每一个通信者 A，选两个大素数 p_A,q_A（譬如大致是 100 位或更多位数的素数），令

$$m_A=p_Aq_A,$$

那么

$$\varphi(m_A)=(p_A-1)(q_A-1).$$

再找一个正整数 e_A 使

$$(e_A,\varphi(m_A))=1,$$

根据命题，存在一个正整数 d_A，使得

$$d_Ae_A\equiv 1 \pmod{\varphi(m_A)}.$$

将 $\{m_A,e_A\}$ 作为加密密钥 E_A 公开，而将 d_A 作为解密密钥 D_A 严格保密.

假设通信者 B 要发送信息给通信者 A，我们要求 B 从公开的加密密钥表中查到 A 的加密密钥 $E_A=\{m_A,e_A\}$，并要求发送的信息是 $0,1,2,\cdots,m_A-1$ 这 m_A 个整数中的一个. 这时 B 和 A 要依序进行下面这些工作：

(1) B 在公开的加密密钥表中查到 A 的加密密钥 $E_A=\{m_A,e_A\}$；

(2) B 进行加密运算：

$P\to C=E_A(P)\equiv P^{e_A} \pmod{m_A}$ [$P^{e_A}\ (\mathrm{mod}\, m_A)$ 表示将 P^{e_A} 用 m_A 去除得的余数]；

(3) B 将 C 发送给 A；

(4) A 收到 C 以后，就用只有他自己知道的解密密钥 $D_A=\{d_A\}$ 将 C 还原成 P：

$$C\to D_A(C)=C^{d_A}=P^{e_Ad_A}\equiv P \pmod{m_A}.$$

注　在(4)中应用了欧拉定理，因为 $d_Ae_A\equiv 1(\mathrm{mod}\ \varphi(m_A))$，所以存在整数 l，使得 $e_Ad_A=l\varphi(m_A)+1$. 因为 $(P,m_A)=1$，所以 $P^{\varphi(m_A)}\equiv 1(\mathrm{mod}\ m_A)$，于是 $P^{e_Ad_A}\equiv P(\mathrm{mod}\ m_A)$.

例 4　取 $p_A=5$，$q_A=11$，则 $m_A=55$，$\varphi(m_A)=40$. 取 $e_A=7$，则 $d_A=23(7\times 23\equiv 1(\mathrm{mod}\ 40))$，$A$ 的加密密钥是{55，7}，解密密钥是{23}. 今 B 要发送信息 3 给 A，B 先用 A 的加密密钥进行加密变换：

$$3\rightarrow 3^7=3^{2^2}3^2 3=81\cdot 9\cdot 3\equiv 42(\mathrm{mod}\ 55).$$

B 将密文 42 发送给 A，A 收到后进行解密变换：

$$42\rightarrow 42^{23}=42^{2^4}42^{2^2}42^2 42\equiv 3(\mathrm{mod}\ 55).$$

A 就得到 B 发给他的信息 3 了.

由于对每一位通信者，如通信者 A 公开的只是他的加密密钥 $\{m_A,e_A\}$，所以对于妄图刺探机密的第三者来说，虽然知道了 A 的加密密钥 $\{m_A,e_A\}$，但是不知道 A 的解密密钥 d_A，还是无法将密文转变为明文. 为了破译密码，他必须求出 d_A，而这要先求出 $\varphi(m_A)$，由于 m_A 很大，直接从欧拉函数的定义出发求出 $\varphi(m_A)$ 是不现实的，只能利用 $\varphi(m_A)=(p_A-1)(q_A-1)$. 这就必须将 m_A 分解成素因数 p_A 和 q_A 的乘积. 对于大的 m_A 来说，这一分解工作量极大，不可能在一个合理的时间内完成分解，从而就保证了所传送的信息在一定的时间内是安全的，这就是 RSA 方案有很好的保密性能的理论基础.

于是我们看到，RSA 方案是否可靠就与大自然数分解为素因数的计算方法的发展水平直接有关了. 因此，大自然数的因数分解方法就成为一个重大的实际问题. 在 1977 年之前，20 位的自然数的分解已是不容易的事情了. 而在 1977 年提出了 RSA 方案之后，各个国家都十分重视自然数的分解问题，投入了大量的人力、物力进行研究，已经取得了许多研究成果.

RSA 方案的三位发明者曾以两个素数相乘，得到一个包含 129 位数字的整数 n，再取一个 4 位数的 e，将 $\{n,e\}$ 作为加密密钥，按 RSA 方案对一段文字加密，于 1977 年发表在《科学的美国人》杂志上，悬赏 100 美元请求破译. 他们预计破译这一密码需要 4 亿亿年. 尽管这一工作并不容易，但是在贝尔通信公司的一位科研工作人员协调之下，利用因特网，五大洲的 600 多人使用 1600 多台计算机，历时八个月，于 1994 年将其破译，破译的明文是："这些魔文是容易受惊的鱼鹰”. 据说这段文字是当年悬赏者从词典中随机选出的. 这一难题的破解并不意味着 RSA 方案的失效，恰恰能够说明只要 n 的位数更多(比如 200 位)，RSA 方案在近期是足够安全的.

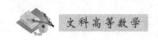

六、签名

公钥密码体制的好处之一是解脱了密钥管理和分配的困难. 但是同时也产生了一个问题:由于加密密钥是公开的，任何人都可以利用加密密钥发送加密信息，而现实生活中有时需要确定信息的来源. 例如，当公司的领导出差在外地，而公司又有文件需要这位领导签署，遇到这种时候，通信者 B(假设就是那位领导)可以在发密文时加上某些信息，使通信者 A 收到后能够根据这些信息确定密文是 B 发来的. 我们把这一点称为 B 可以发送签了名的信息给 A. 下面我们以 RSA 方案为例，介绍是如何实现签名的.

譬如 B 要发送一个签了名的信息 P 给 A，B 和 A 就要依序进行下面一系列工作:

(1) B 用自己的解密密钥 $D_B=\{d_B\}$ 把明文 P 编码成签了名的信息 $R\equiv P^{d_B}(\text{mod } m_B)$;(这一步叫作 B 把 P 签了名，因为 $\{d_B\}$ 只有 B 一个人知道)

(2) B 再从公开的加密密钥表中查到 A 的加密密钥 $E_A=\{m_A, e_A\}$，再用 E_A 把信息 R 加密成密文 $C=E_A(R)\equiv R^{e_A}(\text{mod } m_A)$;

(3) B 将 C 发送给 A;

(4) A 收到 C 以后，就用只有他自己知道的他的解密密钥 $D_A=\{d_A\}$ 将 C 解密，得到

$$D_A(C)=C^{d_A}=R^{e_A d_A}\equiv R(\text{mod } m_A)=R;$$

(5) A 再从公开加密密钥表中查到 B 的加密密钥 $E_B=\{m_B, e_B\}$，再计算

$$E_B(R)=R^{e_B}=P^{e_B d_B}\equiv P(\text{mod } m_B).$$

如果他发现 P 是有意义的明文，这样 A 就将明文 P 解出并确信该明文 P 是 B 发送给他的. 这样 RSA 方案就实现了签名信息的保密传送.

从本附录可以看到，数学对于人类的生活是多么重要!

附录四

线 性 规 划

线性规划是一种有着广泛应用的数量经济方法. 目前在工业、农业、商业、交通运输业、军事、经济计划和管理决策等许多领域都经常使用线性规划方法.

一、线性规划问题及其数学模型

为了讲清什么是线性规划，我们看下面的例子.

例 1　某工厂生产 A_1，A_2 两种产品，主要消耗甲、乙两种原料. 已知生产一个单位的 A_1 产品需要甲原料 1 吨、乙原料 4 吨，销售之后可获得利润 30 万元；生产一个单位的 A_2 产品需要甲原料 2 吨、乙原料 4 吨，销售之后可获得利润 45 万元. 由于条件限制，该工厂每月可以采购到甲原料 400 吨、乙原料 1200 吨. 这两种产品的市场销路都很好，问如何组织生产使得工厂获得最大的利润？

为了更清楚地了解这个问题，我们将上面的有关数据列成表格：

	每单位产品 A_1	每单位产品 A_2	每月原料限量/吨
原料甲/吨	1	2	400
原料乙/吨	4	4	1200
利润/万元	30	45	

解　设该工厂每月生产 A_1 产品 x_1 个单位，每月生产 A_2 产品 x_2 个单位.

这时工厂的利润为 $s=30x_1+45x_2$，我们需要做的事情就是寻找适当的 x_1 和 x_2 使得利润达到最大. 如果单看函数 $s=30x_1+45x_2$，无疑 x_1 和 x_2 越大，利润也越大. 但是 x_1 和 x_2 越大，所需要的原料也越多，而原料供应是有限制的，所以 x_1 和 x_2 不能任意取值，它们的取值应该受到每月原料供应量的限制. 考察甲种原料的限制，有不等式

$$x_1+2x_2\leqslant 400;$$

考察乙种原料的限制,有不等式

$$4x_1+4x_2\leqslant 1200.$$

再注意到 x_1 和 x_2 是产品的数量,所以有 $x_1\geqslant 0$,$x_2\geqslant 0$. 将这些式子放在一起就得到了线性规划模型

$$\begin{aligned}&\max\ s=30x_1+45x_2,\\ &\text{s. t.}\ \ x_1+2x_2\leqslant 400,\\ &\qquad\ 4x_1+4x_2\leqslant 1200,\\ &\qquad\ x_1\geqslant 0,x_2\geqslant 0.\end{aligned}$$

由于利润是工厂追求的目标,所以称 $s=30x_1+45x_2$ 为目标函数,并称不等式组

$$\begin{aligned}&\text{s. t.}\ \ x_1+2x_2\leqslant 400,\\ &\qquad\ 4x_1+4x_2\leqslant 1200,\\ &\qquad\ x_1\geqslant 0,x_2\geqslant 0\end{aligned}$$

为约束条件. 不等式组前面的"s. t."就是约束条件的意思.

例 2 某饲养场希望将 A,B 两种饲料混合之后喂养某种牲畜,每份 A 饲料的价格是 11 元,每份 B 饲料的价格是 8 元. 两种饲料都含有三种营养素,以Ⅰ,Ⅱ,Ⅲ表示,每份饲料所含各种营养素单位量如下表:

营养素	饲料 A	饲料 B
Ⅰ	10	2
Ⅱ	3	3
Ⅲ	4	9

按照该种牲畜生长要求,每天需要营养素Ⅰ的数量不少于 20 单位,营养素Ⅱ的数量不少于 18 单位,营养素Ⅲ的数量不少于 36 单位. 问每天需要 A,B 两种饲料各多少才能既满足牲畜生长的营养要求又使饲养成本最小?

解 设每天需要 A 饲料 x_1 份,需要 B 饲料 x_2 份. 根据题意得到线性规划模型

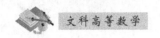

$$\begin{aligned}&\min\ s=11x_1+8x_2,\\ &\text{s. t.}\ \ 10x_1+2x_2\geqslant 20,\\ &\qquad\ 3x_1+3x_2\geqslant 18,\end{aligned}$$

$$4x_1+9x_2\geqslant 20,$$
$$x\geqslant 0, x_2\geqslant 0.$$

在一组约束条件下求目标函数最优值的问题称为数学规划问题. 上面两个例子中的目标函数都是线性函数,约束条件都是一组线性不等式(我们称之为线性约束条件),像这样在线性约束条件下求线性目标函数最优值的数学规划就称为**线性规划**.

二、线性规划的图解法

线性规划的解 $x=(x_1,x_2)$ 应该满足约束条件,并且使目标函数达到最优. 可以想象求解线性规划要比解线性方程组困难,所以有人说线性规划是线性代数的推广. 为了分散求解的难度,我们给出线性规划解的定义. 今后我们称满足约束条件的 x 为线性规划的**可行解**,全体可行解的集合称为**可行域**. 若 x^* 是可行解,且使得目标函数达到最优,则称 x^* 为线性规划的**最优解**.

对于只有两个变量的线性规划可以用**图解法**求解,下面我们通过求解例 1 中的线性规划来讲解图解法.

在例 1 中我们得到线性规划

$$\begin{aligned} \max\ & s=30x_1+45x_2, \\ \text{s.t.}\ & x_1+2x_2\leqslant 400, \\ & 4x_1+4x_2\leqslant 1200, \\ & x_1\geqslant 0, x_2\geqslant 0. \end{aligned}$$

现在用图解法求解.

第 1 步:画出线性规划的可行域.

现在可行域是由四条直线:$x_1+2x_2=400$,$4x_1+4x_2=1200$,$x_1=0$,$x_2=0$ 围成的多边形(图 1 中阴影区域).

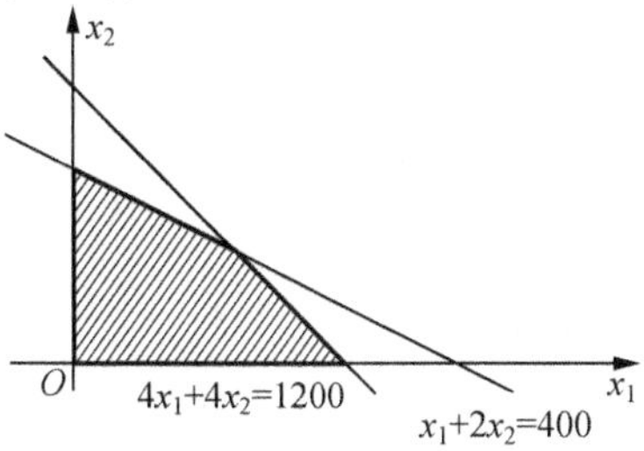

图 1

第 2 步：画出目标函数的等高线并找出目标函数值增加(或减少)的方向.

如果 $f(x_1, x_2)$ 是二元函数，c 是一个常数，那么 $f(x_1, x_2)=c$ 一般是 x_1Ox_2 平面上的一条曲线. 这条曲线上每一点的函数值都相等($=c$)，所以这条曲线就称为函数 $f(x_1, x_2)$ 的等高线.

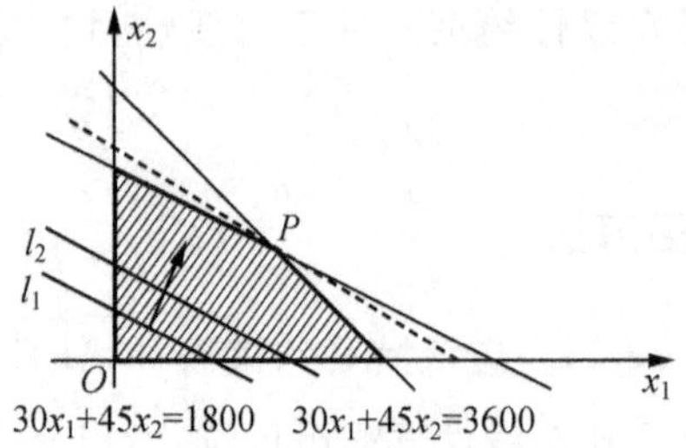

图 2

我们在图 1 的基础上画出两条目标函数的等高线(图 2)：

$$l_1: 30x_1+45x_2=1800,$$

$$l_2: 30x_1+45x_2=3600.$$

我们可以看到线性目标函数的等高线是一族平行的直线. 在每一条目标函数的等高线上的可行解(目标函数的等高线含在可行域内的线段上的点)处的目标函数值都相等. 由于 $3600>1800$，所以图中箭头所指的方向就是目标函数增加的方向. 即当我们沿着箭头方向平行移动目标函数的等高线时，目标函数值将增加；而向相反的方向移动目标函数的等高线，目标函数值则下降.

第 3 步：求出最优解.

当移动到再向前移动目标函数的等高线和可行域就不再有交点时(图 2 中的 P 点处)，我们就找到了线性规划的最优解(P 点的坐标). P 点是直线 $x_1+2x_2=400$ 和 $4x_1+4x_2=1200$ 的交点，解方程组

$$\begin{cases} x_1+2x_2=400, \\ 4x_1+4x_2=1200, \end{cases}$$

得到线性规划的最优解 $x_1=200, x_2=100$.

注 如果要求目标函数的最小值，那么应该沿着目标函数减小的方向平行移动目标函数的等高线.

例 3 用图解法解线性规划

$$\min s=11x_1+8x_2,$$

$$
\begin{aligned}
\text{s. t.}\ & 10x_1+2x_2\geqslant 20,\\
& 3x_1+3x_2\geqslant 18,\\
& 4x_1+9x_2\geqslant 20,\\
& x_1\geqslant 0, x_2\geqslant 0.
\end{aligned}
$$

解

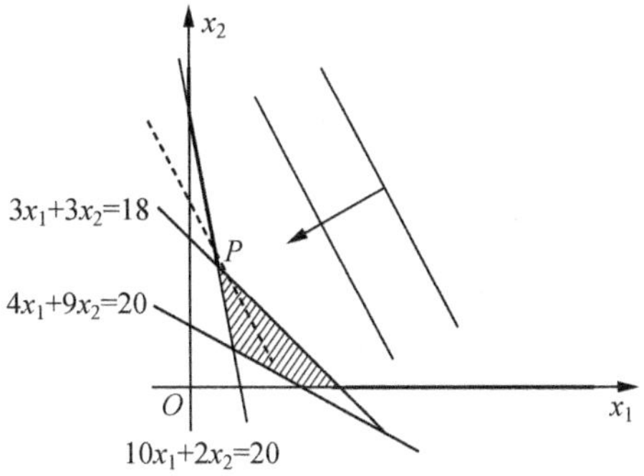

图 3

从图 3 中看出最优解 P 是直线 $10x_1+2x_2=20$ 和 $3x_1+3x_2=18$ 的交点，解方程组

$$
\begin{cases}
10x_1+2x_2\geqslant 20,\\
3x_1+3x_2\geqslant 18,
\end{cases}
$$

得到最优解 $x_1=1, x_2=5$. 代入目标函数可以求出最优值为 51.

例 4　用图解法解线性规划

$$
\begin{aligned}
& \max s=30x_1+30x_2,\\
\text{s. t.}\ & x_1+2x_2\leqslant 400,\\
& 4x_1+4x_2\leqslant 1200,\\
& x_1\geqslant 0, x_2\geqslant 0.
\end{aligned}
$$

解

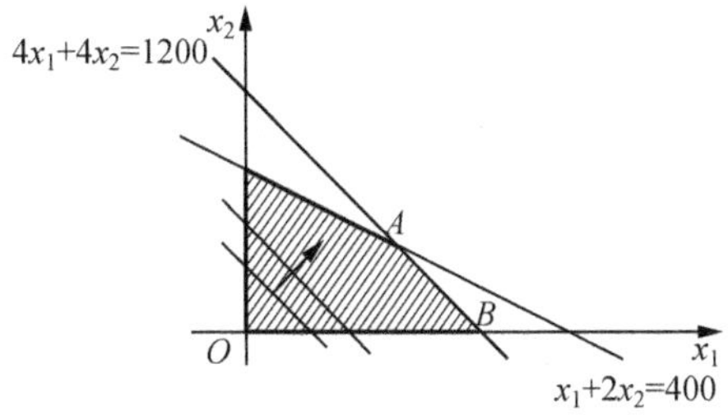

图 4

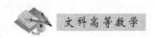

这个例子中线性规划的最优解有无穷多个(线段 AB 上的点都是最优解).

例 5 用图解法解线性规划

$$\max s=30x_1+45x_2,$$
$$\text{s.t. } -x_1+2x_2\leqslant 60,$$
$$x_1\geqslant 0, x_2\geqslant 0.$$

解

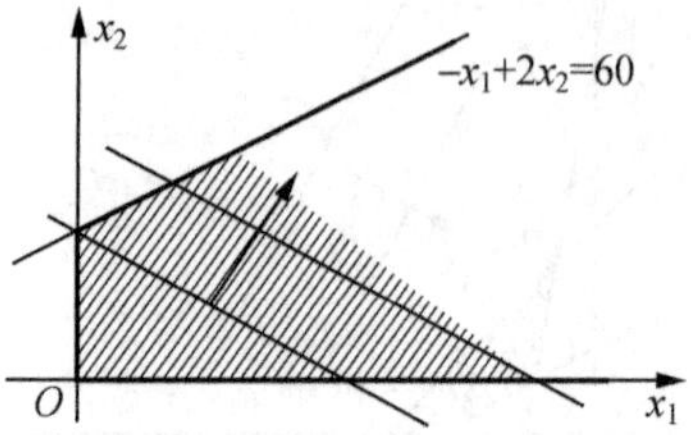

图 5

从图 5 可以看出,目标函数的等高线可以不受限制地向增加的方向移动,随着目标函数的等高线的移动,目标函数的值会不断增加,并趋向无穷大,所以该线性规划无最优解.

从上面的几个例子中我们了解到线性规划可能无解,可能有唯一解,也可能有无穷多解.同时我们也看到这样一个事实:如果线性规划有最优解,那么一定存在可行域的顶点是最优解.由于一般情况下线性规划的可行域是一个凸多边形,凸多边形的顶点只有有限多个,所以我们还可以用下面的方法解线性规划:

(1) 画出线性规划的可行域;

(2) 找出可行域的所有顶点,并计算出每一个顶点的目标函数值;

(3) 比较各个顶点的目标函数值,找出目标函数值最大(最小)的顶点.

参考答案

习题一

1. (1) 第Ⅰ卦限;(2) 第Ⅱ卦限;(3) 第Ⅷ卦限;(4) 第Ⅶ卦限.

2. $\overrightarrow{AB}=(2,-5,0)$, $|\overrightarrow{AB}|=\sqrt{29}$.

3. (1) $3\boldsymbol{a}-2\boldsymbol{b}=(10,-9,-16)$, $\boldsymbol{a}+3\boldsymbol{b}=(7,8,2)$;(2) $(3\boldsymbol{a}-2\boldsymbol{b})\cdot(\boldsymbol{a}+3\boldsymbol{b})=-34$.

4. $\lambda=\dfrac{11}{2}$. **5.** $(3,2,3)$. **6.** (1) $x=1$;(2) $x-2y+3z-4=0$.

7. (1) $\dfrac{x-2}{-1}=\dfrac{y+1}{3}=\dfrac{z}{-2}$;(2) $\dfrac{x-2}{2}=\dfrac{y+1}{1}=\dfrac{z}{-1}$.

8. (1) zOx 平面;(2) 平行于 z 轴的平面;(3) z 轴;(4) 平行于 z 轴的直线.

9. (1) -5;(2) 1;(3) 0;(4) 189;(5) $(b-a)(c-a)(c-b)$;(6) 225. **10.** 略.

11. $\boldsymbol{A}+\boldsymbol{B}=\begin{pmatrix}2&7&5\\4&1&9\end{pmatrix}$, $3\boldsymbol{A}-\boldsymbol{B}=\begin{pmatrix}-6&1&11\\8&-5&-1\end{pmatrix}$.

12. $\boldsymbol{AB}=\begin{pmatrix}4&-8\\0&2\end{pmatrix}$, $\boldsymbol{AA}^{\mathrm{T}}+\boldsymbol{B}=\begin{pmatrix}21&-1\\2&3\end{pmatrix}$.

13. (1) $\begin{pmatrix}0&0\\6&2\end{pmatrix}$;(2) $\begin{pmatrix}1&0&0\\1&1&-5\\15&0&16\end{pmatrix}$;(3) 3;(4) $\begin{pmatrix}1&1&1\\1&1&1\\1&1&1\end{pmatrix}$;(5) $\begin{pmatrix}\cos2\theta&-\sin2\theta\\\sin2\theta&\cos2\theta\end{pmatrix}$;

(6) $\begin{pmatrix}1&0\\6&1\end{pmatrix}$;(7) $\begin{pmatrix}1&0\\0&2^n\end{pmatrix}$($n$ 是正整数).

14. (1) $\boldsymbol{AB}=\begin{pmatrix}15&5\\22&8\end{pmatrix}$, $\boldsymbol{BA}=\begin{pmatrix}7&17\\6&16\end{pmatrix}$,不相等;(2) $(\boldsymbol{AB})^{\mathrm{T}}=\begin{pmatrix}15&22\\5&8\end{pmatrix}=\boldsymbol{B}^{\mathrm{T}}\boldsymbol{A}^{\mathrm{T}}$,相等;

(3) $|\boldsymbol{AB}|=10=|\boldsymbol{A}||\boldsymbol{B}|$,相等.

15. $\lambda+3\mu=-8$.

16. (1) 因为 $\begin{vmatrix}0&1\\1&2\end{vmatrix}=-1\neq0$,所以矩阵可逆. $\begin{pmatrix}0&1\\1&2\end{pmatrix}^{-1}=\begin{pmatrix}-2&1\\1&0\end{pmatrix}$. (2) 因为 $\begin{vmatrix}2&4\\3&6\end{vmatrix}=0$,

所以矩阵不可逆.(3) 因为 $\begin{vmatrix}1&0&0\\1&1&2\\0&2&1\end{vmatrix}=-3\neq 0$,所以矩阵可逆. $\begin{pmatrix}1&0&0\\1&1&2\\0&2&1\end{pmatrix}^{-1}=$ $\begin{pmatrix}1&0&0\\\frac{1}{3}&-\frac{1}{3}&\frac{2}{3}\\-\frac{2}{3}&\frac{2}{3}&-\frac{1}{3}\end{pmatrix}$.(4) 因为 $\begin{vmatrix}1&0&2\\0&2&1\\1&2&3\end{vmatrix}=0$,所以矩阵不可逆.(5) $\begin{pmatrix}0&1&0\\1&1&0\\0&0&1\end{pmatrix}^{-1}=$ $\begin{pmatrix}-1&1&0\\1&0&0\\0&0&1\end{pmatrix}$.(6) $\begin{pmatrix}\cos\theta&-\sin\theta\\\sin\theta&\cos\theta\end{pmatrix}^{-1}=\begin{pmatrix}\cos\theta&\sin\theta\\-\sin\theta&\cos\theta\end{pmatrix}$.

17. (1) $\begin{cases}x_1=1,\\x_2=1,\\x_3=-1;\end{cases}$ (2) $\begin{cases}x_1=-14,\\x_2=56,\\x_3=54;\end{cases}$ (3) 无解;(4) $\begin{cases}x_1=2c_1+\frac{5}{3}c_2,\\x_2=-2c_1-\frac{4}{3}c_2,\\x_3=c_1,\\x_4=c_2\end{cases}$ (c_1,c_2为任意常数).

18. $\begin{cases}x_1=1,\\x_2=-1,\\x_3=1.\end{cases}$ **19.** $\begin{cases}x_1=\frac{1}{2},\\x_2=-2,\\x_3=1.\end{cases}$

习题二

1. (1) $(-\infty,2]\cup[3,+\infty)$;(2) $(1,+\infty)$;(3) $\left\{x\,\middle|\,x\neq\frac{k}{2}\pi,k\in\mathbf{Z}\right\}$.

2. (1) $y=\sqrt{u},u=2x^2+1$;(2) $y=e^u,u=2x+5$;(3) $y=\ln u,u=\sqrt{v},v=1+\sin x$;(4) $y=(2e)^u,u=x^2$.

3. (1) $x=\frac{1}{3}(y^2-1)$;(2) $x=\frac{1}{2}(\ln y-5)$;(3) $x=\frac{\ln(y-1)}{1+\ln 2}$.

4. (1) 无界,单调增加;(2) 有界,单调减小;(3) 无界,单调增加;(4) 有界,非单调;(5) 无界,非单调;(6) 无界,非单调.

5. (1) 0;(2) 2;(3) 0;(4) $\frac{3}{5}$;(5) 1;(6) $\frac{1}{2}$;(7) 2;(8) $\frac{4}{3}$.

6. (1)1;(2) 1;(3) $\frac{2}{5}$;(4) $-\frac{3}{5}$;(5) ∞;(6) 1;(7) 1;(8) $-\frac{2}{3}$;(9) $\frac{1}{2}$;(10) 0.

7. (1) $\frac{2}{3}$;(2) 3;(3) e^{-1};(4) e^3;(5) e^{-1};(6) $\frac{1}{3}$;(7) 9;(8) 0;(9) 1;(10) e.

8. $-\frac{1}{x^2}$. **9.** (1) 无穷小量;(2) 无穷大量;(3) 无穷大量;(4) 无穷大量;(5) 无穷大量;(6) 无穷小量.

10. (1) 1;(2) 1;(3) 0;(4) $\frac{1}{2}$;(5) ∞;(6) 1;(7) 0.

11. (1) $(-\infty,0)\cup(0,1)\cup(1,+\infty)$;(2) $\left\{x \middle| x\neq k\pi+\frac{\pi}{2},k\in\mathbf{Z}\right\}$;(3) $(-\infty,-2)\cup(2,+\infty)$;(4) $(-\infty,1)\cup(2,+\infty)$.

12. (1) 1;(2) $\frac{27}{2}$. **13.** 略. **14.** 略. **15***. 20ln2 年.

16. (1) $5x^4$;(2) $-\sin x$;(3) $4^x\ln 4$;(4) $(1+\ln 3)\cdot 3^x e^x$;(5) $\frac{1}{x\ln 4}$;(6) $\frac{17}{6}x^{\frac{11}{6}}$.

17. (1) $3x^2+2\cos x$;(2) $2x\sin x+x^2\cos x$;(3) $e^x(\cos x-\sin x)$;(4) $2\cos 2x$;(5) $\frac{2x\cos x+x^2\sin x}{\cos^2 x}$;(6) $-\frac{2}{(1+x)^2}$;(7) $\frac{2e^x}{(e^x+1)^2}$;(8) $\frac{e^x(\cos x+x\cos x+x\sin x)}{\cos^2 x}$;

(9) $\frac{xe^x-2e^x-2}{x^3}$;(10) $\sin x+\frac{1+\sin x}{\cos^2 x}$;

(11) $y=e^x(1+x+\sin x+\cos x)$;(12) $-\frac{(x+1)\sin x+\cos x}{(x+1)^2}$;(13) $2x\tan x+\frac{x^2}{\cos^2 x}$;

(14) $-4\sin 4x$;(15) $2x\cos x^2$;(16) $\frac{1}{2}\sqrt{e^x}$;(17) $\ln 2\cdot\cos x\cdot 2^{\sin x}$;(18) $\frac{3}{x\ln 2}$;

(19) $\frac{1}{2x\sqrt{1+\ln x}}$;(20) $(1+x+2x^2)e^{(x^2+x)}$.

18. (1) $2\cos x^2-4x^2\sin x^2$;(2) $-4\cos 2x$;(3) 6;(4) 24.

19. (1) $\frac{C(105)-C(100)}{5}$;(2) $C(101)-C(100)$;(3) $C(100)$.

20. (1) $(4-2\sin 2x)dx$;(2) $2xe^{x^2+1}dx$;(3) $\frac{1}{x\ln x}dx$;(4) $e^{-x}(2-x)dx$.

21. (1) $-\frac{1}{3}$;(2) 1;(3) $\frac{1}{6}$;(4) 0;(5) ∞;(6) 1;(7) $\frac{1}{2}$;(8) ∞.

22. (1) $(-\infty,1)$和$(1,+\infty)$,单调减小.(2) $(-\infty,-1]$和$[1,+\infty)$,单调增加;$[-1,1]$,单调减小.(3) $[0,1]$,单调增加;$[1,2]$,单调减小.(4) $\left(-\infty,-\sqrt[3]{\frac{1}{2}}\right]$,单调减小;$\left[-\sqrt[3]{\frac{1}{2}},+\infty\right)$,单调增加.(5) $(-\infty,0]$,单调增加;$[0,+\infty)$,单调减小.(6) $\left(0,\frac{1}{2}\right]$,单

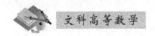

调减小；$\left[\frac{1}{2},+\infty\right)$，单调增加.

23. (1) 极大值为0，极大值点为-1；极小值为-4，极小值点为1.(2) 极大值为$-\frac{131}{27}$，极大值点为$\frac{1}{3}$；极小值为-5，极小值点为1.(3) 无极值.(4) 无极值.(5) 极小值为1，极小值点为1；无极大值.

24. 略. **25.** $\frac{1}{2}$. **26.** 1. **27.** 半径为$\sqrt[3]{\frac{V}{\pi}}$.

28. 矩形的底为$\frac{40}{\pi+4}$时，截面面积最大.

29. $r=5,\theta=2$. **30***. 84年后. **31.** 120.

习题三

1. (1) $\frac{1}{5}x^5+C$；(2) $\frac{4}{11}x^{\frac{11}{4}}+C$；(3) $\sin x+C$；(4) $\frac{3^x}{\ln 3}+C$；(5) $\frac{3^x e^x}{1+\ln 3}+C$；(6) $-\cos x+2e^x+C$；(7) $\frac{1}{3}(x-1)^3+C$；(8) $\frac{1}{6}(x^2+1)^3+C$；(9) $\frac{4^x}{\ln 4}+\frac{e^{2x}}{2}+2\cdot\frac{2^x e^x}{1+\ln 2}+C$.

2. (1) $\frac{1}{3}\sin 3x+C$；(2) $\frac{1}{6}(3-2x)^{-3}+C$；(3) $\frac{1}{2}e^{2x+1}+C$；(4) $\frac{3}{2}\ln(x^2+5)+C$；(5) $-2e^{-\frac{1}{2}x}+C$；(6) $-\frac{1}{2}\cos x^2+C$；(7) $\frac{1}{3}e^{x^3}+C$；(8) $\ln|\sin x|+C$；(9) $\frac{1}{3}\sin^3 x+C$；(10) $-\frac{1}{4(x^2+1)^2}+C$；(11) $\frac{1}{3}(x^2+4)^{\frac{3}{2}}+C$；(12) $\sqrt{x^2+2}+C$；(13) $\frac{1}{2}(\ln x)^2+\ln x+C$；(14) $e^{\sin x}+C$.

3. (1) $x\sin x+\cos x+C$；(2) $(x-1)e^x+C$；(3) $x\ln x-x+C$；(4) $\frac{1}{2}x^2\ln 2x-\frac{1}{4}x^2+C$；(5) $-\frac{1}{4}x\cos 2x+\frac{1}{8}\sin 2x+C$；(6) $x^2\sin x+2x\cos x-2\sin x+C$.

4. (1) 2；(2) 4；(3) $\frac{\pi}{4}$.

5. (1) $\frac{15}{4}$；(2) $\frac{1}{4}$；(3) $\frac{1}{2}(e^4-e^2)$；(4) $\frac{1}{2}\ln 2$；(5) 10；(6) $\frac{3}{\ln 4}+\frac{e^2-1}{2}+\frac{4e-2}{1+\ln 2}$；(7) $\frac{1}{2}(1+e^2)$；(8) $\frac{1}{3}$；(9) $\frac{2}{3}(2\sqrt{2}-1)$；(10) $\frac{1}{2}$；(11) $\frac{1}{4}(e^2+1)$；(12) $\frac{1}{11}$；(13) $\frac{1}{2}(1-e^{-4})$；(14) $e+2\sqrt{2}-3$；(15) $\frac{\pi}{4}$.

6. (1) $\frac{1}{2}e^{-4}$;(2) $\frac{1}{2}$. **7.** 略. **8.** $\frac{1}{6}$. **9.** $\sqrt{2}-1$. **10.** $\frac{9}{2}$. **11.** $\frac{\pi}{5}$.

12. $\frac{8\pi}{3}$. **13***. $\frac{5}{4\pi}\left(1-\cos\frac{6\pi}{5}\right)$. **14***. $\frac{712}{3}$.

习题四

1. (1) $\Omega=\{$红球,白球,黑球$\}$;(2) $\Omega=\{3,4,\cdots,10\}$(基本事件是抽取的次数).

2. (1) $A\cap B\cap C$;(2) $\overline{A}\cap\overline{B}\cap\overline{C}$;(3) $A\cup B\cup C$.

3. $\frac{11}{14}$. **4.** $\frac{8}{15}$. **5.** $\frac{1}{5}$. **6.** (1) $\frac{3}{10}$;(2) $\frac{7}{10}$. **7.** $\frac{37}{100}$. **8.** $\frac{1}{3}$.

9. 设 $A_i(i=0,1,2,3)$分别为第一场比赛恰好取出 i 个新球,B 为第二场比赛取出三个新球,则 $A_i(i=0,1,2,3)$是一个完备事件组,且 $P(A_0)=\frac{C_3^3}{C_{12}^3}=\frac{1}{220}$,$P(A_1)=\frac{C_3^2C_9^1}{C_{12}^3}=\frac{27}{220}$,$P(A_2)=\frac{C_3^1C_9^2}{C_{12}^3}=\frac{108}{220}$,$P(A_3)=\frac{C_9^3}{C_{12}^3}=\frac{84}{220}$,$P(B|A_0)=\frac{C_9^3}{C_{12}^3}=\frac{84}{220}$,$P(B|A_1)=\frac{C_8^3}{C_{12}^3}=\frac{56}{220}$,$P(B|A_2)=\frac{C_7^3}{C_{12}^3}=\frac{35}{220}$,$P(B|A_3)=\frac{C_6^3}{C_{12}^3}=\frac{20}{220}$.所以 $P(B)=\sum_{i=0}^{3}P(A_i)P(B\mid A_i)=\frac{7056}{48400}\approx 0.1458$.

10. $\frac{3}{4}$,分布律

X	2	3	4
$P(X=x_i)$	$\frac{1}{4}$	$\frac{1}{2}$	$\frac{1}{4}$

11. $\frac{1}{9}$.

12.

X	3	4	5	6
$P(X=x_i)$	$\frac{1}{8}$	$\frac{3}{8}$	$\frac{3}{8}$	$\frac{1}{8}$

13.

X	0	1	2	3
$P(X=x_i)$	$\frac{1}{55}$	$\frac{12}{55}$	$\frac{28}{55}$	$\frac{14}{55}$

14.

X	0	1	2
$P(X=x_i)$	$\frac{1}{4}$	$\frac{1}{2}$	$\frac{1}{4}$

$E(X)=1$,$D(X)=\frac{1}{2}$.

15.

X	0	1	2	3
$P(X=x_i)$	$\frac{10}{56}$	$\frac{30}{56}$	$\frac{15}{56}$	$\frac{1}{56}$

$E(X)=\frac{9}{8}$,$D(X)=\frac{225}{448}$.

16. $\frac{3}{8}$. **17.** $\frac{d-c}{b-a}$. **18.** $\frac{19}{216}$. **19.** $a=1$. **20.** (1) $a=3$;(2) $F(1)-F(0)=1$.

21. $\frac{3}{4}$. **22.** (1) $a=1$;(2) $F(1)-F(0)=1$. **23.** $\frac{1}{2}$.

24. (1) 频数频率表：

组号	区间	频数	频率
1	0—9.9	0	0
2	9.9—19.9	0	0
3	19.9—29.9	0	0
4	29.9—39.9	0	0
5	39.9—49.9	3	0.06
6	49.9—59.9	5	0.1
7	59.9—69.9	10	0.2
8	69.9—79.9	10	0.2
9	79.9—89.9	13	0.26
10	89.9—100	9	0.18

(2) 直方图：

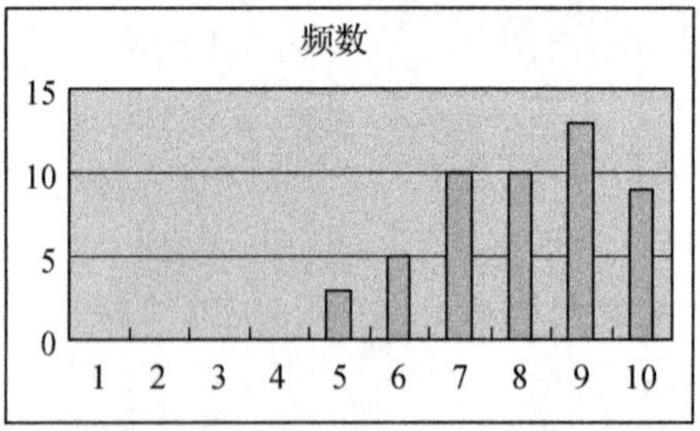

(3) 平均值:74.64,方差:187.0922.

25. 频数频率表：

组号	区间	频数	频率
1	1—1.199	5	0.11
2	1.199—1.399	7	0.16
3	1.399—1.599	14	0.31
4	1.599—1.799	8	0.18
5	1.799——2	11	0.24

直方图：

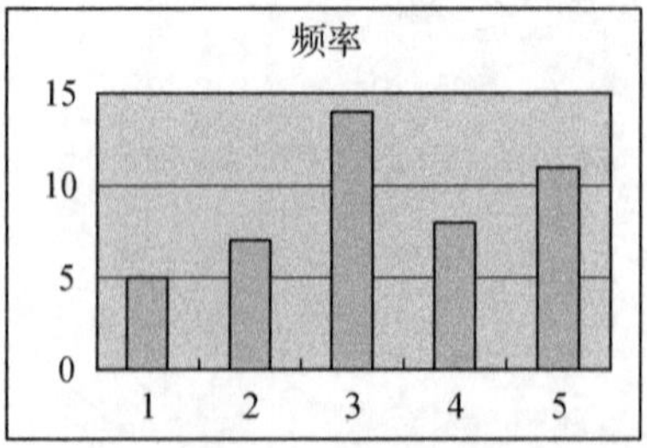

26. $I=22.19+4.82T$. 27. $y=255.68+35.60x$.